教育部高等学校电子信息类专业教学指导委员会规划教材
高等学校电子信息类专业系列教材

单片机原理与接口技术

（C语言版）（第二版）

周国运　主编
鲁庆宾　赵天翔　副主编

清华大学出版社
北京

内 容 简 介

本书以应用最广泛的 MCS-51 增强型单片机为对象,系统地讲解了单片机结构原理、编程方法、接口及应用。内容包括:MCS-51 单片机结构原理,指令系统,单片机 C 语言、软硬件开发工具,I/O 口及应用、中断系统、定时器、串行口、常用总线接口技术、模拟器件和开关器件接口技术,以及单片机应用系统设计。

本书从教学和初学者的角度讲解单片机的基本内容和应用,结构科学,概念清晰、准确,材料数据可靠;以 C 为主要编程语言,讲解、举例编程均用 C 语言,并有汇编语言对照;以程序开发软件 Keil C、电路设计模拟运行软件 Proteus 为教学、学习和训练工具,理论与实践紧密结合。

本书适合于具有 C 语言基础的计算机、电子、通信、自动化、电气、测控技术与仪器等专业的本科学生作为教材,也可以作为各种培训机构的教材,以及工程技术人员参考和自学使用。

本书封面贴有清华大学出版社防伪标签,无标签者不得销售。
版权所有,侵权必究。举报: 010-62782989,beiqinquan@tup.tsinghua.edu.cn。

图书在版编目(CIP)数据

单片机原理与接口技术: C 语言版/周国运主编. —2 版. —北京: 清华大学出版社,2022.3(2024.1重印)
高等学校电子信息类专业系列教材
ISBN 978-7-302-56513-0

Ⅰ.①单… Ⅱ.①周… Ⅲ.①单片微型计算机—基础理论—高等学校—教材 ②单片微型计算机—接口—高等学校—教材 Ⅳ.①TP368.1

中国版本图书馆 CIP 数据核字(2020)第 182544 号

责任编辑: 贾 斌
封面设计: 李召霞
责任校对: 梁 毅
责任印制: 宋 林

出版发行: 清华大学出版社
  网　　址: https://www.tup.com.cn, https://www.wqxuetang.com
  地　　址: 北京清华大学学研大厦 A 座　　　邮　编: 100084
  社 总 机: 010-83470000　　　　　　　　　邮　购: 010-62786544
  投稿与读者服务: 010-62776969, c-service@tup.tsinghua.edu.cn
  质量反馈: 010-62772015, zhiliang@tup.tsinghua.edu.cn
  课件下载: https://www.tup.com.cn, 010-83470236
印 装 者: 三河市天利华印刷装订有限公司
经　　销: 全国新华书店
开　　本: 185mm×260mm　　　印 张: 21.25　　　字　数: 519 千字
版　　次: 2014 年 3 月第 1 版　2022 年 5 月第 2 版　　印　次: 2024 年 1 月第 4 次印刷
印　　数: 4501～6500
定　　价: 69.80 元

产品编号: 082195-01

高等学校电子信息类专业系列教材

顾问委员会

谈振辉	北京交通大学（教指委高级顾问）	郁道银	天津大学（教指委高级顾问）
廖延彪	清华大学　　（特约高级顾问）	胡广书	清华大学（特约高级顾问）
华成英	清华大学　　（国家级教学名师）	于洪珍	中国矿业大学（国家级教学名师）

编审委员会

主　任	吕志伟	哈尔滨工业大学		
副主任	刘　旭	浙江大学	王志军	北京大学
	隆克平	北京科技大学	葛宝臻	天津大学
	秦石乔	国防科技大学	何伟明	哈尔滨工业大学
	刘向东	浙江大学		
委　员	韩　焱	中北大学	宋　梅	北京邮电大学
	殷福亮	大连理工大学	张雪英	太原理工大学
	张朝柱	哈尔滨工程大学	赵晓晖	吉林大学
	洪　伟	东南大学	刘兴钊	上海交通大学
	杨明武	合肥工业大学	陈鹤鸣	南京邮电大学
	王忠勇	郑州大学	袁东风	山东大学
	曾　云	湖南大学	程文青	华中科技大学
	陈前斌	重庆邮电大学	李思敏	桂林电子科技大学
	谢　泉	贵州大学	张怀武	电子科技大学
	吴　瑛	战略支援部队信息工程大学	卞树檀	火箭军工程大学
	金伟其	北京理工大学	刘纯亮	西安交通大学
	胡秀珍	内蒙古工业大学	毕卫红	燕山大学
	贾宏志	上海理工大学	付跃刚	长春理工大学
	李振华	南京理工大学	顾济华	苏州大学
	李　晖	福建师范大学	韩正甫	中国科学技术大学
	何平安	武汉大学	何兴道	南昌航空大学
	郭永彩	重庆大学	张新亮	华中科技大学
	刘缠牢	西安工业大学	曹益平	四川大学
	赵尚弘	空军工程大学	李儒新	中国科学院上海光学精密机械研究所
	蒋晓瑜	陆军装甲兵学院	董友梅	京东方科技集团股份有限公司
	仲顺安	北京理工大学	蔡　毅	中国兵器科学研究院
	王艳芬	中国矿业大学	冯其波	北京交通大学

丛书责任编辑　　盛东亮　　清华大学出版社

序
FOREWORD

  我国电子信息产业销售收入总规模在2013年已经突破12万亿元,行业收入占工业总体比重已经超过9%。电子信息产业在工业经济中的支撑作用凸显,更加促进了信息化和工业化的高层次深度融合。随着移动互联网、云计算、物联网、大数据和石墨烯等新兴产业的爆发式增长,电子信息产业的发展呈现了新的特点,电子信息产业的人才培养面临着新的挑战。

  (1) 随着控制、通信、人机交互和网络互联等新兴电子信息技术的不断发展,传统工业设备融合了大量最新的电子信息技术,它们一起构成了庞大而复杂的系统,派生出大量新兴的电子信息技术应用需求。这些"系统级"的应用需求,迫切要求具有系统级设计能力的电子信息技术人才。

  (2) 电子信息系统设备的功能越来越复杂,系统的集成度越来越高。因此,要求未来的设计者应该具备更扎实的理论基础知识和更宽广的专业视野。未来电子信息系统的设计越来越要求软件和硬件的协同规划、协同设计和协同调试。

  (3) 新兴电子信息技术的发展依赖于半导体产业的不断推动,半导体厂商为设计者提供了越来越丰富的生态资源,系统集成厂商的全方位配合又加速了这种生态资源的进一步完善。半导体厂商和系统集成厂商所建立的这种生态系统,为未来的设计者提供了更加便捷却又必须依赖的设计资源。

  教育部2012年颁布了新版《高等学校本科专业目录》,将电子信息类专业进行了整合,为各高校建立系统化的人才培养体系,培养具有扎实理论基础和宽广专业技能的、兼顾"基础"和"系统"的高层次电子信息人才给出了指引。

  传统的电子信息学科专业课程体系呈现"自底向上"的特点,这种课程体系偏重对底层元器件的分析与设计,较少涉及系统级的集成与设计。近年来,国内很多高校对电子信息类专业课程体系进行了大力度的改革,这些改革顺应时代潮流,从系统集成的角度,更加科学合理地构建了课程体系。

  为了进一步提高普通高校电子信息类专业教育与教学质量,贯彻落实《国家中长期教育改革和发展规划纲要(2010—2020年)》和《教育部关于全面提高高等教育质量若干意见》(教高〔2012〕4号)的精神,教育部高等学校电子信息类专业教学指导委员会开展了"高等学校电子信息类专业课程体系"的立项研究工作,并于2014年5月启动了《高等学校电子信息类专业系列教材》(教育部高等学校电子信息类专业教学指导委员会规划教材)的建设工作。其目的是为推进高等教育内涵式发展,提高教学水平,满足高等学校对电子信息类专业人才培养、教学改革与课程改革的需要。

  本系列教材定位于高等学校电子信息类专业的专业课程,适用于电子信息类的电子信息工程、电子科学与技术、通信工程、微电子科学与工程、光电信息科学与工程、信息工程及其相近专业。经过编审委员会与众多高校多次沟通,初步拟定分批次(2014—2017年)建设约100门课程教材。本系列教材将力求在保证基础的前提下,突出技术的先进性和科学的前沿性,体现创新教学和工程实践教学;将重视系统集成思想在教学中的体现,鼓励推陈出新,采用"自顶向下"的方法编写教材;将注重反映优秀的教学改革成果,推广优秀的教学经验与理念。

为了保证本系列教材的科学性、系统性及编写质量,本系列教材设立顾问委员会及编审委员会。顾问委员会由教指委高级顾问、特约高级顾问和国家级教学名师担任,编审委员会由教育部高等学校电子信息类专业教学指导委员会委员和一线教学名师组成。同时,清华大学出版社为本系列教材配置优秀的编辑团队,力求高水准出版。本系列教材的建设,不仅有众多高校教师参与,也有大量知名的电子信息类企业支持。在此,谨向参与本系列教材策划、组织、编写与出版的广大教师、企业代表及出版人员致以诚挚的感谢,并殷切希望本系列教材在我国高等学校电子信息类专业人才培养与课程体系建设中发挥切实的作用。

教授

前 言
PREFACE

自本书前一版出版到现在,已过去了八年的时间,在这八年里,计算机技术、网络技术、嵌入式系统、芯片技术等都得到了快速发展,并且得到了广泛的应用。虽然在嵌入式系统、物联网等领域使用高性能32位微控制器的越来越多,但易学易用、开发成本低、性价比高的8位单片机依然不失为主流,并且单片机也是嵌入式系统一种重要的微控制器,是学习嵌入式系统的基础。

随着科学技术及其应用的发展,单片机的教学内容和方法应该相应地进行改革。回想之前两个版本的单片机书,第1个版本《单片机原理及应用(C语言版)》(中国水利水电出版社),主要是加入了单片机C语言,因为讲得透彻,改变了编程方法,提高了编程效率,所以得到了同行的认可。第2个版本《单片机原理与接口技术(C语言版)》(清华大学出版社),主要是加入了虚拟实验工具Proteus,改变了实验方法,学生可以在计算机上随时进行实验,并且实验程序与硬件电路密切结合,提高了学习效率和应用技能,所以也得到了同行的认可。

近几年单片机的教材有不少从项目驱动教学方面进行改革,是一种注重实用性、趣味性的探索尝试。本版仍然以知识的科学性、逻辑性、应用性、先进性为原则,搭建知识结构,组织教学内容,其主要变化是优化了结构、更新和完善了内容。

一、本版主要的修改

(1) 优化了知识的结构。本次对全书的结构作了两个方面的修改,一是添加了"单片机I/O口及应用"一章,二是将传统的"单片机系统扩展"一章,修改后更名为"单片机常用总线接口技术"。关于"单片机I/O口及应用",其内容主要包括I/O口结构原理、数码管显示和键盘识别等,这些内容是密切相关的,数码管显示和键盘识别是I/O口的典型应用;I/O口相对于CPU是外设,从第2章移出后,第2章基本上是CPU的内容;数码管和键盘内容原来是在后面,但举例和实验会先用到它们,其逻辑关系是颠倒的,修改后解决了该问题。关于"单片机常用总线接口技术"一章,因传统的"单片机系统扩展"现在基本上没有实际意义,广泛使用的是单片机与各种设备的接口,这些接口中常用的有并行总线、SPI总线、IIC总线,并且并行总线使用的越来越少,而SPI、IIC串行总线使用的越来越多。

(2) 更新了过时的内容。主要有三个方面的内容:一是D/A转换器,把原来8位、单通道、并行接口的DAC0832换成了12位、4通道、SPI接口的DAC124S085,前者在实际中已经很少使用,而后者现在使用较多,价格不高,并且Proteus的器件库中有,还可以仿真;二是A/D转换器,把原来8位、8通道、并行接口的ADC0809换成了8位、4通道、SPI接口的ADC0834(与2个通道的ADC0832、8通道的ADC0838是一个系列),前者在实际中已经很少使用,后者现在使用较多,价格不高,并且可以在Proteus的器件库中找到,能够仿真;三是将 Keil C 和 Proteus 分别更新到了 μVision 4.7 和 Proteus 8.3，并且更新了界面，修改了菜单命令和操作按钮等内容。

（3）修改、完善了一些内容。主要包括：①给出了混合编程完整的 C 语言文件和汇编语言文件，便于学习和模仿；②修改、完善了串行口的接口一节，增加了 RS-422/485 接口、USB 接口；③增加了串行口 C 语言函数一节，详细讲解了相关的输入/输出函数；④"单片机系统扩展接口技术"更名为"单片机总线接口技术"，并且增加了 SPI 总线及接口技术；⑤把数字温度传感器 DS18B20，替换成了功能更强的数字温湿度传感器 DHT11；⑥丰富了多章的应用实例内容。

（4）修改了书中各种错误，具体不再赘述。

二、本版的主要特点与特色

经过以上几个方面的修改，在保留了上一版的特色（以 89C52 为对象讲解、以 C 语言为主要编程语言、与单片机紧密结合的 C 语言内容、Proteus 仿真实验）的基础上，又有创新和提高。具体来说，本版具有如下特色。

（1）本书结构清晰、科学、先进；内容选取精炼，讲解清晰、准确；例题、习题丰富，联系实际；程序注释丰富，C 和汇编双语言对照；软硬件结合，理论与实践紧密结合；勇于探索，开拓创新。

（2）突出了 I/O 口及应用。单列一章（第 5 章）讲解 I/O 口结构原理及应用，这样设置，既突出了 I/O 口的重要性，增加了对 I/O 口的应用（专门编写了 I/O 口多个方面的十几个编程题），又解决了键盘、显示器内容滞后的问题。

（3）注意接口方法与能力的培养。一是接口概念明确，真正理解接口的含义；二是用一章介绍常用总线（并行总线、SPI 总线、IIC 总线）的接口技术；三是重视接口时序分析和应用，几乎在每个接口中都有体现，使读者能够正确使用各种接口芯片；四是增加了串行口的接口技术，其内容包括单片机与 RS-232、RS-422/485、USB 的接口技术，这些内容都很实用。本书通过"总线接口、芯片接口、接口时序、操作函数、接口应用"这五个方面众多实例的学习与训练，使读者通过阅读使用手册，使用新的芯片，能够写出基本操作函数，编写应用程序。

（4）所有的 A/D、D/A 转换器都采用 SPI 接口的芯片。淘汰了传统的并行三总线接口的 A/D、D/A 转换器，这些转换器在实际中已经很少使用。书中所讲的这些转换器，不仅接口方便，而且应用广泛，价格不高，编程简单，在 Proteus 器件库中都可以找到，还可以仿真调试和运行。

（5）单片机应用系统设计一章关注基础性、普适性和实用性，是第 10 章的延续与提升。计算器设计在软件方面示范了键盘、数码管及其驱动芯片的使用方法及系统构成，其程序示范了如何从键盘获得数值型变量值、怎样处理功能键；万年历设计为读者提供了时钟芯片的使用方法，以及完整的万年历程序；环境检测系统设计示范了数字温湿度传感器、光照度传感器等环境检测中常用的器件的使用方法和应用程序。这几个例子有如下特点：一是基本上不包含专业性、行业性较强的内容，因此，程序容易阅读、学习；二是例子中示范的器件应用广泛，是一般应用系统中必不可少的部分；三是例子中的程序可以直接用到其他应用系统中。

（6）详细讲解了 C51 函数在串行口操作中的应用。C51 的输入/输出函数在很多应用中特别方便,如对 GPRS、GPS 等模块的操作。现有单片机书对输入/输出函数在串行口中的应用介绍较少,深入、透彻讲解的更少。本书在串行口一章用一节的篇幅对输入/输出函数的特点、应用方法、注意的问题等作了详细地讲解。通过学习该节内容,即可深入理解输入/输出函数及应用方法。

(7) 在位变量定义一节,专门用"位操作应用"一个小节,讲解了判断位值、查找 0/1 位、逐位发送、逐位接收中位操作的方法及编程,这些方法在键盘识别、串行总线(SPI、IIC、单总线)接口操作中会广泛用到,解决了读者学习这些内容的相关问题。

(8) 创新性地设计了"行列对称查找法"键盘识别和编程方法。"行列对称查找法"与常用的"行扫描法""行列反转法"相比更简单,更容易理解,更容易编程。"行列对称查找法"应该作为单片机行列式键盘识别和编程的首选(见 5.3.3)。

(9) 其他方面。例如,所有延时都有确定的时间,长的 1000ms、2000ms,短的 $5\mu s$,不存在延时时间模糊、读者存疑问题,包括汇编语言的延时程序。在 IIC、SPI 等总线操作中,注释了一些关键部分的操作时间。又如,提供了完整的混合编程例子(例 4-7),方便应用开发参考;思考题例题丰富,便于学习、训练参考。再如,所截电路图紧凑、布局得当、突出重点、清晰、大小适中。

三、几点说明

(1) 本书中的单片机型号都标示为"89C52",在实际应用开发中选用的多为我国宏晶公司的 STC 系列单片机,但 Proteus 中没有该系列,选用的是"AT89C52",标示为"89C52"。

(2) 书中的 Proteus 电路都省略了晶振、复位、电源等电路,也省略了数码管等电路的驱动,请读者注意。

(3) 关于汇编语言,对于广泛应用 C 语言编程的今天,一般可以不用汇编语言编程,但对于专业程序开发人员,不仅需要经常阅读、分析反汇编程序,而且还会偶尔用汇编语言编程,所以书中保留了汇编语言内容供教师选用,方便读者学习。

(4) 关于单片机的学习,除了重视单片机的结构、原理、编程之外,还要重视芯片的结构、原理、接口方法和接口时序,能够写出操作函数。

本书由南阳理工学院周国运、鲁庆宾、赵天翔编写,周国运主持组织结构内容及统稿,并且编写了第 2～4 章和 1.5 节、1.6 节、5.1 节、8.4.3 节、8.5 节、11.1.1 节及附录,鲁庆宾编写了第 5、8、10、11 章,赵天翔编写了 1.1 节～1.4 节和第 6、7、9 章。

编　者

2021 年 12 月

第一版前言
PREFACE

　　MCS-51单片机虽然走过了30多年的历史,但它因其独特的系统结构、不断增加的片内设备以及强大的指令系统,不仅没有被历史淘汰,而且依然是单片机中的主流。随着技术的发展和应用的需求,MCS-51单片机片内设备越来越丰富,应用也越来越多,所以MCS-51单片机仍然是单片机教学的主要对象。

　　作者结合多年来讲授单片机、微机原理与接口技术和C语言等课程的教学体会,以及从事单片机、计算机项目开发的经验,在《单片机原理及应用(C语言版)》教材的基础上,经过修改编写成本教材,在内容的组织和讲解方面,以初学者为对象。本书主要有以下特点。

　　一是以增强型单片机89C52为对象讲解。当今在实际中使用的单片机多数是增强型,而现在又多用C语言编程,程序的长度很容易超过4KB,另外增强型单片机的价格比89C51高得不多,并且有更多的片内设备。书中讲解了增强型片内高128字节的存储器,定时器/计数器2的多种用途,片内的A/D转换器等。

　　二是以C语言作为主要编程语言,注重编程能力的培养,用一章内容讲解了单片机的C语言。在实际应用中,程序设计多以C语言为主,汇编语言为辅,为了适应实际工作的需要,必须要掌握C语言编程。本书在讲解第2章单片机结构原理时,就引入了C51的概念,强调存储区域概念;在第4章的"单片机C语言及程序设计"之后,内容的讲解、编程举例、程序设计,都采用C语言,并且在第5、6、7章介绍单片机的基本内容时,为了便于学习汇编语言,也列出了汇编语言程序。

　　三是C语言这章更具特色,精选内容,结合单片机的实际讲解C语言。本章只讲了与单片机结构密切相关的、与普通C语言不同的内容:变量的定义、特殊功能寄存器的定义、位变量的定义、指针的定义、C51的输入/输出、C51函数的定义、汇编语言与C语言混合编程,没有涉及C语言的基础内容,因为现在理工科学校都开设了C语言课程。内容讲解透彻,各个定义格式明确、格式中属性阐述准确,并且在每一种定义中都写有"使用说明"或"注意",这些都是作者应用经验的总结。例子、思考题习题(30个)都是结合作者对内容的理解、实际应用编写的,学完该章后,对C语言在单片机中的应用没有任何障碍。

　　四是注意开发工具应用、实践能力的培养。书中第1章就专门介绍了程序开发软件Keil C和单片机电路设计、系统模拟运行软件Proteus的使用方法,教师稍加引导就可以做一些简单的I/O口实验。书中的例题尽可能地使用Proteus绘制单片机应用电路,其程序在电路中模拟运行。书中的部分习题要求用用Keil C编程,用Proteus绘制电路并模拟运行程序。

　　五是注意接口能力的培养。接口概念明确,真正理解接口含义,8255A是典型的接口芯片,通过该芯片的介绍,能够较全面地理解接口的相关概念和接口的功能(从简单和实用的角度考虑,只讲了 8255A 的工作方式 0)。重视接口时序的分析和应用,几乎在每个接口中都有体现,使读者能够正确使用各种接口芯片。

六是提出了多个新概念,以方便讲解和理解相关内容。在第 4 章提出了"变量存储区(域)"和"设备变量"的概念。"变量存储区(域)"的概念在《单片机原理及应用(C 语言版)》中首次提出,该概念符合单片机变量保存位置区域的特征,并且与 ANSI C 变量属性(存储类型)不冲突。"设备变量"的概念为本书首次提出,虽然该概念不是必需的,但"设备变量"本身访问过程的复杂性和它的特指性,对于初学者理解、掌握这类访问过程复杂的变量会有帮助,对于教师则方便讲解。第 5 章提出了"中断通道"的概念,该概念符合串行口、定时器 T2 中断结构的特征,使中断结构的相关概念更清晰,容易理解中断系统结构,方便教师讲解(见表 5-1)。

本书由周国运任主编,组织内容及统稿,并且编写了 1.5 节和 1.6 节、第 2～4 章及附录,赵天翔编写了 1.1 节～1.4 节和第 5、6、8 章,鲁庆宾编写了第 7、9～11 章。

编　者

2013 年 10 月

目 录
CONTENTS

第 1 章 单片机及其开发工具 1

1.1 单片机的基本概念 1
1.2 单片机的发展历史 2
1.3 单片机的特点及应用 3
    1.3.1 单片机的特点 3
    1.3.2 单片机的应用 3
1.4 常见 MCS-51 单片机简介 4
    1.4.1 MCS-51 系列单片机 4
    1.4.2 ATMEL89 系列单片机 4
    1.4.3 STC 系列单片机 5
1.5 单片机程序开发软件 Keil C 简介 6
    1.5.1 Keil C 集成开发工具简介 6
    1.5.2 Keil C 的操作工具 7
    1.5.3 Keil C 程序开发方法 11
    1.5.4 Keil C 调试运行方法 13
1.6 单片机系统模拟软件 Proteus 简介 17
    1.6.1 Proteus 主界面 18
    1.6.2 Proteus ISIS 的操作工具 19
    1.6.3 Proteus ISIS 原理图设计方法 24
    1.6.4 Proteus ISIS 原理图设计举例 27
    1.6.5 Proteus ISIS 仿真方法 29
    思考题与习题 30

第 2 章 MCS-51 单片机结构原理 32

2.1 MCS-51 单片机内部结构及 CPU 32
    2.1.1 MCS-51 单片机结构及特点 32
    2.1.2 MCS-51 单片机内部原理结构 33
    2.1.3 MCS-51 单片机的 CPU 33
2.2 MCS-51 单片机引脚信号 36

2.2.1　MCS-51 单片机引脚信号及功能 ………………………………………… 36
2.2.2　MCS-51 单片机的外部总线结构 ………………………………………… 39
2.3　MCS-51 单片机存储器结构 ……………………………………………………… 40
2.3.1　程序存储器结构 …………………………………………………………… 40
2.3.2　片内数据存储器结构 ……………………………………………………… 41
2.3.3　片外数据存储器结构 ……………………………………………………… 44
2.4　MCS-51 单片机时钟及 CPU 时序 ……………………………………………… 45
2.4.1　时钟电路及时钟信号 ……………………………………………………… 45
2.4.2　CPU 时序 …………………………………………………………………… 46
2.5　MCS-51 单片机的复位 …………………………………………………………… 48
2.5.1　复位状态 …………………………………………………………………… 48
2.5.2　复位电路 …………………………………………………………………… 49
2.6　MCS-51 单片机低功耗工作方式 ………………………………………………… 49
2.6.1　低功耗结构及控制 ………………………………………………………… 49
2.6.2　空闲工作方式 ……………………………………………………………… 50
2.6.3　掉电工作方式 ……………………………………………………………… 51
思考题与习题 …………………………………………………………………………… 51

第 3 章　MCS-51 指令系统及汇编程序设计 …………………………………… 53

3.1　汇编语言概述 ……………………………………………………………………… 53
3.1.1　指令和机器语言 …………………………………………………………… 53
3.1.2　汇编语言 …………………………………………………………………… 54
3.1.3　汇编语言格式 ……………………………………………………………… 54
3.2　MCS-51 单片机寻址方式 ………………………………………………………… 55
3.2.1　立即数寻址 ………………………………………………………………… 56
3.2.2　寄存器寻址 ………………………………………………………………… 56
3.2.3　直接寻址 …………………………………………………………………… 57
3.2.4　寄存器间接寻址 …………………………………………………………… 57
3.2.5　变址寻址 …………………………………………………………………… 58
3.2.6　位寻址 ……………………………………………………………………… 59
3.2.7　指令寻址 …………………………………………………………………… 59
3.2.8　寻址空间及指令中符号注释 ……………………………………………… 60
3.3　MCS-51 单片机指令系统 ………………………………………………………… 61
3.3.1　数据传送指令 ……………………………………………………………… 61
3.3.2　算术运算指令 ……………………………………………………………… 65
3.3.3　逻辑操作指令 ……………………………………………………………… 68
3.3.4　控制程序转移指令 ………………………………………………………… 70
3.3.5　位操作指令 ………………………………………………………………… 74
3.4　MCS-51 单片机伪指令 …………………………………………………………… 76

3.5 汇编语言程序设计 78
 3.5.1 简单程序设计 78
 3.5.2 分支程序设计 79
 3.5.3 循环程序设计 80
 3.5.4 子程序设计 81
思考题与习题 83

第4章 单片机C语言及程序设计 87

4.1 单片机C语言概述 87
 4.1.1 C语言编程的优势 87
 4.1.2 C51与ANSI C的区别 88
 4.1.3 C51扩充的关键字 89
4.2 C51数据类型及存储 90
 4.2.1 C51的数据类型 90
 4.2.2 C51数据的存储 91
4.3 C51一般变量的定义 92
 4.3.1 C51变量的定义格式 92
 4.3.2 C51变量的存储类型 92
 4.3.3 C51变量的存储区 93
 4.3.4 C51变量定义举例 94
 4.3.5 C51变量的存储模式 94
 4.3.6 C51变量的绝对定位 95
 4.3.7 C51设备变量的概念 96
4.4 C51特殊功能寄存器的定义 97
 4.4.1 8位特殊功能寄存器的定义 97
 4.4.2 16位特殊功能寄存器的定义 97
4.5 C51位变量的定义 98
 4.5.1 bit型位变量的定义 98
 4.5.2 sbit型位变量的定义 98
 4.5.3 位操作应用 100
4.6 C51指针与结构体的定义 102
 4.6.1 通用指针 102
 4.6.2 存储器专用指针 103
 4.6.3 指针变换 104
 4.6.4 C51指针应用 104
 4.6.5 C51结构体定义 108
4.7 C51函数的定义 108
 4.7.1 C51函数定义的一般格式 108
 4.7.2 C51中断函数的定义 109

4.8 C51与汇编语言混合编程 ……………………………………………………… 110
    4.8.1 在C51函数中嵌入汇编语句 …………………………………………… 110
    4.8.2 C51与汇编语言混合编程规则 ………………………………………… 112
    4.8.3 C51与汇编语言混合编程举例 ………………………………………… 114
思考题与习题 …………………………………………………………………………… 117

第5章 单片机I/O口及应用 ……………………………………………………… 120

5.1 单片机I/O口结构原理 …………………………………………………………… 120
    5.1.1 P1口 ……………………………………………………………………… 120
    5.1.2 P2口 ……………………………………………………………………… 121
    5.1.3 P3口 ……………………………………………………………………… 122
    5.1.4 P0口 ……………………………………………………………………… 123
    5.1.5 端口负载能力和接口要求 ……………………………………………… 124
5.2 I/O口输出——数码管及显示控制 ……………………………………………… 124
    5.2.1 数码管显示器结构原理 ………………………………………………… 125
    5.2.2 数码管显示方式 ………………………………………………………… 125
    5.2.3 数码管显示控制 ………………………………………………………… 126
5.3 I/O口输入——键盘及按键识别 ………………………………………………… 128
    5.3.1 键盘分类及按键识别 …………………………………………………… 129
    5.3.2 独立式键盘及按键识别 ………………………………………………… 129
    5.3.3 行列式键盘及按键识别 ………………………………………………… 131
    5.3.4 中断方式扫描键盘 ……………………………………………………… 136
    5.3.5 键盘应用举例 …………………………………………………………… 136
5.4 液晶显示器及控制 ……………………………………………………………… 139
    5.4.1 LM016L引脚信号 ……………………………………………………… 139
    5.4.2 LM016L操作指令 ……………………………………………………… 140
    5.4.3 LM016L存储器 ………………………………………………………… 140
    5.4.4 LM016L基本操作函数 ………………………………………………… 141
    5.4.5 LM016L应用编程 ……………………………………………………… 142
思考题与习题 …………………………………………………………………………… 143

第6章 单片机中断系统 ……………………………………………………………… 146

6.1 中断系统概述 …………………………………………………………………… 146
    6.1.1 中断的基本概念 ………………………………………………………… 146
    6.1.2 中断的功能 ……………………………………………………………… 146
6.2 中断系统结构与原理 …………………………………………………………… 147
    6.2.1 中断系统结构 …………………………………………………………… 147
    6.2.2 中断系统原理 …………………………………………………………… 147
    6.2.3 外部中断触发方式 ……………………………………………………… 148

6.2.4　中断请求标志 ··· 149
6.3　中断系统控制 ·· 150
　　　6.3.1　中断允许控制 ··· 150
　　　6.3.2　中断优先级控制 ·· 151
6.4　中断响应与处理 ·· 153
　　　6.4.1　中断响应 ·· 153
　　　6.4.2　中断处理 ·· 154
6.5　外部中断应用举例 ··· 155
　　　6.5.1　中断应用程序结构 ··· 155
　　　6.5.2　应用举例 ·· 158
思考题与习题 ·· 161

第7章　单片机定时器/计数器 ·· 163

7.1　单片机定时器/计数器的结构 ······································ 163
7.2　定时器/计数器 T0、T1 ·· 164
　　　7.2.1　T0、T1 的特殊功能寄存器 ······························· 164
　　　7.2.2　T0、T1 的工作模式 ·· 165
　　　7.2.3　T0、T1 的使用方法 ·· 167
7.3　定时器/计数器 T2 ··· 171
　　　7.3.1　T2 的特殊功能寄存器 ······································ 171
　　　7.3.2　T2 的工作方式 ··· 173
7.4　定时器应用举例 ·· 176
思考题与习题 ·· 189

第8章　单片机串行口 ·· 191

8.1　串行通信基础知识 ··· 191
　　　8.1.1　数据通信 ·· 191
　　　8.1.2　异步通信和同步通信 ·· 192
　　　8.1.3　波特率 ··· 193
　　　8.1.4　通信方向 ·· 193
　　　8.1.5　串行通信接口种类 ··· 194
8.2　串行口结构及控制 ··· 194
　　　8.2.1　单片机串行口结构 ··· 194
　　　8.2.2　串行口特殊功能寄存器 ····································· 195
　　　8.2.3　波特率设计 ··· 197
8.3　串行口工作方式 ·· 199
　　　8.3.1　串行口方式 0 ··· 199
　　　8.3.2　串行口方式 1 ··· 201
　　　8.3.3　串行口方式 2 和方式 3 ····································· 202

8.4 串行口接口技术 ·· 203
　　8.4.1 RS-232 接口 ·· 203
　　8.4.2 RS-422/485 接口 ··· 205
　　8.4.3 与 USB 接口 ·· 206
8.5 串行口的 C51 操作函数 ·· 209
　　8.5.1 串行口输出函数 ·· 209
　　8.5.2 串行口输入函数 ·· 211
8.6 串行口应用举例 ·· 214
　　8.6.1 串行口方式 0 应用 ·· 214
　　8.6.2 串行口方式 1、方式 3 应用 ·· 218
思考题与习题 ·· 223

第 9 章　单片机常用总线接口技术 ·· 225

9.1 接口的基本概念 ·· 225
　　9.1.1 单片机应用系统构成 ·· 225
　　9.1.2 接口的概念 ·· 226
　　9.1.3 接口的基本功能 ·· 226
　　9.1.4 接口的结构 ·· 226
　　9.1.5 端口及其编址 ··· 227
9.2 并行总线操作时序及存储器接口 ·· 228
　　9.2.1 单片机并行总线结构 ·· 228
　　9.2.2 单片机并行总线操作时序 ··· 229
　　9.2.3 单片机与并行数据存储器的接口 ·· 230
9.3 单片机与并行总线设备的接口 ··· 231
　　9.3.1 8255A 内部结构 ·· 232
　　9.3.2 8255A 引脚信号 ·· 232
　　9.3.3 8255A 的控制字 ·· 233
　　9.3.4 8255A 的工作方式 ··· 234
　　9.3.5 8255A 应用举例 ·· 235
9.4 IIC 总线及应用接口 ··· 236
　　9.4.1 IIC 总线特点 ·· 236
　　9.4.2 IIC 总线时序 ·· 237
　　9.4.3 IIC 总线操作函数 ·· 240
　　9.4.4 IIC 总线应用 ·· 242
9.5 SPI 总线及应用接口 ·· 243
　　9.5.1 SPI 总线特点 ·· 243
　　9.5.2 SPI 总线时序 ·· 244
　　9.5.3 SPI 总线操作函数 ·· 246
　　9.5.4 SPI 总线应用 ·· 248

思考题与习题 ·············· 251

第 10 章　单片机与模拟、开关器件接口技术 ·············· 253

10.1　D/A 转换器及接口技术 ·············· 253
　　10.1.1　D/A 转换器的主要参数 ·············· 253
　　10.1.2　D/A 转换器 TLC5615 及接口技术 ·············· 254
　　10.1.3　D/A 转换器 DAC124S085 及接口技术 ·············· 256

10.2　A/D 转换器及接口技术 ·············· 260
　　10.2.1　A/D 转换器的主要参数 ·············· 260
　　10.2.2　A/D 转换器 ADC0834 及接口技术 ·············· 261
　　10.2.3　A/D 转换器 TLC2543 及接口技术 ·············· 266
　　10.2.4　单片机片内 A/D 转换器及应用 ·············· 272

10.3　开关信号器件及接口技术 ·············· 274
　　10.3.1　光电耦合器件及接口技术 ·············· 274
　　10.3.2　继电器接口技术 ·············· 275
　　10.3.3　直流电机控制接口技术 ·············· 276
　　10.3.4　步进电机控制接口技术 ·············· 278

　　思考题与习题 ·············· 279

第 11 章　单片机应用系统设计 ·············· 281

11.1　简易计算器设计 ·············· 281
　　11.1.1　数码管与键盘接口芯片 BC7277 简介 ·············· 281
　　11.1.2　系统电路设计 ·············· 285
　　11.1.3　系统功能设计 ·············· 287
　　11.1.4　系统程序设计 ·············· 288

11.2　万年历设计 ·············· 291
　　11.2.1　时钟芯片 DS1302 简介 ·············· 291
　　11.2.2　系统电路设计 ·············· 295
　　11.2.3　系统功能设计 ·············· 295
　　11.2.4　系统程序设计 ·············· 296

11.3　环境检测系统设计 ·············· 300
　　11.3.1　温湿度传感器 DHT11 简介 ·············· 300
　　11.3.2　光照度传感器 BH1750 简介 ·············· 303
　　11.3.3　系统电路设计 ·············· 305
　　11.3.4　系统程序设计 ·············· 306

　　课程设计参考题目 ·············· 307

附录 A　MCS-51 指令表 ·············· 309

附录 B　C51 库函数 ········· 313
　　B.1　一般 I/O 函数 ········· 313
　　B.2　内部函数 ········· 314
　　B.3　绝对地址访问函数 ········· 315

附录 C　C 语言运算符特性表 ········· 316

附录 D　标准 ASCII 码表 ········· 317

参考文献 ········· 318

第 1 章 单片机及其开发工具

CHAPTER 1

本章包括单片机概述和单片机开发工具两部分内容。概述部分介绍了单片机的概念、发展历史、特点及应用,以及一些常用的单片机;开发工具部分介绍了程序开发软件 Keil C、电路绘制及软硬件模拟运行和调试软件 Proteus。通过本章的学习,可以对单片机有一个基本的认识;基本掌握用 Keil C 和 Proteus 开发单片机程序、构建系统电路、用电路进行软硬件模拟运行调试的方法;为学好单片机打下基础。Keil C、Proteus 是单片机应用开发的两把利器。

1.1 单片机的基本概念

我们知道,计算机由控制器、运算器、存储器、输入设备、输出设备五大部分组成。把计算机中输入设备、输出设备的接口及其他部分全部集成在一块芯片上就构成了单片机。单片机相当于微型计算机的主机部分,因此它是单个芯片的微型计算机(Single Chip Micro Computer,SCM),简称单片机。如果把输入设备、输出设备也集成到芯片中,则称为微控制器。

单片机内部集成有微处理器、存储器、接口适配器和连接它们的总线,如图 1-1 虚线框内所示。

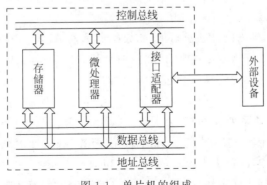

图 1-1 单片机的组成

1.2 单片机的发展历史

1. 4 位单片机阶段

1974 年,美国 Intel 公司开发出首款微处理器 4004。1975 年美国得克萨斯仪器公司(TI)首次推出 4 位单片机 TMS-1000,标志着单片机的诞生。随后各计算机厂商也都竞相推出 4 位单片机。

2. 8 位单片机阶段

1976 年 9 月 Intel 公司率先推出了 MCS-48 系列 8 位单片机,从此,单片机发展进入了一个新的阶段。

随着集成电路工艺水平的提高,在 1978 年到 1983 年间集成度提高到几万只晶体管/片,因而一些高性能的 8 位单片机相继问世。特别是 1980 年 Intel 公司的 MCS-51 系列,寻址能力达到 64 KB,片内 ROM 容量达 4~8KB,片内除了带有并行 I/O 口外,还有串行 I/O 口等。MCS-51 系列单片机结构简单,功能性强,易于学习和使用,堪称经典,在我国应用广泛,本书即是以 MCS-51 系列单片机为例来讲述单片机的原理及接口技术。

随着技术的进步和精简指令集计算机(RISC)技术的流行,不断有一些新型的 8 位单片机问世。1997 年由 ATMEL 公司推出的 AVR 系列单片机,Microchip 公司推出的 PIC 系列单片机,是这类单片机的典型代表。AVR 系列单片机采用增强的 RISC 结构,指令周期短,运行速度快,每 MHz 可实现 1MIPS 的处理能力。AVR 系列单片机内置 Flash 存储器,容量达 4~256KB;片内 RAM 可达 8KB;片上集成有 EEPROM、PWM、RTC、SPI、UART、TWI、JTAG、ADC、Analog Comparator、WDT、USB 等资源。

8 位单片机由于功能强、性能优,至今仍被广泛用于家用电器、工业控制、智能接口、仪器仪表等各个领域。

3. 16 位单片机阶段

1983 年 Intel 公司推出了 16 位的 MCS-96 系列单片机,Microchip 公司也推出 16 位的 PIC 系列单片机,但 16 位单片机没能流行起来。原因是 16 位单片机可以做的工作,8 位单片机也基本可以做;8 位单片机做不了的工作,16 位单片机也基本上做不了。

4. 32 位单片机阶段

1993 年 ARM 公司推出的 32 位 ARMv4 架构处理器 ARM7TDMI,在市场上获得了巨大成功,于是开始出现基于 ARM 内核的 32 位单片机。2004 年 ARM 公司推出的 ARMv7 架构 Cortex-M 系列处理器更使单片机迈入 32 位时代,大量基于 ARM 内核的 32 位单片机纷纷涌现。比较常见的有 ST 公司的 STM32 系列、ATMEL 公司的 ATSAM 系列、STELLARIS 公司的 LM 系列和 NXP 公司的 LPC 系列等。

ARM 处理器基于 RISC 技术,指令周期短,执行效率高,速度快,功耗低。基于 ARM 处理器内核的单片机普遍内置更大容量的 ROM 和 RAM;拥有 32 位 ALU,性能强大;主频高达几十兆赫兹,甚至几百兆赫兹;可以运行 μCOS、FREERTOS 等嵌入式操作系统;拥有丰富的片上资源;支持彩色的 LCD;支持网络接口;拥有灵活的 I/O 接口;拥有方便快捷的调试接口。

从目前的市场占有率来看,8 位和 32 位单片机最多,4 位和 16 位单片机比较少见。随着 32 位单片机价格的逐渐降低和产品技术提升,32 位单片机的市场占有率在不断提高,但是 8 位单片机简单易用,价格低廉,仍有广泛市场。同时,计算机控制形式多种多样,并不局限于单片机、PLC、FPGA、DSP、嵌入式处理器、工控计算机等都会在不同领域长期共存。

1.3 单片机的特点及应用

1.3.1 单片机的特点

(1) 单片机的存储器 ROM 和 RAM 是严格区分的。ROM 称为程序存储器,只存放程序、固定常数及数据表格。RAM 则为数据存储器,用作工作区及存放用户数据。采用这样的结构主要是考虑到单片机用于控制系统中,需要有较大的程序存储空间,把开发成功的程序固化在 ROM 中,而把少量的随机数据存放在 RAM 中,这样,小容量的数据存储器能以高速 RAM 形式集成在单片机内,以加速单片机的执行速度。但单片机内的 RAM 是作为数据存储器用,而不是当作高速缓冲存储器(Cache)使用。

(2) 采用面向控制的指令系统。为满足控制的需要,单片机有更强的逻辑控制能力,特别是具有很强的位处理能力。

(3) 单片机的 I/O 引脚通常是多功能的。由于单片机芯片上引脚数目有限,为了解决实际引脚数和需要的信号线的矛盾,采用了引脚功能复用的方法。引脚处于何种功能,可由指令来设置或由机器状态来区分。

(4) 单片机的外部扩展能力强。在内部的各种功能部分不能满足应用需求时,均可在外部进行扩展(如扩展 ROM、RAM、I/O 接口、定时器/计数器、中断系统等),与许多通用的微机接口芯片兼容,给应用系统设计带来极大的方便和灵活性。

(5) 单片机体积小,成本低,运用灵活,易于产品化,它能方便地组成各种智能化的控制设备和仪器,做到机电一体化。

(6) 面向控制,能有针对性地解决从简单到复杂的各类控制任务,因而能获得最佳的性能价格比。

(7) 抗干扰能力强,适用温度范围宽,在各种恶劣的环境下都能可靠地工作,这是其他类型计算机无法比拟的。

(8) 可以方便地实现多机和分布式控制,使整个控制系统的效率和可靠性大为提高。

1.3.2 单片机的应用

单片机的应用范围十分广泛,主要的应用领域有:

(1) 工业控制。单片机可以构成各种工业控制系统、数据采集系统,如数控机床、自动生产线控制、电机控制、测控系统等。

(2) 仪器仪表。如智能仪表、医疗器械、数字示波器等。

(3) 计算机外部设备与智能接口。如图形终端机、传真机、复印机、打印机、绘图仪、磁盘/磁带机、智能终端机等。

(4) 商用产品。如自动售货机、电子收款机、电子秤等。

(5) 家用电器。如微波炉、电视机、空调、洗衣机、录像机、音响设备等。
(6) 消费类电子产品。
(7) 通信设备和网络设备。
(8) 儿童智能玩具。
(9) 汽车、建筑机械、飞机等大型机械设备。
(10) 智能楼宇设备。
(11) 交通控制设备。

1.4 常见 MCS-51 单片机简介

1.4.1 MCS-51 系列单片机

Intel 在 1980 年到 1982 年间陆续推出和 8051 指令系统完全相同，内部结构基本相同的 8031、8051 和 8751 等型号单片机，初步形成 MCS-51 系列，被奉为"工业控制单片机标准"。

1984 年 Intel 出售了 8051 的核心技术给多家公司，发展至今形成了一个拥有近千种型号的庞大的 51 单片机家族。

这些 51 家族的单片机从形态到功能可能差别很大，但是它们的指令是完全一致的。在 51 系列单片机之间进行移植的时候，只要注意两者之间资源上的差别，代码基本上不用修改。

MCS-51 系列单片机除了 89C51 之外，主要包括 89C52、89C54、89C58、89C516 等型号，它们的区别主要是三个方面：一是片内 RAM 由 128B 增加到 256B；二是多一个定时器/计数器；三是片内 Flash ROM 由 4KB 分别增加到了 8KB、16KB、32KB 和 64KB。不同厂家的产品可能还有其他外设或功能，但引脚和指令都是完全兼容的。为了讨论方便起见，将 89C51（包括 8031、8051 等）称为基本型，其他的型号称为增强型。

下面介绍一些国内市场上比较常见的 MCS-51 系列单片机。

1.4.2 ATMEL89 系列单片机

ATMEL 公司生产的 89 系列单片机是市场上比较常见，也比较具有代表性的 MCS-51 单片机。

1. ATMEL89 系列单片机型号说明

ATMEL89 系列单片机型号由三部分组成，分别是前缀、型号和后缀，其格式为 AT89C(LV,S)XXXX-XXXX。

(1) 前缀。前缀由字母"AT"组成，它表示该器件是 ATMEL 公司的产品。

(2) 型号。型号由"89CXXXX"或"89LVXXXX"或"89SXXXX"等表示。"9"表示芯片内部含 Flash 存储器；"C"表示是 CMOS 产品；"LV"表示是低电压产品；"S"表示含可下载的 Flash 存储器。"XXXX"为表示型号的数字，如 51、52、2051、8252 等。

(3) 后缀。后缀由"XXXX"四个参数组成，与产品型号间用"-"隔开。

后缀中的第一个参数"X"表示速度，其意义如下：

- X=12,表示工作频率为12MHz。
- X=16,表示工作频率为16MHz。
- X=20,表示工作频率为20MHz。
- X=24,表示工作频率为24MHz。

后缀中的第二个参数"X"表示封装,其意义如下:
- X=D,表示陶瓷封装。
- X=J,表示PLCC封装。
- X=P,表示塑料双列直插DIP封装。
- X=S,表示SOIC封装。
- X=Q,表示PQFP封装。
- X=A,表示TQFP封装。
- X=W,表示裸芯片。

后缀中的第三个参数"X"表示温度范围,其意义如下:
- X=C,表示商业用产品,温度范围为0℃~+70℃。
- X=I,表示工业用产品,温度范围为-40℃~+85℃。
- X=A,表示汽车用产品,温度范围为-40℃~+125℃。
- X=M,表示军用产品,温度范围为-55℃~+150℃。

后缀中的第四个参数"X"用于说明产品的处理工艺,其意义如下:
- X为空,表示标准处理工艺。
- X=/883,表示处理工艺采用MIL-STD-883标准。

例如:单片机型号为"AT89C51-12PI",则表示该单片机是ATMEL公司的Flash单片机,采用CMOS结构,速度为12MHz,封装为塑封双列直插(DIP),是工业用产品,按标准处理工艺生产。

2. AT89C52单片机

AT89C52单片机特点如下:

(1) 与MCS-51产品兼容。

(2) 具有8KB可在系统编程的Flash内部程序存储器,可擦/写1000次。

(3) 4.0V~5.5V的工作电压范围。

(4) 全静态操作:0Hz~24MHz。

(5) 3级程序存储器加密。

(6) 256字节内部RAM。

(7) 32位可编程I/O线。

(8) 3个16位定时器/计数器。

(9) 8个中断源。

(10) 全双工异步串行通信端口。

(11) 低功耗空闲模式和掉电模式。

1.4.3 STC系列单片机

宏晶科技是国内的一家8051单片机设计公司,其设计的STC系列单片机现在在国内

的 51 单片机市场上占有较大比例。其最新产品是 STC8A8K64S4A12 系列,该系列单片机特点如下:

(1) 超高速 8051 内核(1 周期 1 条指令),比传统 8051 快约 12 倍以上。
(2) 指令代码完全兼容传统 8051。
(3) 22 个中断源,4 级中断优先级。
(4) 8K 字节 SRAM。
(5) 最大 64KB FLASH 空间,用于存储用户代码。
(6) 最大 48KB 内部 EEPROM。
(7) 支持单芯片仿真,无须专用仿真器。
(8) 在系统可编程 ISP,无须编程器。
(9) 内部 24MHz 高精度 IRC,无须外接晶振。
(10) 5 个 16 位定时器,4 个高速串口,4 组 16 位 PCA 模块,8 组 15 位增强型 PWM。
(11) 支持主机模式和从机模式的 SPI 和 IIC。
(12) 超高速 ADC,支持 12 位精度 15 通道的模数转换,速度最快可达 800 千次/秒。
(13) 最多可达 59 个 GPIO 口。

1.5 单片机程序开发软件 Keil C 简介

Keil 公司是一家业界领先的微控制器(MCU)软件开发工具的独立供应商,由两家公司联合运营,分别是德国慕尼黑的 Keil Elektronik GmbH 和美国得克萨斯的 Keil Software Inc.。Keil 公司制造和销售种类广泛的开发工具,其 Keil C51 编译器自 1988 年进入市场以来成为事实上的行业标准,全面支持 8051 及其变种,并且将其集成在 μVision2 的集成开发环境中,包含编译器、汇编器、实时操作系统、项目管理器、调试器。

Keil 公司 2005 年被 ARM 公司收购,便于为 ARM 公司的 32 位微控制器提供完整的解决方案,同时继续在 μVision 环境下支持 8051 和 C16x 编译器。

从 Keil μVision3 开始支持开发以 ARM 微处理器为核心的微控制器,Keil μVision4 在开发 ARM 微控制器中得到了广泛应用。2013 年 10 月,ARM 公司推出了 Keil μVision5,使开发 ARM 微控制器更加方便。开发 8051 下载 Keil C51 μVisionx,开发 ARM 下载 Keil MDK-ARM μVisionx,均可从米尔科技网站下载。

本书主要介绍 Keil C51 μVision4。在后面的讨论中,为了方便叙述,将 Keil C51 μVision4 用 Keil C 表述。

1.5.1 Keil C 集成开发工具简介

1. 编译器和链接器

Keil C 的编译器和链接器包括 C51、A51、L51 和 BL51。

C51 是 C 语言编译器,其功能是将 C 源代码编译生成可重新定位的目标模块。

A51 是汇编语言编译器,其功能是将汇编源代码编译生成可重新定位的目标模块。

L51 是链接/定位器,其功能是将汇编源代码生成的可重定位的目标模块文件(.OBJ)、C 源代码生成的可重定位的目标模块文件(.OBJ)与库文件链接、定位,生成绝对目标文件

(.ABS)。

BL51 也是链接/定位器，可以链接定位大于 64KB 的程序，功能更强大。

2. LIB51 库管理器

LIB51 库管理器可以把由汇编器、编译器创建的目标文件构建成目标库(.LIB)。这些库是按规定格式排列的目标模块，可在以后被链接器所使用。当链接器处理一个库时，仅仅使用在程序中引用的目标模块，而不是库的全部。

3. 软件模拟调试器

μVision4 集成有软件模拟调试器 dScope51。dScope51 是一个源级调试器，功能强大。它可以调试由 C51 编译器、A51 汇编器、ASM-51 汇编器产生的程序。dScope51 只能够进行软件模拟，可模拟 CPU 及其外围器件，如内部串行口、定时器/计数器、外部 I/O 口等，能够对软件功能进行有效测试。

除了软件模拟调试器 dScope51 之外，μVision4 还集成有硬件调试器 tScope51 和监视程序 Monitor51。tScope51 用于对硬件目标板进行调试。Monitor51 通过 PC 的串行口与目标板进行通信，在 PC 的显示器上显示程序的运行情况。

在实际中，主要使用 Keil C 的软件模拟调试器 dScope51。

1.5.2 Keil C 的操作工具

Keil C 启动之后，呈现出编辑状态的操作界面，如图 1-2 所示。从图中可以看出，编辑状态的操作界面主要由 5 部分组成：最上面的菜单栏、菜单栏下面的工具栏、左边的项目管理器窗口、中间的编辑窗口和下面的信息输出窗口。

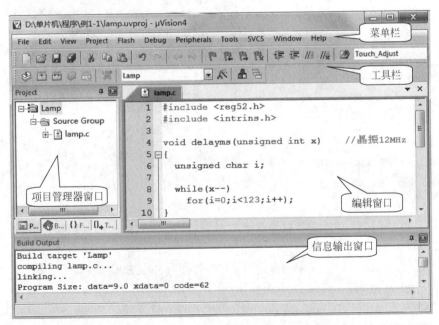

图 1-2 Keil C 在编辑状态下的操作界面

我们知道，各工具按钮都是相应菜单项的快捷操作按钮，所以，下面只介绍各个菜单项，并指明对应的工具按钮。从图 1-2 可知，菜单项主要有 File(文件)、Edit(编辑)、View(查看)、Project(项目)、Debug(调试)、Flash(闪存)、Peripherals(片内外设)、Tools(工具)、SVCS(软件版本控制系统)、Window(窗口)、Help(帮助)。在下面的介绍中,对于常见的菜单及菜单项不再给出,对于常见的工具按钮不再解释,对于较少使用的菜单及按钮不作解释。

1. File(文件)菜单工具

文件菜单中部分操作按钮如图 1-3 所示,4 个按钮的功能分别为创建新文件、打开文件、保存当前文件、保存所有文件。在文件菜单,有以下两项不常见:

图 1-3　文件工具

Device Database:打开器件(单片机)库,可以选择需要的单片机。

License Management:许可证管理。用于注册软件,没有注册只能使用评估版,功能受到限制。

2. Edit(编辑)菜单工具

编辑菜单中的主要工具如图 1-4 所示,各个数字序号对应的按钮功能如下。

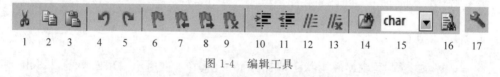

图 1-4　编辑工具

(1) Cut(剪切):剪切掉选中的内容,将其保存到剪切板中。

(2) Copy(复制):将选中的内容复制到剪切板中。

(3) Paste(粘贴):将剪切板中的内容粘贴到光标处。

(4) Undo(撤销):撤销刚才的编辑操作。

(5) Redo(恢复):恢复刚才的撤销。

(6) Insert/Remove Bookmark(设置/取消标签):在当前行设置、或取消当前行的标签。

(7) Go to Previous Bookmark(光标移到前一个标签)。

(8) Go to Next Bookmark(光标移到下一个标签)。

(9) Clear All Bookmark(清除所有标签)。

(10) Indent Select Text(缩进选中的文本):将选中的内容向右缩进一个制表符位。

(11) Unindent Select Text(回退选中的文本):将选中的内容向左移动一个制表符位。

(12) Comment Selection(注释掉选中的内容):在 C 语言中其行各首加上"//",在汇编语言中其各行首加上";"。

(13) Uncomment Selection(取消选中的被注释掉的内容):去掉各行首所加的"//"或";"。

(14) Find in Files…(在文件中查找):单击后弹出一界面,包含有 3 个标签,分别是Replace(替换)、Find(查找)、Find in Files(在文件中查找),打开时呈现的是 Find in Files 标签。

(15) 查找内容输入框,输入后回车便进行查找,再次回车查找下一个。

(16) Find(查找):单击后弹出的与(14)是同一个界面,但呈现的是 Find 标签。

(17) Configure μvision(编辑工具设置):设置编辑器、字体、颜色、快捷键、常用符号等。

3. View(查看)菜单

查看菜单中基本上都是显示/隐藏工具按钮、窗口等。图 1-5 所示的是编辑状态的菜单项(在模拟运行、调试状态下还有多项,在后面的调试工具中介绍),其命令可以分成以下三部分。

(1) 显示/隐藏状态、工具按钮栏。

- Status Bar:状态栏,在主界面的最下边。
- Toolbars→File Toolbar:文件工具,图 1-2 工具栏的上半部分。
- Toolbars→Build Toolbar:编译工具,图 1-2 工具栏的下半部分。

(2) 工程管理窗口的 4 个标签。

- Project Window:工程窗口;
- Books Window:手册查询窗口,包括单片机芯片手册、指令手册和开发工具手册等。
- Functions Window:工程中的函数查询窗口。
- Templates Window:C 语言语句、关键字等模板窗口。

图 1-5　View(查看)菜单项

(3) 显示/隐藏信息输出窗口。

- Source Browser Window:程序中符号与代码关联信息浏览窗口。
- Build Output Window:编译信息输出窗口。
- Error List Window:错误信息窗口。
- Find In Files Window:在文件中查找,其结果输出窗口。

4. Project(项目)菜单工具

项目菜单中部分操作按钮如图 1-6 所示,各个数字序号对应的按钮功能如下。

图 1-6　项目工具

(1) Translate…(编译):编译当前文件。
(2) Build target(构建目标):编译修改过的文件,并生成可执行文件。
(3) Rebuild all target files(重新构建目标):编译所有文件,并生成可执行文件。
(4) Batch Build…(批量构建目标):编译并分别生成可执行文件。
(5) Stop Build(停止构建):取消当前的构建。
(6) Download(下载程序):在线下载程序。需要安装、设置下载驱动,对于 STC 单片机不能在此下载。
(7) Select Target(选择配置目标):对同时处理多个目标而言。
(8) Config Target Options(配置目标):为项目设置、各种条件、环境。
(9) File Extensions,Books and Environment:工程文件组成、开发文件路径、工具手册路径设置。

5. Debug(调试)及其查看工具

调试菜单中部分操作按钮如图 1-7 中上面一排所示,调试状态下的部分查看按钮如图 1-7 中下面一排所示,各个数字序号对应的按钮功能如下。

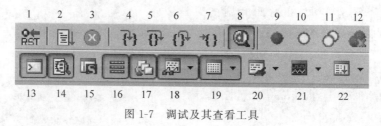

图 1-7　调试及其查看工具

1) 模拟运行调试按钮功能

(1) Reset(复位):使模拟运行的程序恢复到初始状态。

(2) Run(全速运行):全速运行程序。

(3) Stop(停止运行):停止运行。

(4) Step(单步运行):每次执行一条命令,遇到调用函数则进入函数中执行。

(5) Step Over(单步跨行运行):一步执行完当前行,遇到调用函数一步执行完。

(6) Step Out(单步跳出):一步执行完函数,并且从函数中返回。

(7) Run to Cursor Line(运行到光标行):一步运行到当前光标处。

(8) Start/Stop Debuy session(启动或停止调试操作)。

(9) Insert/Remove Breakpoint(设置或清除断点):在当前行设置或清除断点。

(10) Enable/Disable Breakpoint(允许或禁止断点):允许或禁止当前行的断点。

(11) Disable All Breakpoints(禁止所有的断点):禁止文件中所有的断点。

(12) Kill All Breakpoints(清除所有的断点):清除文件中所有的断点。

2) 调试状态下查看按钮功能

(13) Command Window(显示或隐藏命令窗口)。

(14) Disassembly Window(显示或隐藏反汇编窗口)。

(15) Symbol Window(显示或隐藏符号窗口)。

(16) Registers Window(显示或隐藏寄存器窗口)。

(17) Call Stack Window(显示或隐藏调用堆栈窗口),实际上还包括跟踪显示运行函数中的变量。

(18) Watch Windows(显示或隐藏观察变量窗口),可以设置两个观察窗口,用于观察不同的函数。

(19) Memory Windows(显示或隐藏存储器窗口),可以设置 4 个观察窗口,用于观察不同的区域(data 区、idata 区、xdata 区、code 区等)。

(20) Serial Windows(显示或隐藏串行口收、发窗口),可以设置 4 个观察窗口,其中有 1 个"Debug(printf) Viewer"窗口,专门用于 printf 函数输出调试信息。

(21) Analysis Windows(显示或隐藏分析窗口),包括逻辑分析窗口、性能分析窗口、代码覆盖窗口。

(22) Trace Windows(显示或隐藏跟踪窗口)。

6. Flash(闪存)菜单

其功能是对 Flash 存储器进行操作,有下载程序、擦除程序和配置 Flash 工具命令。只有配置了在线下载设备才用到。

7. Peripherals(片内外设)菜单

片内外设菜单下的内容,与选用的单片机有关,不同的单片机所列内容不同,一般只有以下 4 项。

- Interrupt:设置/观察中断(触发方式、优先级、中断允许、中断标志等)。
- I/O Ports:设置/观察各个并行 I/O 口(Port0、Port1、Port2、Port3)。
- Serial:设置/观察串行口。
- Timer:设置/观察各个定时器/计数器(Timer 0、Timer1、Timer2)。

1.5.3 Keil C 程序开发方法

本节以一个流水灯程序为例,介绍使用 Keil C 的项目开发过程。

【例 1-1】 电路如图 1-34 所示,对 89C52 单片机编程,使 P1 口输出控制 8 个发光二极管循环左移点亮两个做流水灯显示。

项目开发过程主要有以下步骤:
(1) 创建项目。
(2) 创建文件。
(3) 编写程序。
(4) 编译项目。

1. 创建项目

在 Keil C 中是以项目(也叫作工程)方式管理文件,而不是以前的单一文件方式。所有的 C51 源程序、汇编源程序、头文件,甚至是文档(.txt)等文件,都放在项目中统一管理,并且为了能够更清晰地显示不同的功能部分,还可以对文件进行分组,它们在项目管理器窗口的分布与 Windows 的资源管理器相似。如图 1-8 所示为一较复杂单片机应用系统的组、文件构成,包含 C 语言和汇编语言文件。

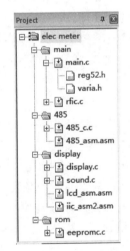

图 1-8 Keil C 的项目管理器

创建项目主要做两个事情,一是创建项目,二是选择单片机。

1) 创建项目

选择 Project→New Project 命令,出现创建新项目对话框,在对话框中选择新项目的位置,并创建一个新文件夹"例 1-1"用于保存项目及其文件,打开该文件夹(双击),然后在文件名栏输入项目名"li1-1",如图 1-9 所示,最后单击"保存"按钮即可。

2) 选择 CPU

在上面的操作中,单击"保存"按钮后,立即出现如图 1-10 所示的为新项目选择 CPU 的界面,在 Data base 栏下选择所使用的 CPU,如选择 ATMEL 公司的 AT89C52,然后单击"确定"按钮,会弹出 Copy Standard 8051 Startup Code to Project Folder and Add File to Project 对话框,一般选择"否"即可。

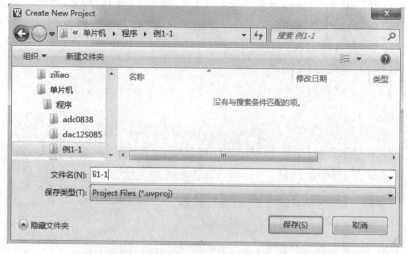

图1-9 设置项目名及保存位置对话框

2．创建文件

Keil C 项目建立后,就可以给项目中加入程序文件了。加入的文件可以是 C 文件、汇编文件,也可以是文本文件等。如果是已有的文件,可以直接加入;如果是新文件,应该先创建,以.c 或.asm 格式存盘后再加入项目。

1) 创建文件

选择 File→New 命令或单击图1-3 中的1,便打开一个新程序编辑窗口,然后选择 File→Save 命令或单击图1-3 中的3,在弹出的保存文件对话窗口的文件名栏,输入 C 语言程序文件名 lamp.c,单击"保存"按钮便完成文件的创建。

2) 把文件加入项目

在项目管理器窗口中,展开 Target1,可以看到 Source Group1 组,在 Source Group1 上右击,会弹出快捷菜单,其中有 Add Files to Group 'Source Group1' 命令,如图1-11 所示。单击执行 Add Files to Group 'Source Group1' 命令,会弹出

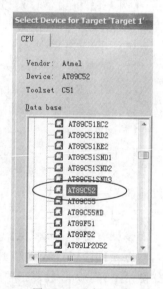

图1-10 选择 CPU

Add Files to Group 'Source Group1' 对话框,选择需要加入的程序文件,单击 Add 按钮,就将选中的文件加入到了项目中。一次可以加入多个文件,被加入的文件会出现在项目管理器中。单击对话框的 Close 按钮结束添加。可以对项目名和组名作修改,如将图中的项目名和组名分别修改为 lamp、Source Group。

项目中的文件也可以方便地移走,在欲移走的文件名上右击,执行弹出的快捷菜单中的 Remove File ' **.* '命令即可。

3．编写程序

按照例1-1 的电路和要求,在 lamp.c 文件中输入以下 C 语言程序。

```
#include<reg52.h>        //包含有定义特殊功能寄存器的头文件
#include<intrins.h>      //包含有声明循环左移、右移函数的头文件
```

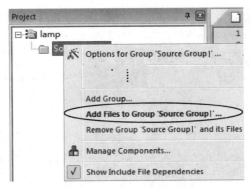

图 1-11 将文件加入项目操作方法

```
void delayms(unsigned int x)        //延时 xms 函数(设振荡频率为 12MHz)
{
    unsigned char i;
    while(x -- )
        for(i = 0; i<123; i++);      // x<= 1000,误差基本为 + 16μs
}

void main(void)                      //主函数
{
    unsigned char lamp = 0x03;       //从 P1 口输出则最低两位亮

    while(1)
    {   P1 = lamp;                   //从 P1 口输出数据
        lamp = _crol_(lamp, 1);      //输出数据循环左移 1 位
        delayms(1000);               //延时 1s
    }  }
```

4. 编译项目

需要先做输出设置,主要是输出.hex 文件。在项目管理窗口的 Target1 上右击,在弹出的多标签窗体选择 Output 标签,选中其中的 Create HEX File 项即可,如图 1-12 所示。

然后编译项目,其方法是:使用 Project→Build target/Rebuild all target Files 命令,或者直接单击对应图 1-6 中的 2 或 3 按钮。

编译链接时,如果程序有错误,则不能通过编译链接,并且会在信息窗口给出相应的错误提示信息,便于进行修改,修改后再进行编译链接。编译链接通过后,会产生一个扩展名为.hex 的目标文件,该文件可以烧录到单片机中运行。

对于 li1-1 项目,经过编译链接后会生成 li1-1.hex 文件。

修改、排错是程序员应具有的基本技能,只有多编程、多使用 Keil C 操作,才能够逐步提高编程能力,掌握修改和排错的技能。

1.5.4 Keil C 调试运行方法

本小节介绍怎样对项目运行调试,怎样观察修改各部分的数据,怎样观察修改各片内外

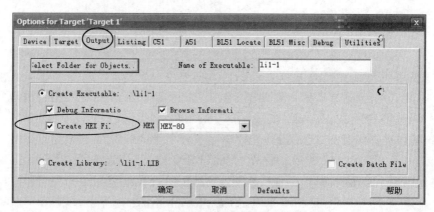

图 1-12 选择项目输出 .hex 文件

设的运行状态。

1. 调试运行方式

Keil C 有多种调试运行方式,使用方法如下。

1) 进入调试状态。

单击 Debug→Start/Stop Debug Session 命令或相应的按钮,即可进入调试状态。调试状态下的操作界面如图 1-13 所示。左边中部为寄存器窗口;它的右边为程序窗口,黄色箭头(在 20 行)指示下一次要执行的指令;下部左边为调试命令输入和执行窗口;下部右边为变量、存储器、串行口等多个标签式窗口。

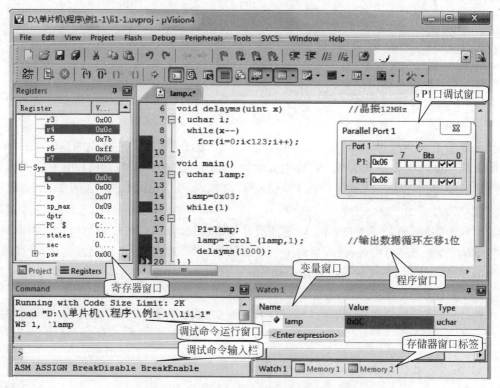

图 1-13 Keil C 的调试状态下的操作界面

2) 各种调试运行方式

Keil C 的调试运行方式与其他程序语言集成开发软件一样,有全速运行、跟踪运行、单步运行、跳出函数、运行到光标处 5 种,见图 1-7。

2. 断点的设置与删除

断点的功能是对程序分段快速运行,观察运行情况,快速发现和解决问题。断点设置很简单。

方法 1:用鼠标单击。在需要设置的行的最前面,双击鼠标左键,即可设置或清除断点。

方法 2:用命令或命令按钮。先将光标移到需要设置的行,然后单击 Debug→Insert/Remove Breakpoint 命令或图 1-7 工具栏中的按钮 9,即可设置或清除断点。

另外还有断点禁用和全部清除命令及按钮,也很容易使用。

3. 寄存器的观察与修改

1) 寄存器窗口

寄存器窗口、项目管理器窗口、在线帮助窗口、模板窗口和函数窗口是同一个窗口,在项目管理器窗口下包含 5 个标签,即包含 5 个区域。在调试状态下,单击 View→Project Window 命令或对应的按钮(图 1-7 中的 16),就会显示或隐藏项目管理器窗口,然后单击窗口下边的寄存器标签,即显示出寄存器窗口。

2) 寄存器的观察与修改

窗口中的寄存器分为两组:通用寄存器和系统寄存器。通用寄存器为 8 个工作寄存器 R0~R7;系统寄存器包括寄存器 A、B、SP、PC、DPTR、PSW、states、sec。states 为运行的机器周期数,sec 为运行的时间,这两个数据在程序调试时很有用。在程序调试运行时,寄存器的值会随之变化,通过观察这些寄存器的变化,可以分析程序的运行情况。

除了 sec 和 states 之外,其他寄存器的值都可以改变。改变的方式有两种:一是用鼠标直接单击进行修改,二是在图 1-13 所示的调试命令输入栏直接输入寄存器的值,如输入 A=0x32,则寄存器 A 的值立即显示 0x32。

4. 变量的观察与修改

1) 显示变量窗口

在调试状态下,单击 View→Call Stack Window 命令或对应的按钮(图 1-7 中的 17),就会显示或隐藏堆栈和当前变量窗口。单击 View→Watch Window 命令或对应的按钮(图 1-7 中的 18),就会显示或隐藏变量窗口,包含有两个标签(Watch1 和 Watch2),可以分别显示全局变量和局部变量。

2) 变量的观察与修改

在堆栈窗口,显示的是当前运行函数中的变量,这些变量不用设置,会自动出现在窗口中。为了观察其他变量,可以在 Watch1 或 Watch2 窗口按 F2 键输入变量名。在程序运行中,可以观察这些变量的变化,也可以单击修改它们的值。

另外还有更简单的方法观察变量的值,在程序停止运行时,将光标放到要观察的变量上停大约 1 秒,就会出现对应变量的当前值,如 lamp=0x18。

5. 存储器的观察与修改

1) 显示存储器窗口

在调试状态下,单击 View→Memory Window 命令或对应的按钮(图 1-7 中的 19),就会显示或隐藏存储器窗口。存储器窗口包含 4 个标签,即 4 个显示区,分别是 Memory1、Memory2、Memory3、Memory4。

2) 存储器的观察与修改

在 4 个显示区上边的 Address 栏输入不同类型的地址,可以观察不同的存储区域(在第 2 章介绍存储区的概念)的数据。

(1) 设置观察片内 RAM 直接寻址的 data 区,在 Address 栏输入 D/d:0x△△(△△为十六进制数,下同),便显示从△△地址开始的数据。高 128 字节显示的是特殊功能寄存器的内容。

(2) 设置观察片内 RAM 间接寻址的 idata 区,在 Address 栏输入 I/i:0x△△,便显示从△△地址开始的数据。高 128 字节显示的也是数据区的内容,而不是特殊功能寄存器的内容。

(3) 设置观察片外 RAM xdata 区,在 Address 栏输入 X/x:0x△△△△,便显示从△△△△地址开始的数据。

(4) 设置观察程序存储器 ROM code 区,在 Address 栏输入 C/c:0x△△△△,便显示从△△△△地址开始的程序代码。

在显示区域中,默认的显示形式为十六进制的字节。

3) 存储器中数据的修改

除了程序存储器中的数据不能修改之外,其他 3 个区域的数据均可修改。修改方法是,在欲修改的单元上单击鼠标右键,在弹出的菜单中选择 Modify Memory at 0x… 命令,在弹出的文本框中输入数据,然后单击 OK 按钮即可。

6. 片内外设的观察与设置

我们知道,片内外设包含的内容与所选的单片机有关,一般单片机片内包含的外设有中断系统、各个 I/O 口、串行口、各个定时器/计数器共 4 个基本部分。单击 Peripheral 菜单,可以选择某一种或几种外设进行观察、设置。

1) 中断系统的观察与设置

在调试状态下,单击 Peripheral→Interrupt 命令,就会显示或隐藏中断系统窗口,如图 1-14 所示。

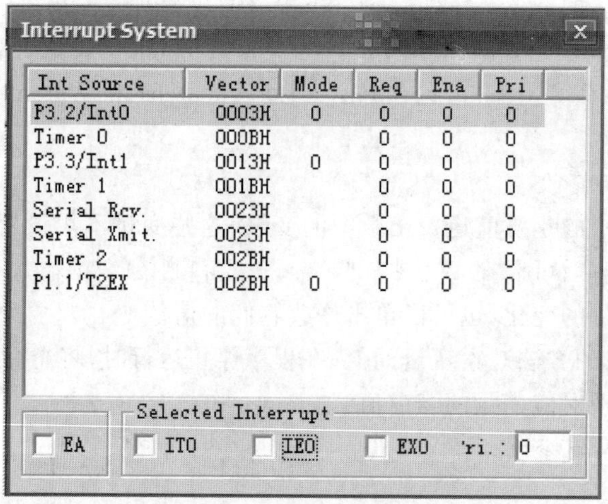

图 1-14 中断系统的观察与设置窗口

窗口列出了89C52单片机所有的中断源的中断向量、中断允许、中断优先级、中断请求标志状态等,窗口的下面是对选中的中断进行设置。中断主要在第5章介绍。

2）串行口的设置与观察

在调试状态下,单击Peripheral→Serial命令,就会显示或隐藏串行口状态和设置窗口,如图1-15所示。该窗口主要是在调试串行口时,设置串行口工作方式和观察运行状态。在第8章将详细介绍串行口。

对于串行口的数据输入/输出,可以单击View→Serial Window #1或Serial Window #2,打开串行口的数据输入/输出窗口观察输出,或从键盘输入（相当于从串行口输入）。

3）并行I/O口的观察与设置

在调试状态下,单击Peripheral→I/O-Ports→Port0/Port1/Port2/Port3命令,可以选择一个多个I/O口进行观察或设置。

图1-13中的右上角显示的是P1(Port 1)口的观察窗口,显示的端口值是0x06,是程序调试运行截取界面时P1口的输出值。

4）定时器/计数器的观察与设置

在调试状态下,单击Peripherals→Timer→Timer0命令,便会显示出定时器/计数器0设置与观察窗口,如图1-16所示。用同样的方法可以观察、设置其他的定时器/计数器。在第7章将详细介绍定时器/计数器。

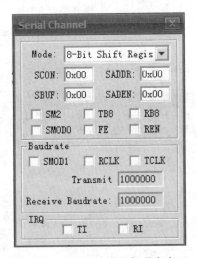
图1-15 串行口的设置与观察窗口

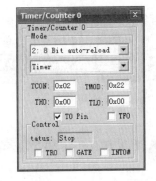
图1-16 定时器/计数器的设置与观察窗口

5）状态的自动刷新

在程序运行时,各个片内外设的状态会不断地变化,为了随时观察它们的变化,可以启用View→Periodic Window Update命令,让Keil C自动周期刷新各个调试窗口。

1.6 单片机系统模拟软件Proteus简介

Proteus是英国Labcenter公司开发的,运行于Windows操作系统之上的软硬件集成开发与模拟、调试运行软件。Proteus主要由ISIS、ARES和Source Code三部分组成,ISIS

的功能是原理图设计及与电路原理图的交互模拟,ARES 用于印制电路板的设计,Source Code 用于设计微控制器的程序。下面仅介绍 ISIS 功能,ARES 和 Source Code 功能往往用更专业的 Protel 和 Keil C 设计开发。

Proteus 的智能电路输入系统(Intelligent Schematic Input System,ISIS)主要有三大功能:电子电路原理图设计与性能分析功能,以及电路系统软硬件协同模拟运行功能。

Proteus 有丰富的元器件、信号源、虚拟仪器和虚拟终端。Proteus 器件库有数万种元器件;有正弦波等多种信号激励源;有电压电流表、示波器、逻辑分析仪等虚拟仪器,以及 UART、SPI、IIC 等微机虚拟终端和外设。能够对模拟电路、数字电路以及单片机及其外围电路组成的系统进行交互式模拟,可以模拟 8051、68000、AVR、PIC 等多种系列的单片机,可以模拟 ARM7、Cortex-M0、Cortex-M3 等 CPU 核的微控制器;有多种系列的单片机的编译器,并且可以使用第三方的编译器。

特别是对单片机应用系统,Proteus 有强大的软硬件模拟功能。Proteus 是单片机系统开发人员最受欢迎的开发工具,也是单片机初学者的学习与训练最理想、最得力的助手。本节主要介绍 Proteus ISIS 8.3 的原理图设计功能和系统软硬件仿真功能。

1.6.1　Proteus 主界面

启动 Proteus 后,呈现出如图 1-17 所示的主页面。Proteus 有强大的帮助功能,从主页就能得到入门学习、样例学习等帮助。主页面有以下 5 方面的内容。

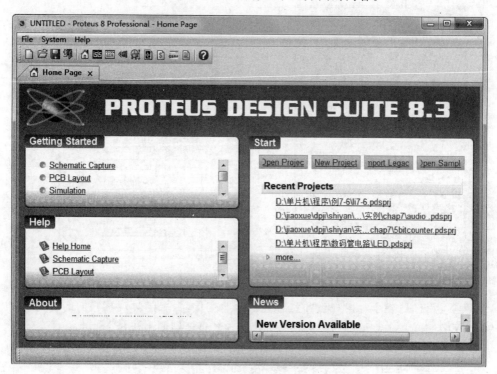

图 1-17　Proteus 主页面

- Getting started(入门):包括 Schematic(原理图绘制)、PCB Layout(PCB 图设计)、Simulation(模拟仿真)、Migration Guide(软件演变)、What's New(软件的新内容)。

- Start(开始):包括 Open Project(打开项目)、New Project(创建新项目)、Import Legacy(导入早期项目)、Open Sample(打开样例项目)。
- Help(帮助):包括 Help-Home(帮助主页)、Schematic Capture(原理图绘制)、PCB Layout(PCB 图设计)、Simulation(模拟仿真)。
- About(关于):关于软件的版本、版权等。
- News(新闻消息):主要有软件最新版本情况、本版本与最新版本的变化情况、入门视频等。

1.6.2　Proteus ISIS 的操作工具

1. Proteus ISIS 的操作界面

Proteus ISIS 的操作界面如图 1-18 所示,主要由 7 部分组成:最上面是菜单栏,菜单栏下面是标准工具栏、绘图工具栏(也常在左侧),左边是器件旋转工具、预览窗口和对象选择窗口,中间是电路设计窗口,左下角是仿真运行控制按钮,下边是状态信息栏等。

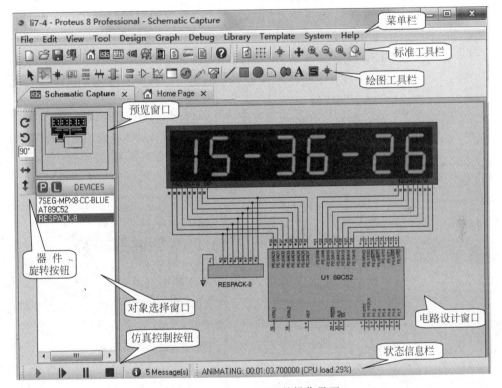

图 1-18　Proteus ISIS 的操作界面

由于各工具都是相应菜单项的快捷操作按钮,所以,下面主要介绍各个菜单项,并指明对应的命令操作按钮。从图 1-18 可知,菜单项主要有 File(文件)、Edit(编辑)、View(查看)、Tools(工具)、Design(设计)、Graph(绘图)、Source(源程序)、Debug(调试)、Library(器件库)、Template(模板)、System(系统)、Help(帮助)。在下面的介绍中,对于常见的菜单及菜单项不再给出,对于常见的工具按钮不再解释,对于很少使用的菜单及菜单项也不作介绍。

2. File(文件)菜单工具

常用的文件操作按钮如图1-19所示,各个数字序号对应的按钮功能如下。

(1) New Project(创建新项目)。
(2) Open Project(打开项目)。
(3) Save Project(保存项目)。
(4) Close Project(关闭项目)。

图1-19 文件操作按钮

3. Edit(编辑)菜单工具

常用的编辑操作按钮如图1-20所示,各个数字序号对应的按钮功能如下。

图1-20 编辑工具

(1) Undo Changes(撤销):撤销刚才的编辑操作。
(2) Redo Changes(恢复):恢复刚才的撤销。
(3) Cut To Clipboard(剪切):剪切掉选中的内容,将其保存到剪切板中。
(4) Copy To Clipboard(复制):将选中的内容复制到剪切板中。
(5) Paste From Clipboard(粘贴):将剪切板中的内容粘贴到光标处。
(6) Block Copy(对选中的块做复制)。
(7) Block Move(对选中的块做移动)。
(8) Block Rotate(对选中的块做旋转)。
(9) Block Delete(对选中的块做删除)。

4. View(查看)菜单工具

常用的查看菜单中部分操作按钮如图1-21所示,各个数字序号对应的按钮功能如下。

(1) Redraw Display(刷新编辑界面)。
(2) Toggle Grid(显示或隐藏栅格)。
(3) Toggle False Origin(使能/禁止人工原点设置)。

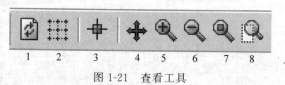

图1-21 查看工具

(4) Center At Cursor(以光标为中心显示)。
(5) Zoom In(放大显示)。
(6) Zoom Out(缩小显示)。
(7) Zoom All(缩放到整张图显示)。
(8) Zoom to Area(选择满屏显示的区域)。

其他的菜单项及功能如下。

- Toggle X-Cursor:改变光标形状,在普通光标、旁边带×光标、旁边带定位坐标线光标三者之间进行切换。
- Snap 10th:选择器件放置间距为10英丝。
- Snap 0.1in:选择器件放置间距为0.1英寸(100英丝)。

- Toolbars Configuration：工具栏各个部分显示或隐藏命令。

5. Tool(工具)与Design(设计)菜单工具

常用的工具按钮如图1-22中的1、2、3、7所示，常用的设计按钮如图1-22中的4、5、6所示。图中各个数字序号对应的按钮功能如下。

图1-22 设计工具

(1) Wire Autoroute(启用或禁止自动沿网格连线)。

(2) Search Tag(查找器件)。

(3) Property Assignment Tool(属性设置工具)，常用于设置多个相同器件的参数，如修改多个电阻的阻值均为1kΩ；又如，修改多个电阻的编号。其方法是选中这些器件，单击该按钮，设置后执行即可。其使用见图1-35。

(4) New Sheet(创建一张新电路图)。

(5) Remove/Delete Sheet(移走或删除当前的电路图)。

(6) Exit to Parent Sheet(退出返回到主设计页)。

(7) Electrical Rules Check(电气规则检查及生成报告)。

6. Graph(绘图)菜单

菜单中部分命令如下。

- Edit Graph…：编辑图形。
- Add Trace…：添加曲线。
- Simulate Graph：模拟图形。
- View Simulation Log：查看仿真日志。
- Export Graph Data…：导出图形数据。
- Clear Graph Data…：清除当前图形数据。

7. Debug(调试)工具

调试菜单中部分操作按钮如图1-23所示，各个数字序号对应的按钮功能如下。

(1) Run the Simulation(启动/重新启动模拟运行)。

(2) Advance the Simulation by one Animation(单步运行)，每单击一次执行一步，动画式运行。

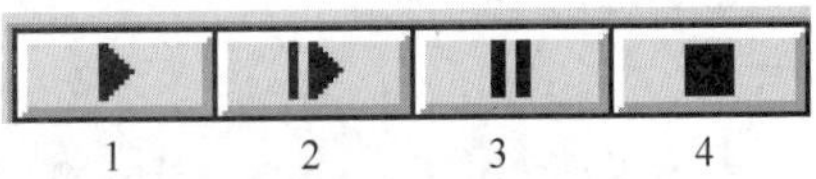

图1-23 调试工具

(3) Pause the Simulation(暂停模拟运行)。

(4) Stop the Simulation(停止模拟运行)。

8. Library(器件库)工具

主要是器件制作工具，其部分工具按钮如图1-24所示，各个数字序号对应的按钮功能如下。

(1) Pick Part from Library(从器件库选取器件)。

(2) Make Device(制作器件)。

(3) Packaging Tool(器件封装工具)。

(4) Decompose(分解器件)。

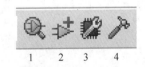

图1-24 器件库工具

9. Template(模板)菜单

模板菜单主要是设置图纸的式样,菜单项如下。

- Goto Master Sheet:转到主图。
- Set Design Colours:设置设计颜色。
- Set Graphic & Trace Colours:设置图形和走线颜色。
- Set Graphic Styles:设置图形格式。
- Set Text Styles:设置文本格式。
- Set 2D Graphic Defaults:设置 2D 图形样式。
- Set Junction Dot Style:设置连接点格式。
- Apply Styles From Template:使用模板样式。
- Save Design as Template:保存当前设计作为模板。

10. System(系统)菜单

部分菜单命令如下。

- System Settings:系统设置。
- Text Viewer:文本阅读器。
- Set Display Options:设置显示选项。
- Set Keyboard Mapping:设置快捷键。
- Set Property Definitions:设置属性定义。
- Set Sheet Sizes:设置图纸尺寸。
- Set Text Editor:设置文本编辑器。
- Set Animation Options:设置单步运行动画式显示选项。
- Set Simulation Options:设置仿真选项。
- Restore Default Settings:恢复默认设置。

11. Help(帮助)菜单

部分菜单项如下。

- Overview:概述。
- About Proteus 8:关于 Proteus 8。
- Schematic Capture Help:电路图设计帮助。
- Schematic Capture Tutorial:电路图设计教程。
- Simulation Help:仿真帮助。
- VSM Model/SDK Help:虚拟仿真组件及软件使用帮助。

12. 电路绘制工具

常用的电路绘制工具按钮如图 1-25 所示,各个数字序号对应的按钮功能如下。

图 1-25 电路绘制工具

(1) Selection Mode(选择模式),具有选中部件、移动部件、右击弹出菜单等功能。

(2) Components Mode(器件模式),在对象窗口显示的是已经从库中选取的器件。

(3) Junction dot Mode(连接点模式),给连接线放置连接点。

(4) Wire label Mode(连线标号模式),放置连线标号。

(5) Text script Mode(文字脚本编辑模式),可以编辑多行文字。

(6) Bus Mode(总线模式),绘制总线。

(7) Subcircuit Mode(子电路模式),绘制子电路。

(8) Terminals Mode(终端模式),在对象窗口显示的是终端部件,有电源、地、输出、输入等部件。

(9) Device Pin Mode(器件引脚模式),在对象窗口显示的是各种器件引脚部件,有一般引脚、反相引脚、正反相时钟信号引脚等,用于绘制器件。

13. 电路测试分析工具

电路测试分析工具如图1-26所示,各个数字序号对应的按钮功能如下。

图1-26 电路测试分析工具

(1) Graph Mode(图形模式分析器),有模拟信号、数字信号、噪声、混合信号、频率、傅里叶等分析器。

(2) Active popup mode(活动弹出模式),用其选择电路使弹出相应代码进行调试。

(3) Generator Mode(信号激励源模式),有直流、正弦、脉冲、指数、音频、边沿、连续方波等信号源。

(4) Voltage Probe Mode(探针模式),有电压探针、电流探针和录音机模式。

(5) Virtual Instruments Mode(虚拟仪器模式),有示波器、逻辑分析仪、计数器、虚拟串行口终端、SPI总线调试器、IIC总线调试器、信号发生器、交直流电压电流表等。

14. 2D图形绘制工具

绘图工具共8个,如图1-27所示。各个绘图工具主要用于制作器件与一般绘图,每一种图形模式都有绘制器件、引脚、端口等功能。

图1-27中的6、7、8按钮分别是文本模式、图形符号模式、图形标记模式。

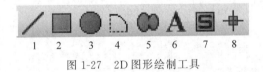

图1-27 2D图形绘制工具

15. 应用模块启动按钮

应用模块启动按钮如图1-28所示,各个数字序号对应的按钮功能如下。

图1-28 应用模块启动按钮

(1) Home Page(打开主页面)。

(2) Schematic Capture(打开原理图绘制界面)。

(3) PCB Layout(打开电路板图绘制界面)。

(4) 3D Visualizer(打开 3D 视图界面)。
(5) Gerber Viewer(打开格伯文件浏览器),Gerber 是一种 PCB 文件。
(6) Physical Partlist View(打开器件列表)。
(7) Bill of Materials(打开材料清单)。
(8) Source Code(打开程序代码设计界面)。
(9) Project Notes(打开项目说明编辑器)。
(10) Overview(打开帮助文档)。

1.6.3 Proteus ISIS 原理图设计方法

对于使用 Proteus 做单片机系统模拟的初学者,主要是设计电路原理图和模拟仿真,设计原理图主要有以下 8 个步骤:

① 创建项目　　　　　② 选取器件
③ 放置器件　　　　　④ 放置终端
⑤ 设置器件、终端属性　⑥ 连接器件
⑦ 放置测试、分析工具　⑧ 放置标识和说明文字

1. 创建项目

可以采用以下三种方式创建新项目:
- 单击主页面中的 New Project。
- 单击创建新项目按钮,图 1-19 中的 1。
- 执行 Files 菜单中的 New Project 命令。

执行上面任一操作之后,会出现新项目向导 4 个界面。图 1-29 所示的为第 1 个向导界面(Start),选择项目保存路径及项目名,如图所示,准备创建例 1-1 所需要的电路项目,所以将其保存到了例 1-1 的文件夹下面,项目名取 lamp;图 1-30 所示的为第 2 个向导界面(Schematic Design),选择电路图模板,在这里选择的是 DEFAULT 默认的空白模板;图 1-31 所示的为第 3 个向导界面(PCB Layout),选择生成 PCB 图,在这里不生成 PCB 图;图 1-32 所示的为第 4 个向导界面(Firmware),选择创建固件程序,这里不创建固件程序,其应用程序用 Keil C 编写。到此,创建项目的过程已经完成,会打开一个空白的电路图绘制页面 Schemati Capture。

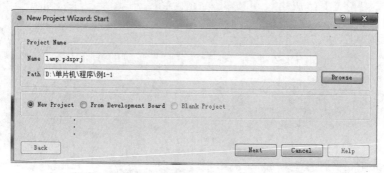

图 1-29　创建新项目——设置项目名和路径

图 1-30　创建新项目——选择电路图模板

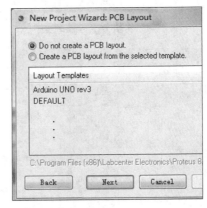

图 1-31　创建新项目——不生成 PCB 图

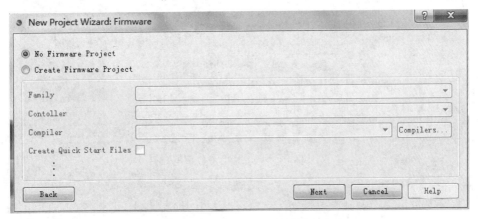

图 1-32　创建新项目——不创建固件程序

2. 选取器件

单击电路绘制工具按钮中的器件图标(图 1-25 中的 2)，再单击选择器件窗口中左上角的 P，就会打开 Pick Devices 窗口，如图 1-33 所示。可以方便地通过输入器件名直接选取，也可以通过分类、子类查找所需要的器件。在器件列出窗口双击器件行，对应器件便进入主界面的对象选择窗口，可以连续选取设计需要的器件。

3. 放置器件

1) 选择器件

单击对象选择窗口中的器件，在预览窗口就出现了该器件(见图 1-18)，如果器件的方向不合适，可以使用器件旋转按钮调整方向。

2) 放置器件

移动光标到电路设计窗口，光标就变成了一个小的绘图铅笔样，单击屏幕，铅笔就变成了所选中的器件，并且随鼠标移动，移到合适的地方单击鼠标，器件就被放在屏幕上。然后可以重复上述动作放上多个同一器件。

用上述方法，把需要的器件全部放到电路设计窗口。

3) 调整位置

如果器件的位置不合适，可以调整位置，其方法是：把鼠标移到器件上，鼠标就变成了小手形状,单击器件使其变成浮动状态的红颜色,并且小手旁边带有十字箭头,然后在器件上按住鼠标左键并移动鼠标,器件便随之移动,将其移到合适的位置后松开鼠标左键即可。

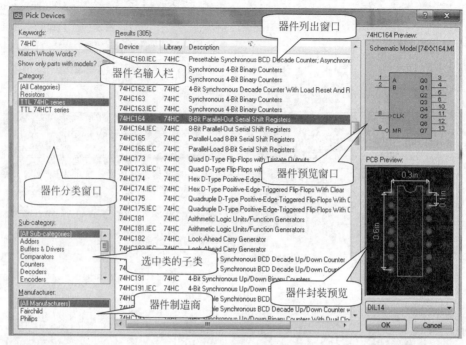

图1-33 Proteus ISIS 器件选取窗口

4. 放置终端部件

其方法是单击电路绘制工具按钮中的终端接口按钮(见图1-25中的8),便在对象选择窗口显示所有的终端部件,经常需要放置的终端部件有电源、公共地等。

5. 设置器件、终端属性

对所有器件都需要设置参数属性,如电阻需要设置阻值、设计编号、封装等。

设置器件、终端参数的方法是,对器件双击鼠标左键,便会弹出一Edit Component窗口,然后对各项进行填写即可。

需要注意的是,同一个设计文件中各张图纸上的设计编号不能相同;不能够连接在一起的引脚,其上的连接标号不能相同。

6. 连接器件

具体有三种连接方法:单线直接连接、单线通过连线标号连接、总线连接。

1) 单线直接连接

无论当前光标是什么功能,只要将光标移到需要连接的器件引脚并单击鼠标左键,就画出了连线,光标移到另一引脚再单击鼠标左键就完成连接。如果在连接时不能够自动连线,则单击图1-22中的按钮1,使其处于按下状态即可。

2) 用连线标号实现连接

如果一些连接点相距较远,彼此连接起来使图面不美观或不好走线,可以使用连线标号,使看起来没有连接的连线实现实质的连接。具体方法如下:

(1) 在器件、终端引脚放置一段短连线。

(2) 在短线上放置连线标号。单击电路绘制工具中的连线标号按钮(图 1-25 中的 4)，移动光标到短线上，当光标处出现一小叉子"×"时，单击鼠标左键会弹出一 Edit Wire Label 会话窗口，在 String 栏输入任一标号，如"D0,D1,D2,…,D7"或"A0,A1,A2,…,A7"等，单击确定后，便在连接点放上标号，在需要连接到一起的另一引脚短线上用同样的方法，放置上相同的标号。用该方法还可以将多个器件引脚连接在一起。

注意：需要连接在一起的引脚，其短线上放置的标号一定要相同。

(3) 放置 I/O 端口。为了使电路美观，往往在实现标号连接的引脚处放上 I/O 端口，以表示信号的输入与输出。I/O 端口在电路绘制工具按钮中的终端模式里。

短线、端口、标号三者的放置次序为：先放置端口，再放置端口与引脚的短连线，最后放置连线标号，如图 1-34 所示。

放置 I/O 端口这种方式多用于少数引脚的远距离标号互连，对于多个、连续的数据线或地址互连，总是用总线表示引脚的连接。

3) 总线连接

使用总线只是一种连接示意，不起实质连接作用，还是需要用连线标号的方法实现实质连接。总线连接方法也是需要三步，前两步同上，第三步是用电路绘制工具中的总线模式按钮画出总线。

7. 放置测试分析工具

(1) 放置信号源。根据需要，可以放置各种信号注入激励源，如直流、正弦、脉冲、指数、音频、边沿、连续方波等信号源等。

(2) 放置测量和观察仪器。根据需要，可以放置各种信号测量和观察工具，如电压探针、电流探针、信号曲线分析器、虚拟仪表等。如图 1-34 中放置有电压探针和电流探针。

(3) 放置模拟终端。如虚拟串行口终端、SPI 调试器、IIC 调试器等，如果系统有这些功能，都需要借助于模拟终端运行和调试。

8. 放置标识和说明文字

使用电路绘制工具中的文本脚本编辑模式按钮，编辑各种标识和说明文字。其方法是用鼠标单击文本脚本编辑模式按钮，然后将光标移动到需要的地方单击鼠标左键，会弹出一 Edit Script Block，在 Text 栏输入需要的文字即可。

1.6.4 Proteus ISIS 原理图设计举例

下面以流水灯电路为例，演示 Proteus 原理图设计的过程和方法。

1. 创建项目

按照前面所说的创建项目的方法，创建名字为 lamp.pdsprj 的项目，将其保存到流水灯程序所在的"例 1-1"文件夹下。

2. 选择器件

流水灯电路比较简单，只用三种器件：单片机、发光二极管和电阻，如图 1-34 所示。

单击绘图工具按钮中的器件图标，再单击选择器件窗口中左上角的 P，在弹出的 Pick Device 窗口的 Keywords 栏，依次输入单片机名 89C52、黄色发光二极管名 LED-YELLOW、电阻名 RES，使这三种器件选入对象选择窗口。

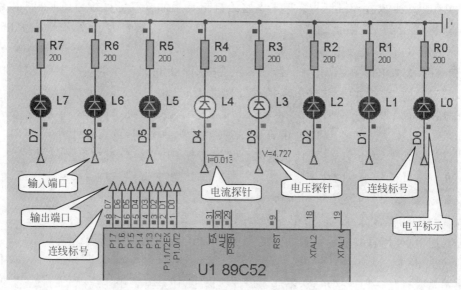

图 1-34 流水灯控制电路

3. 放置器件

先单击电路绘制工具按钮中的器件图标,使选择的三种器件出现在对象选择窗口中,然后根据拟绘制电路的要求,大致规划一下各个功能部分的布局(对于较大的、复杂的电路,可以按层次电路规划,将各个功能部分绘制在不同的分图纸上),以及各个功能中器件的分布,再放置器件。

(1) 放置单片机。单击对象选择窗口中的 AT89C52,观察预览窗口中器件的方向,如果方向不符合要求,可以单击器件旋转按钮中的某个按钮,使其旋转成符合的方向,然后移动铅笔状光标到合适的地方,按照前面所述的放置器件的方法,放置好单片机。

(2) 放置发光二极管。单击对象选择窗口中的 LED-YELLOW,调整方向,参考图 1-34 中发光二极管的位置,连续放置 8 个发光二极管。

(3) 放置电阻。单击对象选择窗口中的 RES,调整方向,参考图 1-34 中电阻的位置,连续放置 8 个电阻。

4. 放置终端部件

主要是放置电阻公共端的 GROUND,按照上面放置终端部件的方法放置即可。

5. 设置器件属性

电阻和发光二极管的属性、参数如图 1-34 所示。对单片机,除了设置器件编号外,可根据需要设置时钟频率、装载执行的程序(hex 文件)。

关于电阻参数的修改,可以使用属性设置工具对 8 个电阻进行统一设置。选中 8 个电阻,然后单击图 1-22 中的 3 按钮,弹出属性设置工具界面,在 String 栏输入器件的参数项及值,如图 1-35 所示。

6. 连接器件

为了示范 I/O 端口和连线标号的使用方法,电路中单片机与 8 个发光二极管的连线,是通过 I/O 端口和连线标号实现的连接。如果想简单些,可以把 8 个发光二极管 L0~L7 的阳极直接与单片机 P1 口的 P1.0~P1.7 引脚连接。

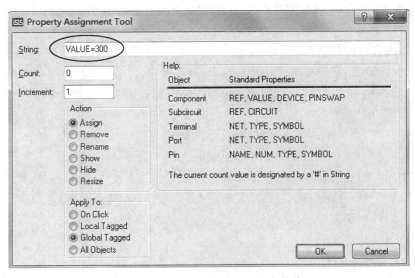

图 1-35　设置 8 个限流电阻的参数值

7. 放置观察仪器

为了示范测试分析仪器的使用，在电路中放置了电压探针和电流探针，用于观察运行时发光二极管的电压和电流。对于电流探针，放置时不能使电流的方向与电路垂直。

8. 说明

(1) 在实际电路中，单片机 P1 口的输出需要加驱动，可以使用 74LS244 或 74LS245 等芯片驱动，否则发光二极管亮度非常小。

(2) 在 Proteus ISIS 单片机模拟电路中，可以省略以下常规电路与部件：

- 可以不要外部振荡电路。
- 可以不要复位电路。
- 可以不接 $\overline{EA}$ 引脚。
- 可以不接电源和地。

在本书后面的单片机模拟电路中，基本上都省略了这些部分。但必须清楚，实际的应用电路中这些部分都不能够省略。

1.6.5　Proteus ISIS 仿真方法

1. 单片机系统仿真方法

有两种方法可以对单片机电路进行仿真运行：一是 Proteus 与 Keil C 联合模拟，二是把程序装载到单片机中模拟运行。为了简单起见，下面仅介绍后者，其方法如下：

(1) 用 Keil C 编写好应用程序，并编译链接生成可执行的 hex 文件；

(2) 在 Proteus ISIS 下设计好电路，右击电路图中的单片机，在弹出的菜单中单击 Edit Properties，会弹出 Edit Component 界面；

(3) 在弹出的 Edit Component 界面中，对 Program File 项进行设置，选择对应的应用程序的 hex 文件，然后单击 OK 即可；

(4) 在 Proteus ISIS 主界面上单击运行按钮，应用程序便开始在单片机中运行，电路中的其他器件在单片机的控制下进行工作；

（5）在 Proteus 下进行操作和观察，可以对电路的器件进行操作，观察电路各个部件的运行情况。

2. 单片机系统模拟举例

按照上面的方法，把 1.5.3 节中生成的 li1-1.hex 文件加载到图 1-34 的单片机中，然后单击模拟运行按钮，观察系统运行情况。应该能够看到 8 个发光二极管，从左到右循环点亮两个做流水灯显示。

另外还可以看到电压、电流两个探针显示的数值，在发光二极管没有亮时其值都是 0，点亮时电压为 4.727V，电流为 0.013A(13mA)。

当启动模拟运行之后，所有器件的引脚旁边都有一个小方块，指示各个引脚的电平。方块有红、蓝、灰三种颜色，分别标示高电平、低电平、电平不确定，没有连接的输入引脚是灰色。在程序运行时，小方块的颜色会发生相应的变化，用于分析电路和程序。

思考题与习题

（1）什么是单片机？
（2）单片机内部主要集成了哪些资源？
（3）单片机发展分为哪几个阶段？有哪些新技术？
（4）单片机主要有哪些特点？
（5）新型单片机主要增加了哪些功能？
（6）单片机的应用有哪些？
（7）在 Keil C 中怎样创建项目？怎样创建文件？怎样给项目添加文件？
（8）在 Keil C 中怎样编译项目？怎样设置产生.hex 文件？
（9）在 Keil C 的调试状态下，怎样使用跟踪运行、单步运行、跳出函数运行命令？
（10）在 Keil C 的调试状态下，怎样设置和删除断点？怎样使用断点观察程序运行？
（11）在 Keil C 的调试状态下，怎样观察和修改寄存器？怎样观察程序运行的时间？
（12）在 Keil C 的调试状态下，怎样观察和修改变量？
（13）在 Keil C 的调试状态下，怎样观察和修改 data 区、idata 区、xdata 区的数据？怎样观察 code 区的数据？
（14）在 Keil C 的调试状态下，怎样观察各个片内外设的运行状态？怎样修改它们的设置？
（15）在 Keil C 的调试状态下，怎样观察程序段或函数的运行时间？怎样设置单片机的振荡频率？
（16）在 Proteus ISIS 中怎样创建电路设计文件？文件保存有什么要求？
（17）在 Proteus ISIS 中怎样从器件库选取需要的器件？怎样连续选取多个器件？
（18）在 Proteus ISIS 中放置器件时，怎样调整器件的方向，使其符合要求？
（19）在 Proteus ISIS 中怎样选取、放置需要的终端？例如电源、地、I/O 端口。
（20）在 Proteus ISIS 中怎样设置器件的设计编号、参数等属性？
（21）在 Proteus ISIS 中怎样给单片机加载可执行程序？怎样设置时钟频率？
（22）在 Proteus ISIS 中，单击测试分析工具中的虚拟仪器模式按钮，将其包含的虚拟仪器逐个放到窗口上,然后单击模拟运行按钮,逐个认识一下它们表示的图形和虚拟仪器外观,研究一下它们的使用方法(不要考虑虚拟串口终端、SPI 总线调试器、IIC 总线调试器,它们需要编程控制)。

(23) 在 Proteus ISIS 中选取、放置你熟悉的器件,例如 74LS00、74LS02、74LS138 等芯片,然后单击模拟运行按钮,观察各个引脚的颜色,认识引脚的输入/输出及电平。

(24) 参见 1.5.3 节使用 Keil C 程序开发的方法,创建 xiti1-24 项目,创建 lamp.c 文件并添加到项目中,在 lamp.c 文件中编写用 P2 口控制向右循环的流水灯程序,然后编译项目,使其产生.hex 可执行文件,最后启动 Debug 调试功能,单步及全速运行,观察 P2 口输出的变化情况,如果不符合向右循环显示要求,需要修改程序。

(25) 参照图 1-34,使用 Proteus ISIS 设计单片机 P2 口(P2.0～P2.7)控制流水灯显示电路,对单片机加载习题 24 中生成的 xiti1-24.hex 文件,然后启动模拟运行,观察 8 个发光二极管的显示情况,分析是否正确,不正确的话需要修改程序。

第 2 章 MCS-51 单片机结构原理

CHAPTER 2

本章讨论 MCS-51 单片机的结构和工作原理,内容主要有 MCS-51 单片机结构、引脚信号、存储器配置、时钟与 CPU 时序、单片机的工作方式,以及低功耗工作方式。

本章是单片机的基本内容,是学习后面章节的基础。

2.1 MCS-51 单片机内部结构及 CPU

2.1.1 MCS-51 单片机结构及特点

MCS-51 单片机的内部功能结构如图 2-1 所示,图中是以增强型的 52 单片机的结构为对象。从图中可以看出,MCS-51 单片机在一块芯片中集成了微型计算机所具有的所有部件,从功能的角度来看,主要包括以下 9 部分。

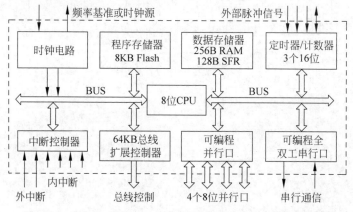

图 2-1 MCS-51 增强型(52 子系列)单片机的内部功能结构图

(1) 一个 8 位的微处理器 CPU。

(2) 8KB 的片内程序存储器 Flash ROM(基本型为 4KB),用于烧录运行的程序、常数数据。

(3) 256B 的片内数据存储器 RAM(基本型为 128B),在程序运行时可以随时写入和读出数据,用于存放函数相互传递的参数、接收的外部数据、运算的中间结果、最后结果以及显示的数据等;128B 特殊功能寄存器(SFR)控制单片机各个部件的运行。

(4) 3个16位的定时器/计数器(基本型仅有2个定时器),每个定时器/计数器可以设置为计数方式,用于对外部事件信号进行计数,也可以设置为定时方式,满足各种定时要求。

(5) 有一个管理6个中断(基本型为5个中断)、2个优先级的中断控制器。

(6) 4个8位并行I/O端口,每个端口既可以用作输入,也可以用于输出。

(7) 一个全双工的UART(通用异步接收发送器)串行I/O口,用于单片机之间的串行通信,或者与PC、其他设备、其他芯片之间的串行通信。

(8) 片内振荡电路和时钟发生器,只需外面接上一晶振或输入振荡信号,就可产生单片机运行所需要的各种时钟信号。

(9) 有一个可寻址64KB外部数据存储器,还可以寻址64KB外部程序存储器的三总线的控制电路。

以上各个部分通过片内总线相连,在CPU的控制下协调工作,实现用户程序的各种功能。

2.1.2　MCS-51单片机内部原理结构

MCS-51单片机的内部原理结构如图2-2所示,图中是以89C52增强型单片机的结构为对象。与图2-1比较,主要的区别是画出了CPU的内部结构,图中的中间部分除了"定时器、串行口及中断控制器"方框之外都属于CPU部件。下面先介绍CPU部分,对于其他部件,将在本章和后面章节讲解。

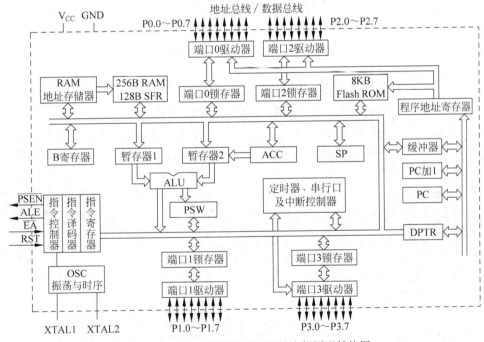

图 2-2　MCS-51增强型单片机的内部原理结构图

2.1.3　MCS-51单片机的CPU

MCS-51单片机内部有一个功能强大的8位CPU,它包含两个基本部分:运算器和控制器,下面分别介绍。

1. 运算器

运算器包括算术和逻辑运算部件(Arithmetic Logic Unit,ALU)、累加器 ACC、寄存器 B、暂存器 1、暂存器 2、程序状态字寄存器 PSW、布尔处理器等,如图 2-2 所示。

(1) 算术和逻辑运算部件(ALU)。ALU 可以对 4 位(半字节)、8 位(一字节)和 16 位(双字节)数据进行操作,能够做加、减、乘、除、加 1、减 1、BCD 码数的十进制调整及比较等算术运算,还能做与、或、异或、求补及循环移位等逻辑运算。

(2) 累加器 ACC。从图 2-2 所示 CPU 的结构上来看,ACC 中的数据作为一个操作数,经暂存器 2 进入 ALU,与另一个来自暂存器 1 的数据进行运算,运算结果在大多数情况下又送回 ACC。正是因为 ACC 在 CPU 中的这种位置,使得 ACC 在指令中使用的非常多,并且既作源操作数又作目的操作数,如加、减、乘、除算术运算指令,与、或、异或、循环移位逻辑运算指令等。除此之外,ACC 也作为通用寄存器使用,并且可以按位操作,所以 ACC 是一个用处最多、最忙碌的寄存器。在指令中用助记符 A 来表示。

(3) B 寄存器。在做乘、除运算时,B 寄存器用来存放一个操作数,并且用来存放运算后的部分结果。在不做乘、除运算时,B 寄存器可以作为通用寄存器使用。B 也是一个能够按位操作的寄存器。

(4) 程序状态字 PSW。PSW 是一个 8 位寄存器,用于设定 CPU 的一些操作和指示运行状态。PSW 相当于其他微处理器中的标志寄存器。程序状态字 PSW 的格式如图 2-3 所示。

PSW	D7	D6	D5	D4	D3	D2	D1	D0
(D0H)	CY	AC	F0	RS1	RS0	OV	F1	P

图 2-3 程序状态字 PSW 的格式

各标志位含义如下。

- CY(PSW.7):进位标志。在执行加减运算指令时,如果运算结果的最高位发生了进位或借位,则 CY 由硬件自动置 1,如果运算结果的最高位未发生进位或借位,则 CY 清 0。另外在做位操作(布尔操作)时 CY 作为位累加器,在指令中用 C 表示。
- AC(PSW.6):半进位标志位,也称为辅助进位标志。在执行加减运算指令时,如果运算结果的低半字节发生了向高半字节进位或借位,则 AC 由硬件自动置 1,否则 AC 被清 0。
- F0、F1(PSW.5 和 PSW.1):用户标志位。用户可以根据需要对 F0、F1 赋予一定的含义,由用户置 1 或清 0,作为软件标志。需要说明的是 F1 在基本型单片机中未提供给用户使用。
- RS1、RS0(PSW.4 和 PSW.3):工作寄存器(R0,R1,…,R7,参见 2.3 节)组选择控制位。通过对这两位的设定,可以从 4 个工作寄存器组中选择一组作为当前工作寄存器。其组合关系如表 2-1 所示。

表 2-1 RS1、RS0 的值与工作寄存器组的关系

RS1	RS0	工作寄存器组	片内 RAM 地址
0	0	第 0 组	00H~07H
0	1	第 1 组	08H~0FH
1	0	第 2 组	10H~17H
1	1	第 3 组	18H~1FH

用户根据需要，可以利用数据传送指令对 PSW 整字节操作或者用位操作指令改变 RS1 和 RS0 的数值来切换当前工作寄存器组。工作寄存器组的切换，为程序中保护现场提供了方便。单片机复位后，RS1=RS0=0，CPU 自动选择第 0 组作为当前工作寄存器组。

- OV(PSW.2)：溢出标志位，有两种情况影响该位。一是执行加减运算时，如果 D7 或 D6 中任一位，并且只一位发生了进位或借位，则 OV 自动置 1，否则清 0。在这种情况下，如果执行的是补码运算，当 OV 为 1 时，表明运算结果超出了补码计数范围 —128～+127。二是执行乘除运算时会影响 OV，这会在第 3 章讨论。

- P(PSW.0)：奇偶标志位。每条指令执行完后，该位都会指示当前累加器 A 中 1 的个数。如果 A 中有奇数个 1，则 P 自动置 1，否则 P 清 0。P 常用于串行通信中的数据校验。

(5) 布尔处理器。MCS-51 单片机的 CPU 中还有一个布尔处理器，它是以 PSW 中的进位标志位 CY 作为累加器，专门用于处理位操作。MCS-51 单片机有丰富的位处理指令，如置位、位清 0、位取反、判断位值(为 1 或为 0)转移，以及通过 C(指令中用 C 代替 CY)做位数据传送、位逻辑与、位逻辑或等位操作。

2. 控制器

控制器包括程序计数器 PC、指令寄存器 IR、指令译码器 ID，以及时钟控制逻辑、堆栈指针 SP、数据指针 DPTR 等。

(1) 程序计数器 PC。PC(Program Counter)是一个 16 位的计数器，是所执行程序的字节地址计数器，它的内容是将要执行的下一条指令的地址，具有自加 1 功能。改变 PC 的内容就可以改变程序执行的地址。

(2) 指令寄存器 IR 和指令译码器 ID。从 Flash ROM 中读取的指令存放在指令寄存器 IR 中，IR 将指令送给指令译码器 ID 进行译码，产生一定序列的控制信号，完成指令规定的操作。

(3) 堆栈指针 SP。堆栈是在 RAM 中专门开辟的一个特殊用途的存储区。堆栈是按照"先进后出"(即先进入堆栈的数据后移出堆栈)的原则存取数据。

堆栈主要用来暂时存放数据。有两种情况要使用堆栈。一是 CPU 自动使用堆栈，当调用子程序或响应中断，执行中断服务程序时，CPU 自动将返回地址存放到堆栈中；当调用子程序时，CPU 可能通过堆栈传递参数。二是程序员使用堆栈，用堆栈暂时存放数据。

堆栈一端的地址是固定的，称为栈底；另一端的地址是动态变化的，称为栈顶。堆栈有两种操作：数据进栈和数据出栈。进栈和出栈都是在栈顶进行，这就必然是按照"先进后出"或"后进先出"的原则存取数据。

堆栈指针 SP(Stack Pointer)是一个 8 位寄存器，其值为栈顶的地址，即指向栈顶，SP 为访问堆栈的间址寄存器。当数据进栈时，SP 先自动加 1，然后 CPU 将数据存入；当数据出栈时，CPU 先将数据送出，然后 SP 自动减 1。图 2-4 给出了不同操作后堆栈的变化情况。

由于进栈时 SP 的值增加，即堆栈向地址大的方向生长，并且栈顶是有效数据，因此我们说单片机的堆栈是满递增型堆栈(x86 CPU 是满递减型堆栈，另外还有空递增型和空递减型堆栈)。

(4) 数据指针 DPTR。DPTR 是唯一的 16 位寄存器，其高字节寄存器用 DPH 表示，低字节寄存器用 DPL 表示。DPTR 既可以作为一个 16 位寄存器使用，也可以作为两个独立

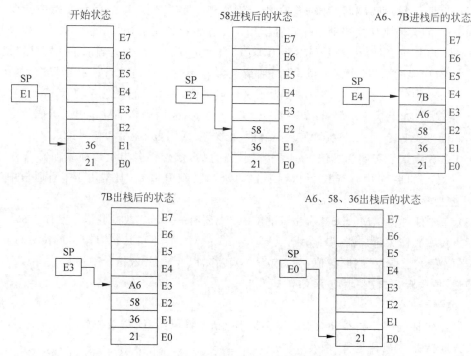

图 2-4 堆栈的进栈与出栈操作

的 8 位寄存器使用。DPTR 主要用于存放 16 位地址，以便对 64KB 的片外 RAM 和 64KB 的程序存储空间作间接访问。

上面介绍的 ACC、B、PSW、SP、DPL、DPH，都属于特殊功能寄存器，其他的特殊功能寄存器在 2.3 节中介绍。

2.2 MCS-51 单片机引脚信号

如今 MCS-51 单片机生产厂家较多，各个厂家产品有各自的特点，不仅片内设备不同，引脚也有所改变，有的甚至于有很大的改变，如国内深圳宏晶科技生产的 STC15F2K 系列单片机，引脚变化非常大。本节以经典的引脚为对象做介绍，同时介绍宏晶科技单片机的引脚差异，认识单片机引脚的变化。

2.2.1 MCS-51 单片机引脚信号及功能

MCS-51 单片机的封装主要有双列 40 引脚和方形 44 引脚方式，即 PDIP-40 的双列直插方式和 LQFP-44、PLCC-44、PQFP-44 方形贴片封装方式。下面以常见的 PDIP-40 封装方式为例，介绍 MCS-51 的引脚定义及其功能。图 2-5 给出了增强型单片机的引脚定义，与基本型的区别只是 1 引脚多了 T2 功能，2 引脚多了 T2EX 功能。

1. 电源引脚

（1）V_{CC}：5V 电源正极接入引脚。

（2）GND：5V 电源负极接入引脚。

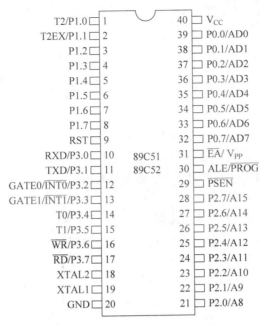

图 2-5 MCS-51 单片机引脚定义

2. 外接晶振引脚

(1) XTAL1(External Crystal Oscillator)：晶振信号或外部时钟输入引脚。该引脚接外部晶振和微调电容的一端，与单片机片内振荡电路一起，产生由外部晶振决定的振荡频率。由于 XTAL1 接内部反向放大器的输入端，因此在使用外部时钟时，该引脚输入外部时钟脉冲。

(2) XTAL2：晶振信号输入引脚，该引脚接外部晶振和微调电容的另一端。XTAL2 接内部反向放大器的输出端，因此在使用外部时钟时，该引脚接地。

若要检查单片机的振荡电路是否工作，可以使用示波器查看 XTAL2 引脚是否有脉冲信号输出。

3. 控制信号引脚

(1) RST(Reset)：复位信号输入引脚，高电平有效。当单片机正常工作时，该引脚保持两个机器周期的高电平就会使单片机复位；在上电时，由于振荡器需要一定的起振时间，该引脚上的高电平必须保持 10ms 以上才能保证有效复位。

(2) ALE/$\overline{PROG}$(Address Latch Enable/Programming)：地址锁存信号输出/编程脉冲输入引脚。

ALE 为地址锁存信号，每个机器周期输出两个正脉冲。在访问片外存储器时，下降沿用于控制外接的地址锁存器锁存从 P0 口输出的低 8 位地址。在没有接外部存储器时，可以将该引脚的输出作为时钟信号使用。若要检查单片机是否工作，可以使用示波器查看该引脚是否有脉冲信号输出。ALE 可以驱动 8 个 LS 型 TTL(低功耗甚高速 TTL)负载。

$\overline{PROG}$ 为片内程序存储器的编程脉冲输入引脚，低电平有效。STC 单片机无此功能，不是并口方式编程，而是通过串行口编程。

(3) $\overline{PSEN}$(Program Store Enable)：片外程序存储器读选通信号输出引脚，每个机器

周期输出两个负脉冲,低电平有效。在访问片外数据存储器时,该信号不出现。$\overline{PSEN}$ 可以驱动 8 个 LS 型 TTL 负载。

(4) $\overline{EA}/V_{PP}$(Enable Address/Voltage Pulse of Programming):程序存储器选择输入/编程电压输入引脚。

$\overline{EA}$ 为程序存储器选择输入引脚。该引脚为低电平时,使用片外程序存储器,为高电平时,使用片内程序存储器。对 STC 单片机,该引脚在片内接有上拉电阻,因此可以悬空使用片内程序存储器。

V_{PP} 为片内程序存储器编程电压输入引脚。其电压值与片内可编程 ROM 类型有关。STC 单片机无此功能,编程时也是使用 5V 工作电源。

4. 输入/输出引脚

(1) P0 口(P0.0~P0.7):可以作总线口和一般 I/O 口使用,与操作指令有关。

作总线口使用时,为 8 位推拉式输出的 I/O 口。分时地输出低 8 位地址和输入/输出数据,能够驱动 8 个 LS 型 TTL 负载。

作一般 I/O 口使用时,为 8 位漏极开路的准双向 I/O 口。输出时需要接上拉电阻;输入时,必须先对端口各位输出 1,使各位驱动三极管截止,然后才能够输入,这就是准双向口的含义。

(2) P1 口(P1.0~P1.7):内部有上拉的 8 位准双向 I/O 口,作为一般 I/O 使用,可以驱动 4 个 LS 型 TTL 负载。对于增强型单片机,P1.0、P1.1 还有第二功能,第二功能的信号分别为 T2 和 T2EX。

- T2(P1.0):定时器/计数器 2 的计数脉冲输入和时钟输出引脚。
- T2EX(P1.1):定时器/计数器 2 的重装、捕获和计数方向控制输入引脚。

(3) P2 口(P2.0~P2.7):内部有上拉的 8 位 I/O 口。作为一般 I/O 口使用时,为准双向 I/O 口,输出可以驱动 4 个 LS 型 TTL 负载。当 CPU 以总线方式操作时,P2 口输出高 8 位地址。

(4) P3 口(P3.0~P3.7):内部有上拉的 8 位 I/O 口,每个引脚都有第二功能,有的还有第三功能。作为一般 I/O 口使用时,为准双向 I/O 口,输出可以驱动 4 个 LS 型 TTL 负载。各引脚第二、三功能如表 2-2 所示。

表 2-2 P3 口各引脚第二、三功能定义

引脚	第二、三功能
P3.0	RXD:串行口输入
P3.1	TXD:串行口输出
P3.2	$\overline{INT0}$/GATE0:外部中断 0 请求输入/定时器/计数器 0 运行外部控制输入
P3.3	$\overline{INT1}$/GATE1:外部中断 1 请求输入/定时器/计数器 1 运行外部控制输入
P3.4	T0:定时器/计数器 0 外部计数脉冲输入
P3.5	T1:定时器/计数器 1 外部计数脉冲输入
P3.6	$\overline{WR}$:外部数据存储器写控制信号输出
P3.7	$\overline{RD}$:外部数据存储器读控制信号输出

(5) 端口的总线操作。当 CPU 访问片外存储器(程序存储器或数据存储器)时,P0 口以总线方式分时输出低 8 位地址、读入指令和输入/输出数据,P2 口提供高 8 位地址,访问

片外数据存储器时 P3.7、P3.6 提供读写控制信号。总线操作时 P0 口可以驱动 8 个 LS 型 TTL 负载。

(6) 端口的编程操作。当对单片机进行编程操作时,从 P0 口输入烧录的数据或输出数据做校验,从 P1 口输入低 8 位地址,从 P2 口输入高 8 位地址。对 STC 单片机不用并行口而是用串行口编程。

2.2.2　MCS-51 单片机的外部总线结构

当 MCS-51 单片机不使用外部存储器时,P0～P3 口都可以作为一般 I/O 使用。但是在实际应用中,有时需要较大的数据存储器,如 2KB、8KB 等,就需要做数据存储器扩展(现在一般不再用作程序存储器扩展,当程序存储器不够用时,可以选择程序存储器容量大的单片机),使用单片机的总线。

由于 MCS-51 单片机内部具有产生总线的结构,所以很容易对外提供三总线,如图 2-6 所示。

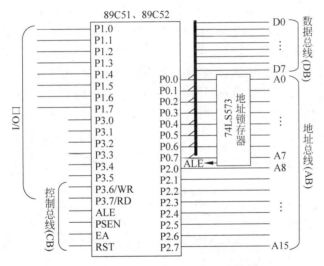

图 2-6　MCS-51 单片机外部总线结构

1. 地址总线(AB)

地址总线宽度为 16 位,寻址范围为 64KB。当 CPU 访问片外存储器时(读取指令或执行 MOVC、MOVX 指令),P0 口分时地输出低 8 位地址,经地址锁存器锁存后形成稳定的低 8 位地址 A0～A7,P2 口则提供高 8 位地址 A8～A15。

2. 数据总线(DB)

P0 口分时地直接提供数据总线 D0～D7,与读写控制信号相配合,完成数据传输。

3. 控制总线(CB)

对单片机读写操作有直接作用的控制信号主要有 ALE、$\overline{PSEN}$、$\overline{WR}$、$\overline{RD}$、和 $\overline{EA}$ 这 5 个信号,这些信号的功能在前面已经叙述过,此处不再赘述。关于总线的操作与应用,将在第 9 章中讨论。

2.3 MCS-51 单片机存储器结构

MCS-51 单片机的存储器结构与一般 PC 的存储器结构不同，分为程序存储器 ROM 和数据存储器 RAM。程序存储器固化程序、常数和数据表。数据存储器存放程序运行中产生的各种数据、用作堆栈等。

MCS-51 单片机有 4 个存储空间，分别是片内程序存储器和数据存储器，在片外可以扩展的程序存储器和数据存储器。这 4 个存储空间可以分成三类：片内数据存储空间（256B 的 RAM 和 128B 的特殊功能寄存器）、片外数据存储空间（64KB）、片内和片外统一编址的程序存储空间（64KB）。不同的存储空间，它们有各自的寻址方式和访问指令。

2.3.1 程序存储器结构

程序存储器用于存放（固化或称烧录）编写好的程序、常数和数据表。单片机在运行时，CPU 使用程序计数器（PC）中的地址，从程序存储器中读取指令和数据，每读一个字节，PC 就自动加 1，这样 CPU 依次读取及执行程序存储器中的指令。MCS-51 单片机的程序存储器有 16 位地址，因此地址空间范围为 64KB。

对于基本型 89C51 单片机，片内有 4KB 的 Flash ROM，地址为 0000H～0FFFH，片外最多可以扩展到 60KB，地址为 1000H～FFFFH；增强型的 89C52 单片机片内有 8KB 的 Flash ROM，地址为 0000H～1FFFH，片外最多可以扩展到 56KB，地址为 2000H～FFFFH，片内外是统一编址的。这两种单片机的程序存储器空间配置如图 2-7 所示。

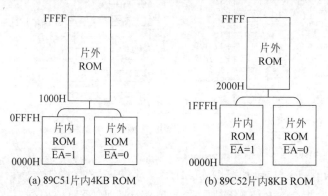

图 2-7 MCS-51 单片机的程序存储器空间配置

单片机在执行指令时，对于低地址部分，究竟是从片内程序存储器取指令，还是从片外程序存储器取指令，决定于程序存储器选择引脚 $\overline{EA}$ 电平的高低，如果 $\overline{EA}$ 接低电平，则 CPU 从片外程序存储器取指令，若 $\overline{EA}$ 接高电平，则 CPU 从片内程序存储器取指令。当取指令的地址大于片内存储器的最大地址时，CPU 自动转到片外程序存储器取指令。

无论是从片内程序存储器还是从片外程序存储器读取指令，指令的执行速度是一样的。

在 MCS-51 增强型单片机的程序存储空间，低地址区域有 50 多个单元留作程序启动和中断使用，如表 2-3 所示。

表 2-3 ROM 中保留的存储单元

存储单元	应用
0000H～0002H	复位后引导程序地址
0003H～000AH	外中断 0
000BH～0012H	定时器 0 中断
0013H～001AH	外中断 1
001BH～0022H	定时器 1 中断
0023H～002AH	串行口中断
002BH～0032H	定时器 2 中断（增强型）

单片机复位后程序计数器值为 0，即 CPU 从 0000H 地址开始执行，因此在存储单元 0000H～0002H 中存放的是上电复位后的引导程序，引导程序一般是一条无条件转移指令，跳转到主程序的开始处。从 0003H 地址开始，每 8 个单元分配给一个中断使用，如果容纳不下中断服务程序，一般在这些地方放上一条无条件转移指令，跳转到存放中断服务程序的地方去执行。基本型单片机有 5 个中断，增强型有 6 个中断（有的单片机有更多的中断）。中断将在第 6 章讨论。

2.3.2 片内数据存储器结构

片内数据存储器按照寻址方式，可以分为三部分：低 128 字节数据区、高 128 字节数据区和特殊功能寄存器区。这三部分存储空间结构如图 2-8 所示。

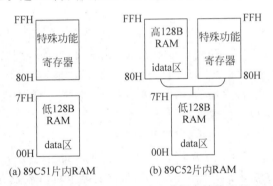

图 2-8 MCS-51 单片机片内数据存储器配置

1. 低 128 字节 RAM

低 128 字节数据区有多种用途，并且使用最频繁。这部分空间可以使用三种方式寻址：直接寻址、寄存器间接寻址、位寻址。

这部分空间分为三个区域：工作寄存器区、位寻址区和通用数据区，其中的通用数据区用于堆栈和暂存数据。低 128 字节 RAM 的配置如图 2-9 所示。

1) 工作寄存器区

地址从 00H 到 1FH，共 32 字节，分为 4 个组，分别称为第 0 组、第 1 组、第 2 组和第 3 组。每组 8 个寄存器，其名字都叫作 R0，R1，R2，…，R7，但不同的组对应的 8 个寄存器的地址不同，如表 2-1 所示。在某一时刻，只能选择使用一组，究竟选择哪一组，决定于程序状态字 PSW 的 RS1 和 RS0 位，见表 2-1。

用C语言编程的情况下,在定义函数时,通过使用关键字"using"来选择工作寄存器组(见4.7节)。

2) 位寻址区

地址从20H到2FH,共16字节,128位,位地址从00H到7FH。该区域既可以按位操作,也可以按字节操作。用C语言编程时,用关键字"bit"定义的位变量在该区域(见4.5节)。

3) 通用数据区

地址从30H到7FH,共80字节,该区域用于堆栈、存放程序运行时的数据和中间结果。

用C语言编程时,使用关键字"data"或"idata"将变量定义在该区域。用关键字"bdata"将变量(字符型、整型等)定义在位寻址区域(见4.3节),并且定义的变量还可以按位操作。

2. 高128字节RAM

对于高128字节RAM区,地址从80H到FFH,其用途与低128字节中的30H到7FH完全一样,用于堆栈、存放程序运行时的数据和中间结果。

在该区域,使用间接寻址方式访问。如果用C语言编程,则使用关键字"idata"定义变量。

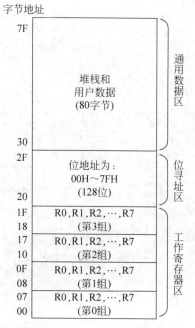

图 2-9 低128字节RAM区

3. 特殊功能寄存器

特殊功能寄存器(Special Function Register,SFR)也称为专用寄存器,是单片机中最重要的部分,用户是否能够熟练使用和充分发挥单片机的功能,主要取决于对特殊功能寄存器的理解与掌握。特殊功能寄存器的作用主要有三方面:控制单片机各个部件的运行、反映各部件的运行状态和存放数据或地址。

特殊功能寄存器占用的空间也是80H~FFH,与高128字节RAM的地址重合,为了进行区分,用直接寻址方式访问特殊功能寄存器,用间接寻址方式访问高128字节RAM区。

特殊功能寄存器虽然占据128字节的空间,但实际上对基本型单片机来说只有21个寄存器,增强型有27个寄存器。各特殊功能寄存器的符号、名字、地址、格式如表2-4所示。

表 2-4 特殊功能寄存器表

符号	特殊功能寄存器名	字节地址	位名称与位地址							
P0 *	P0口	80H	P0.7 87	P0.6 86	P0.5 85	P0.4 84	P0.3 83	P0.2 82	P0.1 81	P0.0 80
SP	堆栈指针	81H								
DPL	数据指针低字节	82H								
DPH	数据指针高字节	83H								
PCON	电源控制	87H	SMOD				GF1	GF0	PD	IDL
TCON *	定时器0、1控制	88H	TF1 8F	TR1 8E	TF0 8D	TR0 8C	IE1 8B	IT1 8A	IE0 89	IT0 88

续表

符号	特殊功能寄存器名	字节地址	位名称与位地址							
TMOD	定时器0、1模式	89H	GATE	C/$\overline{T}$	M1	M0	GATE	C/$\overline{T}$	M1	M0
TL0	定时器0低字节	8AH								
TL1	定时器1低字节	8BH								
TH0	定时器0高字节	8CH								
TH1	定时器1高字节	8DH								
P1*	P1口	90H	P1.7 97	P1.6 96	P1.5 95	P1.4 94	P1.3 93	P1.2 92	P1.1 91	P1.0 90
SCON*	串行口控制	98H	SM0 9F	SM1 9E	SM2 9D	REN 9C	TB8 9B	RB8 9A	TI 99	RI 98
SBUF	串行口数据	99H								
P2*	P2口	A0H	P2.7 A7	P2.6 A6	P2.5 A5	P2.4 A4	P2.3 A3	P2.2 A2	P2.1 A1	P2.0 A0
IE*	中断允许控制	A8H	EA AF		ET2+ AD	ES AC	ET1 AB	EX1 AA	ET0 A9	EX0 A8
P3*	P3口	B0H	P3.7 B7	P3.6 B6	P3.5 B5	P3.4 B4	P3.3 B3	P3.2 B2	P3.1 B1	P3.0 B0
IP*	中断优先级控制	B8H			PT2+ BD	PS BC	PT1 BB	PX1 BA	PT0 B9	PX0 B8
T2CON+*	定时器2控制	C8H	TF2 CF	EXF2 CE	RCLK CD	TCLK CC	EXEN2 CB	TR2 CA	C/$\overline{T2}$ C9	$\overline{CP/RL2}$ C8
T2MOD+	定时器2模式	C9H							T2OE	DCEN
RCAP2L+	定时器2捕获低字节	CAH								
RCAP2H+	定时器2捕获高字节	CBH								
TL2+	定时器2低字节	CCH								
TH2+	定时器2高字节	CDH								
PSW*	程序状态字	D0H	CY D7	AC D6	F0 D5	RS1 D4	RS0 D3	OV D2	F1 D1	P D0
A*	累加器A	E0H	ACC.7 E7	ACC.6 E6	ACC.5 E5	ACC.4 E4	ACC.3 E3	ACC.2 E2	ACC.1 E1	ACC.0 E0
B*	寄存器B	F0H	B.7 F7	B.6 F6	B.5 F5	B.4 F4	B.3 F3	B.2 F2	B.1 F1	B.0 F0

在特殊功能寄存器中，有11个（基本型）或12个（增强型）可以按位操作，具有位名和位地址，在表2-4中这些寄存器的符号名后面用"*"标记，它们的地址都能够被8整除，并且其位地址从字节地址开始。

增强型单片机比基本型多6个特殊功能寄存器，为了便于识别，在表2-4中这些寄存器的符号名后面用"+"标记。

对于表2-4中的特殊功能寄存器，有的有格式，即各位有不同的意义，它们是TCON*、TMOD、PCON、SCON*、IE*、IP*、T2CON+*、T2MOD+、PSW*，共9个。应用单片机，主要就是掌握这9个有格式的特殊功能寄存器，对基本型仅有7个。虽然P0*~P3*、A*、B*也有格式，并且可以按位操作，但它们主要是存储数据。其他的特殊功能寄存器没有格式，做整体使用。

在 2.1 节中已经介绍了 6 个特殊功能寄存器，它们是 SP、DPL、DPH、PWS*、A*、B*。在 2.2 节中介绍了 4 个端口 P0～P3，由表 2-4 可知，与 4 个端口对应的有 4 个映射寄存器 P0*～P3*，且映射寄存器与端口名相同。读寄存器便是从端口输入，向寄存器写便是从端口输出。其他的寄存器将在后面章节介绍。

特殊功能寄存器在汇编语言中能够识别，但在 C 语言中不能识别，为了在 C 语言中使用，必须先定义，它们多数在 reg51.h、reg52.h 等头文件做了定义，但有一些未做定义，如 4 个并行口 P0～P3、累加器 A、寄存器 B 等的各位，在使用时需要用户定义。

2.3.3 片外数据存储器结构

片外数据存储器的地址范围为 0000H～FFFFH，共 64KB。对于 0000H～00FFH 的低 256 字节，与片内数据存储器的地址重叠，但它们使用不同的指令，访问片内和片外存储器分别用 MOV 和 MOVX 指令。使用 MOVX 指令对片外 RAM 进行读/写操作时，会自动产生读/写控制信号 $\overline{RD}$、$\overline{WR}$，作用于片外 RAM 实现读/写操作。

对于片外 RAM，不像片内 RAM，不划分区域，没有特别用途的区域。片外 RAM 做通用 RAM 使用，主要存放大量采集的或接收的数据、运算的中间数据、最后结果，以及用作堆栈等。

用 C 语言编程时，使用关键字"xdata"或"pdata"将变量、数组、结构体、堆栈等定义到片外 RAM 区（见 4.3 节）。

从以上讨论可知，MCS-51 单片机的存储器系统，有 4 个存储空间，按照不同的寻址方式，分成三类存储空间（片内、片外数据存储空间和程序存储空间）、7 个存储区域。7 个存储区为：片内数据存储器包括直接访问的 data 区、间接访问的 idata 区，可按位寻址的 bdata 区，可直接寻址的特殊功能寄存器区；片外数据存储器包括按页内间接寻址的 pdata 区，间接访问的 xdata 区；片内和片外程序存储器称为 code 区。

【例 2-1】 P0～P3 是最简单的特殊功能寄存器，它们是端口 P0～P3 的映射寄存器，对这些寄存器进行读操作和写操作，实际上就是对这些端口做输入和输出操作。为了演示这种操作以及显示单片机的控制能力，用 P2 口的 8 个引脚接 8 个发光二极管，发光二极管的阴极接 P2 口，阳极接 1kΩ 的限流电阻，电阻另外一端接 5V 电源（参考图 1-34），然后编写程序，控制发光二极管的亮与灭引脚输出 0 点亮发光二极管，输出 1 发光二极管熄灭。

C 语言程序如下：

```
#include<reg52.h>           //包含有定义特殊功能寄存器的头文件
void main(void)              //主函数
{
    P2 = 0x00;               //从 P2 口各个引脚全输出 0,点亮 8 个 LED
    delayms(2000);           //延时 2s,函数定义见 1.5.3 节
    P2 = 0xff;               //从 P2 口各个引脚全输出 1,8 个 LED 全熄灭
    delayms(2000);           //延时 2s
    P2 = 0xf0;               //从 P2 口的低 4 位引脚输出 1,点亮低 4 位的 LED
    delayms(2000);           //延时 2s
    P2 = 0xff;               //从 P2 口各个引脚全输出 1,低 4 位的 LED 熄灭
```

```
        delayms(2000);              //延时 2s
        P2 = 0x0f;                  //从 P2 口的高 4 位引脚输出 0,点亮高 4 位的 LED
        delayms(2000);              //延时 2s
        P2 = 0xff;                  //从 P2 口各个引脚全输出 1,高 4 位的 LED 熄灭
        while(1);                   //程序在此死循环,CPU 停留于此处
}
```

在 Proteus 下绘制电路,并仿真运行,观察、体会程序的控制作用。

2.4 MCS-51 单片机时钟及 CPU 时序

MCS-51 单片机与其他微机一样,从程序存储器中读取指令并执行各种微操作,所有操作都是按节拍有序地进行。MCS-51 单片机内有一个节拍发生器,即片内振荡器和分频器等。

2.4.1 时钟电路及时钟信号

1. 时钟电路

MCS-51 单片机内部有产生振荡信号的放大电路,可以用两种方式产生单片机需要的时钟,一种是内部方式,另一种是外部方式。

(1) 内部方式。所谓内部方式,就是利用单片机内部的放大电路,外接晶振等器件构成的振荡电路。

MCS-51 单片机内部有一个高增益的反相放大器,反相放大器的输入端为 XTAL1,输出端为 XTAL2,两端接晶振及两个电容,就可以构成稳定的自激振荡器,如图 2-10 所示。电容 C1 和 C2 通常取 30pF 左右,可稳定频率并对频率有微调作用。对 89C51、89C52 单片机,其振荡频率一般为 $f_{osc}=0\sim24MHz$,有的甚至更高。

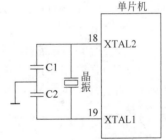

图 2-10 内部方式时钟电路

(2) 外部方式。外部方式就是使用外部的时钟信号,接到 XTAL1 或 XTAL2 引脚上,给单片机提供基本振荡信号。

采用外部方式时,需要区分单片机的制造工艺,不同的制造工艺,外部时钟信号有不同的接入方法。表 2-5 给出了不同制造工艺时钟信号的接入方法。

表 2-5 单片机外部时钟接入方法

芯片工艺	XTAL1	XTAL2
HMOS	接地	接时钟信号(带上拉)
CHMOS	接时钟信号(带上拉)	悬空

2. 时钟信号

由振荡电路产生的振荡信号,经过单片机内部时钟发生器后,产生出单片机工作所需要的各种时钟信号。

(1) 时钟信号与状态周期。时钟发生器是一个二分频的触发电路,它将振荡器的信号频率 f_{osc} 除以 2,向 CPU 提供两个相位不同的时钟信号 P1 和 P2,即振荡信号的 2 分频是时

钟信号,也叫作状态信号。时钟信号的周期,即时钟周期,也称为状态周期 S(STATE),是振荡周期的 2 倍。在每个时钟周期的前半周期,相位 1(P1,节拍 1)信号有效,在每个时钟周期的后半周期,相位 2(P2,节拍 2)信号有效,如图 2-11 中的右上边的标注。

每个时钟周期(以后常称状态 S)有两个节拍(相)P1 和 P2,CPU 就以两相时钟 P1 和 P2 为基本节拍,控制单片机各个部件协调工作。

(2) 机器周期和指令周期。机器周期(MC)是指 CPU 访问一次存储器所需要的时间。机器周期是度量指令执行时间的单位,标记为 T_{MC}。

MCS-51 单片机的一个机器周期包含 12 个振荡周期,分为 6 个状态 S1~S6。由于每个状态又分为 P1 和 P2 两个节拍,因此,一个机器周期中的 12 个振荡周期可以表示为 S1P1,S1P2,S2P1,…,S6P1,S6P2。机器周期 T_{MC} 与振荡频率 f_{osc} 的关系为:

$$T_{MC} = 12/f_{osc} \tag{2-1}$$

指令周期是指 CPU 执行一条指令所需要的时间,用机器周期度量。对于 MCS-51 单片机,不同的指令有不同的机器周期数,有单机器周期、双机器周期和 4 机器周期指令。4 机器周期指令只有乘、除两条指令,其余的都是单机器周期或双机器周期指令。

(3) 基本时序单位。综上所述,MCS-51 单片机的基本时序单位有如下 4 种。

- 振荡周期:为晶振的振荡周期,是最小的时序单位。
- 状态周期:是振荡频率 2 分频后的时钟周期。显然,一个状态周期包含 2 个振荡周期。
- 机器周期:1 个机器周期由 6 个状态周期,即 12 个振荡周期组成。
- 指令周期:是执行一条指令所需要的时间。一个指令周期由 1~4 个机器周期组成,其值由具体指令而定,见附录 A。

在实际应用中,经常用机器周期去计算一条指令或计算一段程序所执行的时间,因此需要先计算出机器周期的值。根据式(2-1),对于 12MHz 的晶振,则每个机器周期为 $1\mu s$,若采用 6MHz、11.0592 MHz 的晶振,则机器周期分别为 $2\mu s$ 和 $1.085\mu s$。

2.4.2 CPU 时序

CPU 时序即 CPU 的操作时序,CPU 操作包括取指令和执行指令两个阶段。

在 MSC-51 指令系统中,根据不同指令的繁简程度,其指令可由单字节、双字节和 3 字节组成。从机器执行指令的速度看,单字节和双字节指令都有可能是单机器周期或双机器周期,而 3 字节指令都是双机器周期的。只有乘、除指令是 4 个机器周期的。

图 2-11 列举了几种指令的操作时序。通过示波器,可以观察 XTAL2 和 ALE 引脚上的信号,分析 CPU 时序。通常,每个机器周期出现两次地址锁存信号 ALE,第一次出现在 S1P2 和 S2P1 期间,第二次出现在 S4P2 和 S5P1 期间。

单机器周期指令的执行始于 S1P2,这时操作码被锁存到指令寄存器内,若是双字节则在同一机器周期的 S4 读第 2 字节。若是单字节指令,则在 S4 仍有读操作,但被读入的字节丢弃,且程序计数器 PC 并不增加。图 2-11(a)、(b)分别给出了单字节单机器周期和双字节单机器周期指令的时序,它们都能在 S6P2 结束时完成操作。

图 2-11(c)给出了三字节双机器周期指令的时序,在两个机器周期内要进行 4 次读指令操作,因为是三字节指令,最后一次读指令是无效的。

图 2-11(d)给出了访问片外 RAM 指令 MOVX 的时序,它是单字节双机器周期指令,在

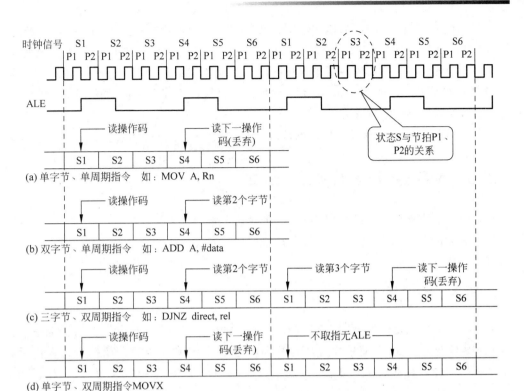

图 2-11 MCS-51 单片机的 CPU 时序

第一个机器周期 S5 开始送出片外 RAM 地址后,进行读/写数据。读写期间 ALE 引脚不输出信号,所以在第二个机器周期,即外部 RAM 已被寻址和选通后,不产生取指令操作。

【例 2-2】 在单片机应用程序中,经常会用到延时,在要求不高的情况下,可以用 C 语言的循环语句产生延时。编写延时 x 毫秒(ms)的函数,x 取值为 1~1000,要求误差小于 1%。设单片机的晶振频率为 12MHz。

解:需要内外双层循环才能实现较长的延时,完整的 C 语言程序文件如下:

```
//delayms.c                    延时 ms 程序
void delayms(unsigned int x)   //延时 xms 函数(设晶振频率为 12MHz)
{
    unsigned char i;
    while(x-- )
        for(i = 0; i<123; i++);
}
void main()                    //延时测试主函数
{
    delayms(1);                //误差 + 16μs
    delayms(10);               //误差 + 16μs
    delayms(100);              //误差 + 16μs
    delayms(500);              //误差 + 17μs
    delayms(1000);             //误差 + 19μs
    delayms(10000);            //误差 + 54μs
    while(1);
}
```

从上面延时函数 delayms() 使用不同参数的误差可以看出,仅延时 1ms 时误差超过了 1‰,延时 2ms 时误差就小于了 1‰,延时 1s 其误差没有超过 20μs。对于延时函数内循环的次数 123,需要试验确定,可以使用单片机程序开发软件 Keil C 的模拟运行功能来做。读者可以在 Keil C 创建一个工程项目,把本文件加入项目编译后即可模拟运行、实验,注意设置单片机的晶振频率为 12MHz。

本书后面程序中需要延时数毫秒的地方,均使用该 delayms() 函数。

2.5 MCS-51 单片机的复位

MCS-51 单片机与其他微处理器一样,在启动工作时先要进行复位,使 CPU 及系统各部件处于确定的初始状态,并从初始状态开始运行。实现复位的方法是通过复位电路,给单片机复位引脚加复位电平。

2.5.1 复位状态

MCS-51 单片机复位期间,ALE、$\overline{PSEN}$ 输出高电平。RST 从高电平变为低电平后,程序计数器 PC 变为 0000H,使单片机从程序存储器地址 0000H 单元开始执行。复位后,单片机各特殊功能寄存器的状态如表 2-6 所示。

表 2-6 各特殊功能寄存器的复位值

特殊功能寄存器	复 位 值	特殊功能寄存器	复 位 值
PC	0000H	TCON	00H
ACC	00H	T2CON(增强型)	00H
B	00H	TL0	00H
PSW	00H	TH0	00H
SP	07H	TL1	00H
DPTR	0000H	TH1	00H
P0~P3	FFH	TL2(增强型)	00H
IP(基本型)	×××00000B	TH2(增强型)	00H
IP(增强型)	××000000B	RCAP2L(增强型)	00H
IE(基本型)	0××00000B	RCAP2H(增强型)	00H
IE(增强型)	0×000000B	SCON	00H
TMOD	00H	SBUF	不确定
T2MOD(增强型)	×××××00B	PCON	0×××0000B

对于表 2-6 中复位值的"×",表示其值不确定,实际上这些位当前都没有使用。

记住 SFR 的复位值,在程序设计中是很有帮助的,进行分类很容易记住。

- P0~P3:FFH
- SP:07H
- SBUF:不确定
- 其余:00H("×"位均可以 0 计)

内部 RAM 的状态不受复位的影响,在系统上电时,RAM 的内容是不确定的。

2.5.2 复位电路

MCS-51 单片机有一复位引脚 RST,高电平有效。在时钟电路工作之后,当外部电路使 RST 端出现两个机器周期(24 个振荡周期)以上的高电平,系统内部复位。在上电时,由于振荡器需要一定的起振时间,该引脚上的高电平必须保持 10ms 以上才能保证有效复位。

复位有两种方式:上电自动复位和手动复位,图 2-12 给出了两种方式对应的电路。

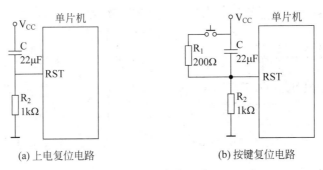

图 2-12　复位电路

上电自动复位是在加电瞬间通过电容充电来实现的,如图 2-12(a)所示。在通电瞬间,电容 C 通过电阻 R 充电,RST 端出现高电平而实现复位。RST 引脚高电平持续的时间,取决于复位电路的时间常数 RC 之积,大约是 0.55RC 左右。

对 CMOS 型单片机,在 RST 端内部有一个下拉电阻,故可将外部的电阻去掉,由于下拉电阻较大,因此外接电容 C 可减至 $1\mu F$。

所谓手动复位,就是使用按键,按键按下使单片机进入复位状态。图 2-12(b)所示电路具有上电自动复位和手动复位功能。显然,按键未按下时 R_1 不起任何作用,C、R_2 部分与图 2-12(a)完全一样,具有上电自动复位功能;按键按下后,R_1、R_2 组成的分压电路,可以给 RST 引脚提供高电平以实现复位。

如果 RST 引脚一直保持高电平,单片机将循环复位。

2.6　MCS-51 单片机低功耗工作方式

单片机经常应用于野外、井下、高空、无人值守监测站等只能用电池供电的场合,对系统的低功耗运行要求很高。单片机的节电工作方式能够满足低功耗的要求。

2.6.1　低功耗结构及控制

MCS-51 单片机通常有两种半导体工艺,一种是 HMOS 工艺(高密度短沟道工艺),另一种是 CHMOS 工艺(互补金属氧化物的 MOS 工艺)。CHMOS 是 CMOS 和 HMOS 的结合,除保持 HMOS 高速度和高密度的特点之外,还具有 CMOS 低功耗的特点。例如 8051 的功耗为 630mW,而 80C51 的功耗只有 120mW。

现在有些新型的单片机,如 STC89C52,正常工作功耗为 4~7mA,空闲方式功耗约 2mA,掉电方式功耗小于 $0.5\mu A$。

1. 低功耗工作结构

对于 CHMOS 工艺的单片机,内部设计有节电方式运行电路,单片机可以空闲和掉电两种节电方式工作。节电工作方式由电源控制寄存器控制。

具有低功耗方式工作的单片机内部,其低功耗工作原理结构设计如图 2-13 所示。从图中可以看出,若 $\overline{\text{IDL}}=0$,则封锁了送给 CPU 的时钟,CPU 不工作,而中断、串行口、定时器仍然正常工作,此为空闲工作方式。如果 $\overline{\text{PD}}=0$,则使振荡器停振并且封锁振荡信号,不能产生时钟信号,整个单片机系统停止工作,此为掉电工作方式。

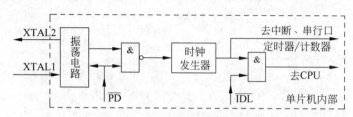

图 2-13 MCS-51 CHMOS 工艺单片机低功耗工作原理结构

2. 电源控制寄存器 PCON

电源控制寄存器 PCON 的地址为 87H,CHMOS 工艺的单片机(89C52)的 PCON 格式如图 2-14 所示,对 HMOS 工艺的单片机只有 SMOD 位。各位含义如下。

PCON	D7	D6	D5	D4	D3	D2	D1	D0
(87H)	SMOD	—	—	—	GF1	GF0	PD	IDL

图 2-14 电源控制寄存器 PCON 格式

- SMOD:波特率倍频位。若此位为 1,则串行口方式 1、方式 2 和方式 3 的波特率加倍。
- GF1、GF0:用户标志位,给用户使用。
- PD:掉电方式控制位。此位写 1,则单片机进入掉电方式。此时系统时钟电路停止工作,致使系统所有部件停止工作,系统功耗达到最低。
- IDL:空闲方式控制位。此位写 1,则单片机进入空闲方式。此时停止给 CPU 提供时钟,CPU 停止工作,而其他部件仍正常工作。如果同时向 PD 和 IDL 两位写 1,则 PD 优先,进入掉电方式。

89C52 单片机 PCON 的复位值为 0×××0000B。

2.6.2 空闲工作方式

空闲方式又叫作等待方式、待机方式。

1. 进入空闲方式

当 CPU 执行完置 IDL=1 的指令后,系统就进入空闲方式,CPU 停止工作。这时,CPU 的内部状态保持不变,包括堆栈指针 SP、程序计数器 PC、程序状态字 PSW、累加器 ACC 等所有的值保持不变。ALE 和 $\overline{\text{PSEN}}$ 保持高电平。

2. 退出空闲方式

进入空闲方式之后,有两种方法可以退出。

(1) 响应中断后退出空闲方式。任何中断请求被响应都可以由硬件将 IDL 位清 0 而结束空闲方式。当执行完中断服务程序返回到主程序(假设)时,在主程序中要执行的第一条指令,就是原先使 IDL 置位指令后面的那条指令。PCON 中的用户标志位 GF1 和 GF0,可以用来指明中断是正常操作还是空闲方式期间发生的。在设置空闲方式时,除了使 IDL=1 外,还可先对 GF1 或 GF0 置 1。当由于中断而停止空闲方式时,在中断服务程序中检查这些标志位,以确定是否从空闲方式进入中断。

(2) 硬件复位退出空闲方式。由于在空闲方式下振荡器仍然工作,因此硬件复位只需要两个机器周期便可完成,复位后,所有特殊功能寄存器被初始化,程序从 0000H 重新运行,但不改变片内外 RAM 中的数据。

2.6.3 掉电工作方式

掉电方式又叫作停机方式。

1. 进入掉电方式

当 CPU 执行完置 PD=1 的指令后,系统就进入掉电工作方式。在这种工作方式下,内部振荡器停止工作,由于没有振荡时钟,因此,所有功能部件都停止工作。但内部 RAM 区和特殊功能寄存器的数据被保留,ALE 和 $\overline{PSEN}$ 都为低电平。

2. 退出掉电方式

对于一般的单片机来说,退出掉电方式的唯一方法是由硬件复位,复位后将所有特殊功能寄存器的内容初始化,但不改变片内 RAM 区的数据。

对于某些新型的单片机,如宏晶科技公司的 STC 51、52 等系列单片机,可以通过外中断退出掉电方式,其过程与空闲方式通过中断退出一样。

在掉电工作方式下,V_{CC} 可以降低到 2V,但在进入掉电方式之前,V_{CC} 不能降低。而在退出掉电方式之前,V_{CC} 必须恢复到正常的工作电压值,并且维持一段时间(约 10ms),使振荡器重新启动并稳定后方可退出掉电方式。

思考题与习题

(1) MCS-51 单片机内部包含哪些主要逻辑功能部件?

(2) MCS-51 单片机的 $\overline{EA}$ 引脚有何功能?信号为何种电平?

(3) MCS-51 单片机的 ALE 引脚有何功能?信号波形是什么样的?

(4) MCS-51 单片机的存储器分为哪几个存储空间?分为哪几种类型?分为哪几个存储区?

(5) 简述 MCS-51 单片机片内 RAM 的空间分配。内部 RAM 低 128 字节分为哪几个主要部分?各部分主要功能是什么?

(6) 简述 MCS-51 单片机布尔处理器存储空间分配,片内 RAM 包含哪些可以位寻址的单元。位地址 7DH 与字节地址 7DH 如何区别?位地址 7DH 具体在片内 RAM 中的什么位置?

(7) MCS-51 单片机的程序状态寄存器 PSW 的作用是什么?常用标志有哪些位?作用是什么?

(8) MCS-51 单片机复位后，CPU 使用哪组工作寄存器？它们的地址是什么？用户如何改变当前工作寄存器组？

(9) 什么叫堆栈？堆栈指针 SP 的作用是什么？MCS-51 单片机的堆栈是怎样操作的？

(10) PC 与 DPTR 各有哪些特点？有何异同？

(11) 测试哪一个引脚，可以快捷地判断单片机是否正在工作？

(12) 什么是振荡周期？什么是时钟周期？什么是机器周期？什么是指令周期？时钟周期、机器周期与振荡周期之间有什么关系？

(13) MCS-51 单片机常用的复位电路有哪些？复位后机器的初始状态如何？

(14) MCS-51 单片机有几种低功耗工作方式？如何实现，又如何退出？

(15) 参见图 1-34，使用 Proteus 画电路，用单片机的 P0 口控制 8 个 LED，在 Keil C 下创建项目 xiti2-15，对 1.5.3 节中的程序做修改，使点亮两个 LED 循环右移显示，对程序编译链接产生执行文件 xiti2-15.hex，装载单片机，模拟运行并观察，如果不显示，分析原因并做修改，使其正确显示。

(16) 编写单片机晶振频率是 11.0592MHz 的情况下，延时 xms 的 C 语言函数，在 Keil C 中仿真运行，确定误差比较小的函数的形式，并且测出 x 取不同值时的误差（类似例 2-2）。

第 3 章 MCS-51 指令系统及汇编程序设计

CHAPTER 3

本章讨论 MCS-51 单片机的指令系统及汇编语言程序设计。内容主要有寻址方式、分类指令、伪指令和汇编语言程序设计基础。

通过学习指令系统和汇编语言，能够更深刻理解计算机的工作原理。本章是单片机程序设计的基础，虽然现在多以 C 语言编程为主，但对某些要求较高的部分，还是需要用汇编语言来写；另外在使用 Keil C 调试、分析程序时，经常需要阅读反汇编窗口程序。

3.1 汇编语言概述

3.1.1 指令和机器语言

指令是计算机中 CPU 根据人的意图来执行某种操作的命令。一台计算机所能执行的全部指令的集合，称为这个 CPU 的指令系统。指令系统的强弱，决定了计算机智能的高低。MCS-51 单片机指令系统功能很强，有乘、除法指令、丰富的条件跳转指令、位操作指令等，并且使用方便、灵活。

要使计算机按照人们的要求完成一项工作，就必须让 CPU 按顺序执行预设的操作，即逐条执行人们编写的指令。这种按照人们要求所编排的指令操作的序列，称为程序。编写程序的过程叫程序设计。

程序设计语言就是编写程序的一整套规则和方法，是实现人机交换信息的基本工具，分为机器语言、汇编语言和高级语言。

机器语言用二进制编码表示每条指令，是计算机能够直接识别和执行的语言。用机器语言编写的程序，称为机器语言程序或机器码程序。因为机器只能够识别和执行这种机器码程序，所有语言程序最终都需要翻译成机器码程序，所以机器码程序又称为目标程序。

MCS-51 单片机是 8 位机，其机器语言以 8 位二进制码为单位(字节)，有单字节、双字节和 3 字节指令。

例如，要做"13+25"的加法，在 MCS-51 单片机中机器码程序为：

```
01110100        00001101        (把 13 放到累加器 A 中)
00100100        00011001        (A 加 25,结果仍放回 A 中)
```

为了便于书写和记忆,可采用十六进制表示指令码。上面这两条指令可写为:

```
74H  0DH
24H  19H
```

显然,用机器语言编写程序不易理解、不易查错、不易修改、不易记忆。

3.1.2 汇编语言

直接用机器语言编写程序非常困难,为了克服机器语言编程中的问题,人们发明了用符号代替机器码的编程方法。这种符号就是助记符,一般采用相关的英文单词或其缩写来表示。这就是汇编语言。

汇编语言是用助记符、符号、数字等来表示指令的程序语言,相对于机器语言来说,汇编语言容易理解和记忆。它与机器语言是一一对应的。汇编语言不像高级语言(如 C 语言)那样具有通用性,而是属于某种 CPU 所独有的,与 CPU 内部硬件结构密切相关。用汇编语言编写的程序叫汇编语言程序。

例如,上面的"13+25"的例子可写成:

```
汇编语言程序           机器语言代码
MOV  A,#0DH           74H  0DH
ADD  A,#19H           24H  19H
```

汇编语言和机器语言都属于低级语言。尽管汇编语言相对机器语言有不少优点,但它仍然存在着机器语言的某些缺点,如与 CPU 的硬件结构紧密相关,不同的 CPU 其汇编语言不同。这使得汇编语言不能够移植,使用不便;其次,要用汇编语言进行程序设计,必须了解所使用的 CPU 的硬件结构与性能,对程序设计人员有较高的要求。所以又出现了对 MCS-51 单片机编程的高级语言,如 PL/M、BASIC、C 语言等,现在 PL/M、BASIC 等语言已经被淘汰,主要使用 C 语言。

3.1.3 汇编语言格式

MCS-51 汇编语言指令由四部分组成,其一般格式如下:

[标号:]   操作码   [操作数]   [;注释]

格式中的方括号表示可以没有相应部分,可见,可以没有标号、操作数和注释,但至少要有操作码。其操作数部分最多可以是三项:

[操作数 1]   [,操作数 2]   [,操作数 3]

操作数 1 常称为目的操作数,操作数 2 称为源操作数,操作数 3 多为跳转的目标。例如:

```
START: MOV    A,#23H      ;23H→A
```

START 为标号,MOV 为操作码,A、#23H 为操作数,23H→A 为注释。

标号是相应指令的标记,便于查找,用于程序入口、循环等。

操作码规定了指令所要执行的操作,由 2～5 个英文字母表示。例如,MOV、ADD、RRC、JZ、DJNZ、CJNE、LCALL 等。

操作数指出了参与操作的数据来源、操作结果存放的地方,以及跳转的目标位置。操作数可以是一个数(立即数),也可以是数据所在的空间地址,即在执行指令时从指定的空间地址读取或写入数据。

注释主要使程序容易阅读。

操作码和操作数都有对应的二进制代码,指令代码由若干字节组成。对于不同的指令,指令的字节数不同。在 MCS-51 指令系统中,有单字节指令、双字节指令和 3 字节指令。下面分别加以说明。

1. 单字节指令

单字节指令中的 8 位二进制代码,既包含操作码的信息,也包含操作数的信息。这种指令有两种情况。

(1) 指令码中隐含着对某一个寄存器的操作。

例如,INC A、MUL AB、RL A、CLR C、INC DPTR 等指令,都属于这一类,只需要一个字节就可以表示出执行什么操作、操作数是哪个。如数据指针 DPTR 增 1 指令 INC DPTR,其 8 位二进制指令代码为 A3H,格式为:

| 1 | 0 | 1 | 0 | 0 | 0 | 1 | 1 |

(2) 由指令码中的 rrr 或 i 指定操作数。

例如,ADD A,Rn、INC Rn、ANL A,@Ri、MOV @Ri,A 等指令,都属于这一类。如累加器 A 向工作寄存器传送数据指令 MOV Rn,A,其指令格式为:

| 1 | 1 | 1 | 1 | 1 | r | r | r |

其中高 5 位为操作码内容,指出作传送数据操作,低 3 位的 rrr 的不同组合编码,用来表示向哪一个寄存器(R0~R7)传送数据,故一字节就够了。

MCS-51 单片机共有 49 条单字节指令。

2. 双字节指令

用一个字节表示操作码,另一个字节表示操作数或操作数所在的地址。其指令格式为:

| 操作码 | 立即数或地址 |

MCS-51 单片机共有 45 条双字节指令。

3. 3 字节指令

用一个字节表示操作码,另外两个字节表示操作数或操作数所在的地址。其指令格式为:

| 操作码 | 立即数或地址 | 立即数或地址 |

MCS-51 单片机共有 17 条 3 字节指令。

3.2 MCS-51 单片机寻址方式

所谓寻址方式,是指 CPU 寻找参与运算的操作数的方式,或者寻找数据保存位置的方式。寻址方式是汇编语言程序设计中最基本的内容之一,必须要十分熟悉。

MCS-51 单片机有 7 种寻址方式：立即数寻址、寄存器寻址、直接寻址、寄存器间接寻址、变址寻址、位寻址和指令寻址。可以分为两类：操作数寻址和指令寻址，在 7 种寻址方式中，除了指令寻址之外，其余 6 种都属于操作数寻址。

3.2.1 立即数寻址

立即数寻址也叫立即寻址、常数寻址。其操作数就在指令中，是指令的一部分，紧跟在操作码后面，用"♯"符号作前缀，以区别地址。访问的是 code 区域。例如：

```
MOV    A,♯2CH       ;2CH→A
MOV    A,2CH        ;(2CH)→A
```

前者表示把 2CH 这个数送给累加器 A，后者表示把片内 RAM 中地址为 2CH 单元的内容送给累加器 A。

立即数也可以是 16 位的，如：

```
MOV    DPTR,♯1234H
MOV    TL2,♯2345H
MOV    RCAP2L,♯3456H
```

对于第 2 条指令，立即数的低 8 位送给了 TL2，高 8 位送给了 TH2；对于第 3 条指令，立即数的低 8 位送给了 RCAP2L，高 8 位送给了 RCAP2H。

3.2.2 寄存器寻址

寄存器寻址就是由指令指出寄存器组 R0~R7 中某一个或寄存器 A、B、DPTR 和 C(位处理器的累加器)的内容作为操作数。例如：

```
MOV    A,R7         ;(R7)→A
MOV    36H,A        ;(A)→36H
ADD    A,R0         ;(A)+(R0)→A
```

指令中给出的操作数是一个寄存器名，在此寄存器中存放着真正被操作的对象。工作寄存器的识别由操作码的低 3 位完成。其对应关系如表 3-1 所示。

表 3-1 低 3 位操作码与寄存器 Rn 的对应关系

低 3 位 r r r	000	001	010	011	100	101	110	111
寄存器 Rn	R0	R1	R2	R3	R4	R5	R6	R7

例如，INC Rn 的机器码格式为 00010rrr。若 rrr=010B，则 Rn=R2，即

```
INC    R2           ;(R2)+1→R2
```

对于工作寄存器组的操作必须注意，要考虑 PSW 中 RS1、RS0 的值，即要确定当前使用的是哪一组寄存器，然后对其值进行操作。设(R2)=23H，使用第 2 组(RS1 RS0=10B)寄存器，则该指令的执行过程如图 3-1 所示。

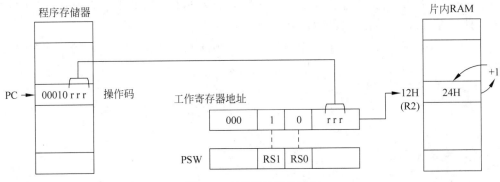

图 3-1 寄存器寻址示意图

3.2.3 直接寻址

直接寻址是指操作数存放在片内 RAM 中,指令中给出 RAM 中的地址。例如:

```
MOV   A,38H        ;(38H)→A
```

即片内 RAM 中 38H 单元的内容送入累加器 A。

设 (38H)=6DH,该指令的执行过程如图 3-2 所示。

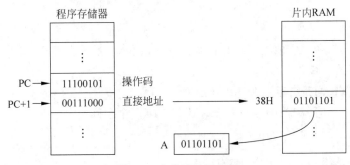

图 3-2 直接寻址示意图

在 MCS-51 单片机中,直接寻址方式可以访问片内 RAM 的低 128 字节(data 区域)和所有的特殊功能寄存器(sfr 区域),而不能够直接寻址访问片内 RAM 的高 128 字节,高 128 字节只能够间接访问。

对于特殊功能寄存器,既可以使用地址,也可以使用 SFR 名。例如:

```
MOV   A,P1         ;(P1)→A
```

是把 SFR 中 P1 口引脚的数据送给累加器 A,也可以写成:

```
MOV   A,90H
```

其中,90H 是 P1 口的地址。

直接寻址的地址占一字节,所以,一条直接寻址方式的指令至少占用内存两个单元。

3.2.4 寄存器间接寻址

寄存器间接寻址是指操作数存放在片内或片外 RAM 中,操作数的地址存放在寄存器中,在指令执行时,通过指令中的寄存器内的地址,间接地访问操作数。存放地址的寄存器称为间址寄存器,指令中在寄存器前面加前缀"@"表示。

MCS-51 单片机规定只使用 Ri(i=0、1,即指 R0、R1)、SP 和 DPTR 作间址寄存器。寄存器间接寻址的空间和范围有以下几种情况。

1. 使用 Ri、SP 间接访问片内 RAM 空间

这种情况间接访问的范围是片内 RAM 的 256 字节(idata 区域),包括低 128 字节和高 128 字节,但不包括特殊功能寄存器。例如:

```
MOV    A,@Ri        ;((Ri))→A
ADD    A,@Ri        ;(A)+((Ri))→A
```

上面(Ri)表示 Ri 指向的单元,即单元的地址,((Ri))表示 Ri 指向单元中的数据。其操作如图 3-3 所示。

对使用 SP 间接访问片内 RAM,仅用在堆栈操作中,见后面指令系统。

2. 使用 Ri 间接访问片外 RAM 空间

这种情况间接访问的范围是片外 RAM 的 64KB 全空间。其指令只有两条:

```
MOVX   A,@Ri        ;((P2)(Ri))→A
MOVX   @Ri,A        ;(A)→(P2 Ri)
```

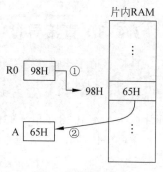

图 3-3　间接寻址（MOV　A,@R0)示意图

P2 中的值作为高 8 位地址,Ri 中的值作为低 8 位地址。P2 为 0 时,访问的区域为 pdata。

3. 使用 DPTR 间接访问片外 RAM 空间

这种情况间接访问的范围是片外 RAM 的 64KB 全空间(xdata 区域)。其指令也只有两条:

```
MOVX   A,@DPTR      ;((DPTR))→A
MOVX   @DPTR,A      ;(A)→(DPTR)
```

DPTR 为 16 位地址。

3.2.5　变址寻址

变址寻址实际上是基址加变址的间接寻址,就是操作数的地址由基址寄存器的地址,加上变址寄存器的地址得到。

基址寄存器使用 DPTR 或程序计数器(PC),累加器 A 则为变址寄存器。因为变址寻址也是间接寻址,因此在地址寄存器前面要加上前缀"@"。例如:

```
MOVC   A,@A+DPTR    ;((A)+(DPTR))→A
```

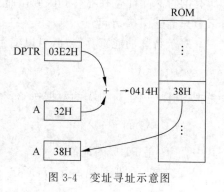

图 3-4　变址寻址示意图

该指令的操作过程如图 3-4 所示。

变址寻址的空间为程序存储器。其范围为:若使用 DPTR 为基址寄存器,寻址范围为

64KB；若使用 PC 为基址寄存器，寻址空间在 PC 之后 256 字节范围内。变址寻址访问的为 code 区域。变址寻址主要用于查表操作。

3.2.6 位寻址

所谓位寻址，是指操作数是二进制位的地址。指令中给出的是操作数的位地址，位地址可以是片内 RAM 中 20H～2FH(bdata 区域)中的某一位，也可以是特殊功能寄存器(sfr 区域)中能够按位寻址的某一位。位地址在指令中用 bit 表示。例如：

```
SETB    bit
MOV     C,bit
```

在 MCS-51 单片机中，位地址可以用以下 4 种方式表示：

(1) 直接位地址(00H～FFH)。如 32H。
(2) 字节地址带位号。如 20H.1，表示 20H 单元的第 1 位。
(3) 特殊功能寄存器名带位号。如 P1.7，表示 P1 口的第 7 位。
(4) 位符号地址。可以是特殊功能寄存器位名，也可以是用位地址符号命令 BIT 定义的位符号(如，flag BIT 01H)。如 TR0、flag，TR0 表示定时器/计数器 0 的运行控制位，flag 表示 01H 位。

3.2.7 指令寻址

指令寻址使用于控制转移指令中，其操作数给出转移的目标位置的地址，访问的是 code 区域。在 MCS-51 指令系统中，目标位置的地址的提供有两种方式，分别对应两种寻址方式。

1. 绝对寻址

绝对寻址是在指令的操作数中，直接提供目标位置的地址或地址的一部分。在 MCS-51 指令系统中，长转移和长调用指令给出的是 16 位地址，寻址范围为 64KB 全空间。例如：

```
LJMP    SER_INT_T1      ;无条件跳转到 T1 中断服务程序 SER_INT_T1 处
LCALL   SUB_SORT        ;调用排序子程序 SUB_SORT
```

2. 相对寻址

相对寻址是以当前程序计数器(PC)值(为所执行指令的下一条指令的地址)为基地址，加上指令中给出的偏移量 rel，得到目标位置的地址，即：

目标地址 = PC + rel
rel = 目标地址 − PC

偏移量 rel 为 8 位补码，其值为 −128～+127。rel<0 表明目标地址小、源地址大，程序向回跳转；rel>0，程序向前跳转。例如：

```
JZ      FIRST           ;(A) = 0,跳转到 FIRST
DJNZ    R7,LOOP         ;(R7) − 1≠0,跳转到 LOOP
```

注意：在实际编程中，不需要计算 rel，由编译器自动计算(过去手工编译时需要程序员计算 rel 值);当跳转范围超出了 rel 范围,编译器会提示,对程序做适当调整即可。

3.2.8 寻址空间及指令中符号注释

1. 各寻址方式的寻址空间

表 3-2 给出了各种寻址方式所使用的操作数、寻址空间及范围。

表 3-2 操作数寻址方式、寻址空间及范围

寻址方式	操作数寻址空间及范围	示例指令
立即数寻址	在程序存储空间,随指令读入	MOV A,#46H
直接寻址	片内 RAM 中;低 128 字节和 SFR	MOV A,46H
寄存器寻址	使用 R0~R7、A、B、C、DPTR	MOV A,R2
寄存器间接寻址	片内 RAM:使用@Ri、SP;范围为 256B,不含 SFR 片外 RAM:使用@Ri、@DPTR;范围为 64KB	MOV A,@R0 MOVX @DPTR,A
变址寻址	使用@A+PC、@A+DPTR;在程序存储器中; 范围分别为 PC 之后 256B 之内和 64KB 全空间	MOVC A,@A+DPTR MOVC A,@A+PC
位寻址	使用位地址;在位寻址空间;RAM 的 20H~2FH 和 SFR	SETB 36H
指令绝对寻址	操作数是目标地址;在程序存储空间; 范围为 64KB 全空间	LJMP SECON
指令相对寻址	操作数是相对地址;在程序存储空间;范围-128~127	SJMP LOOP

2. 指令中常用符号注释

Rn:n=0~7。当前选中的工作寄存器 R0~R7。它们的具体地址由 PSW 中的 RS1、RS0 确定,可以是 00H~07H(第 0 组)、08H~0FH(第 1 组)、10H~17H(第 2 组)或 18H~1FH(第 3 组)。

Ri:i=0、1。当前选中的工作寄存器组中可作为地址指针的 R0 和 R1。

#data:8 位立即数。

#data16:16 位立即数。

direct:8 位片内 RAM 单元地址,包括低 128B 和 SFR,但不包括 RAM 的高 128B。

addr16:程序存储空间的 16 位目的地址,用于 LCALL 和 LJMP 指令中。目的地址在 64KB 程序存储空间的任意位置。

rel:补码形式的 8 位地址偏移量。以下一条指令的第一个字节为基地址,地址偏移量在-128~+127。

bit:片内 RAM 或 SFR 中的直接寻址位地址。

@:在间接寻址方式中,间址寄存器的前缀符号。

(×):表示×中的内容。

((×)):表示由×中指向的地址单元的内容。

∧:逻辑与。

∨:逻辑或。

⊕:逻辑异或。

←、→:指令操作流程,将内容送到箭头指向的地方。

3.3 MCS-51 单片机指令系统

MCS-51 单片机指令系统有 111 条指令,其中单字节指令 49 条,双字节指令 45 条,3 字节指令 17 条。从指令执行的时间来看,单周期指令 64 条,双周期指令 45 条,只有乘、除两条指令执行时间为 4 个周期。

MCS-51 单片机指令系统按其功能分,可以分为 5 大类:
- 数据传送指令(29 条)。
- 算术运算指令(24 条)。
- 逻辑操作指令(24 条)。
- 控制程序转移指令(17 条)。
- 位(布尔)操作指令(17 条)。

虽然有 111 条指令,但由于没有复杂的寻址方式,没有难理解的指令,并且助记符只有 42 种,所以 MCS-51 单片机的指令系统容易理解、容易记忆、容易掌握。

3.3.1 数据传送指令

在通常的应用程序中,数据传送指令往往占有较大的数量,数据传送是否灵活、迅速,对整个程序的编写和执行都有很大的影响。

所谓传送,就是把源地址单元的内容传送到目的地址单元中去,而源地址单元中的内容不变。

数据传送指令共 29 条,是指令中数量最多、使用最频繁的一类指令。这类指令一般不影响程序状态字,只有目的操作数是累加器 A 时,才会影响标志位 P。这类指令可以分为三组:普通传送指令、数据交换指令和堆栈操作指令。

1. 普通传送指令

普通传送指令以助记符 MOV 为基础,分为片内数据存储器传送指令、片外数据存储器传送指令和程序存储器传送指令。

1) 片内数据存储器传送指令 MOV

指令格式: MOV 目的操作数,源操作数

其中:源操作数可以是 A、Rn、@Ri、direct、#data,目的操作数可以是 A、Rn、@Ri、direct、DPTR。以目的操作数的不同可以分为五组,共 16 条指令。

(1) 以 A 为目的操作数。

汇编指令格式	操作	机器码(H)
MOV A,Rn	; (Rn)→A	E8~EF
MOV A,direct	; (direct)→A	E5 direct
MOV A,@Ri	; ((Ri))→A	E6、E7
MOV A,#data	; data→A	74 data

指令中的 Rn,对应工作寄存器的 R0~R7。Ri 为间接寻址寄存器,i=0 或 1,即 R0 或 R1。

本组 4 条指令都影响 PSW 中的 P 标志位。
(2) 以 Rn 为目的操作数。

汇编指令格式	操作	机器码(H)
MOV　Rn,A	;(A)→Rn	F8～FF
MOV　Rn,direct	;(direct)→Rn	A8～AF direct
MOV　Rn,♯data	;data→Rn	78～7F data

本组指令都不影响 PSW 中的标志位。
(3) 以直接地址 direct 为目的操作数。

汇编指令格式	操作	机器码(H)
MOV　direct,A	;(A)→direct	F5 direct
MOV　direct,Rn	;(Rn)→direct	88～8F direct
MOV　direct2,direct1	;(direct1)→direct2	85 direct1 direct2
MOV　direct,@Ri	;((Ri))→direct	86、87direct
MOV　direct,♯data	;data→direct	75 direct data

本组指令都不影响 PSW 中的标志位。
(4) 以间接地址 @Ri 为目的操作数。

汇编指令格式	操作	机器码(H)
MOV　@Ri,A	;(A)→(Ri)	F6、F7
MOV　@Ri,direct	;(direct)→(Ri)	A6、A7 direct
MOV　@Ri,♯data	;data→(Ri)	76、77 data

本组指令都不影响 PSW 中的标志位。
(5) 以 DPTR 为目的操作数。

汇编指令格式	操作	机器码(H)
MOV　DPTR,♯data16	;dataH→DPH,dataL→DPL	90 data15～8 data7～0

该指令不影响 PSW 中的标志位。后面的指令不再给出机器码,其机器码可以参考附录 A 表的第 3 列。

【例 3-1】 设片内 RAM(30H)=40H,(40H)=10H,(10H)=00H,(DPL)=CAH,分析以下程序执行后各单元及寄存器、P2 口的内容。

```
MOV    R0,♯30H;         ;30H→R0
MOV    A,@R0            ;((R0))→A
MOV    R1,A             ;(A)→R1
MOV    B,@R1            ;((R1))→B
MOV    @R1,DPL          ;(DPL)→(R1)
MOV    P2,DPL           ;(DPL)→P2
MOV    10H,♯20H         ;20H→10H
```

执行上述指令后的结果为：(R0)=30H,(R1)=(A)=40H,(B)=10H,(40H)=CAH,(DPL)=(P2)=CAH,(10H)=20H。

2) 片外数据存储器传送指令 MOVX

MCS-51 单片机对片外 RAM 或 I/O 口进行数据传送,采用的是寄存器间接寻址的方法,通过累加器 A 完成。这类指令共有以下 4 条单字节指令。

```
汇编指令格式              操作
MOVX    A,@Ri            ;((P2)(Ri))→A
MOVX    @Ri,A            ;A→(P2,Ri)
MOVX    A,@DPTR          ;((DPTR))→A
MOVX    @DPTR,A          ;A→(DPTR)
```

这 4 条指令都是执行总线操作,第 1 条和第 3 条指令是执行总线读操作,读控制信号 $\overline{RD}$ 有效;第 2 条和第 4 条指令是执行总线写操作,写控制信号 $\overline{WR}$ 有效。

这组指令中第 1、3 两条指令影响 P 标志位,其他两条指令不影响任何标志位。

对前两条指令要特别注意:①间址寄存器 Ri 提供低 8 位地址,隐含的 P2 提供高 8 位地址,在执行操作之前,必须先对 P2 和 Ri 分别赋高 8 位和低 8 位地址值;②这两条指令的访问范围都是整个片外 RAM,64KB 全空间。

【例 3-2】 设片外 RAM 空间(0203H)=6FH,分析执行下面指令后的结果。

```
MOV     DPTR,#0203H      ;0203H→DPTR
MOVX    A,@DPTR          ;((DPTR))→A
MOV     30H,A            ;A→30H
MOV     A,#0FH           ;0FH→A
MOVX    @DPTR,A          ;A→(DPTR)
```

执行结果为:(DPTR)=0203H,(30H)=6FH,(0203H)=(A)=0FH。

3) 程序存储器传送指令 MOVC

访问程序存储器的数据传送指令又称为查表指令,经常用于查表。查表指令采用基址加变址的间接寻址方式,把放在程序存储器中的表格数据读出,传送给累加器 A。这类指令只有以下两条单字节指令。

```
汇编指令格式              操作
MOVC    A,@A+DPTR        ;((A)+(DPTR))→A
MOVC    A,@A+PC          ;((A)+(PC))→A
```

前一条指令采用 DPTR 作基址寄存器,因此,可以很方便地把一个 16 位地址送到 DPTR,实现在整个 64KB 程序存储空间任一单元到累加器 A 的数据传送。称为远程查表指令,即数据表格可以存放到程序存储空间的任何地方。

后一条指令以 PC 作为基址寄存器,其 PC 值是下一条指令的地址。另外,累加器 A 的内容为 8 位无符号数,所以查表范围限于 256 字节之内,称为近程查表指令。使用该条指令,关键要准确计算从本指令到数据所在地址的地址偏移量 A。但在实际应用中,往往给出的是数据表的首地址和数据在表内的偏移量,因此,需要先计算出表首偏移量,其计算关系为:

$$表首偏移量 = 表首地址 - PC$$

数据地址偏移量 A 与表首偏移量、表内偏移量的关系为:

$$数据地址偏移量 A = 表首偏移量 + 表内偏移量$$

这组指令都影响 P 标志位。

【例 3-3】 从片外程序存储器 2000H 单元开始存放 0~9 的平方值,以 PC 作为基址寄存器,执行查表指令得到 6 的平方值,并且送到片内 RAM 中的 30H 单元。

解:设 MOVC 指令所在的地址为 1FA0H,则表首偏移量=2000H-(1FA0H+1)=

5FH，表内偏移量为 6。

相应的程序为：

```
MOV    A,#5FH
ADD    A,#06H
MOVC   A,@A+PC
MOV    30H,A
```

执行结果为：(PC)=1FA1H,(A)=(30H)=24H=36D。

如果使用以 DPTR 为基址寄存器的查表指令，其程序如下：

```
MOV    DPTR,#2000H
MOV    A,#6
MOVC   A,@A+DPTR
MOV    30H,A
```

通过本例对两条查表指令进行比较可以看出，以 DPTR 为基址寄存器的查表指令使用简单、方便。

2. 数据交换指令

普通数据传送指令完成的是把源操作数传送给目的操作数，指令执行后源操作数不变，数据传送是单向的。而数据交换指令则对数据作双向传送，传送后，前一个操作数传送到了后一个操作数所保存的地方，后一个操作数传送到了前一个操作数所保存的地方。

数据交换指令要求第一个操作数必须为累加器 A。共 5 条指令，分为字节交换和半字节交换。

1）字节交换指令

汇编指令格式	操作
XCH A,Rn	;(A)$\longleftrightarrow$(Rn)
XCH A,direct	;(A)$\longleftrightarrow$(direct)
XCH A,@Ri	;(A)$\longleftrightarrow$((Ri))

这 3 条指令都影响 P 标志位。

2）低半字节交换指令

汇编指令格式	操作
XCHD A,@Ri	;$(A_{0\sim3})\longleftrightarrow((Ri)_{0\sim3})$

这条指令影响 P 标志位。

3）A 自身半字节交换指令

汇编指令格式	操作
SWAP A	;$(A_{0\sim3})\longleftrightarrow(A_{4\sim7})$

这条指令不影响任何标志位。

【例 3-4】 设(R0)=30H,(30H)=4AH,(A)=28H，则分别执行 XCH A,@R0、XCHD A,@R0、SWAP A 后各单元的内容。

解：

执行：XCH   A,@R0   ;结果为(A)=4AH,(30H)=28H

```
执行: XCHD    A,@R0         ;结果为(A) = 48H,(30H) = 2AH
执行: SWAP    A             ;结果为(A) = 84H,(30H) = 2AH
```

R0 中的内容一直未变,(R0)=30H。

3. 堆栈操作指令

堆栈操作有进栈和出栈,常用于保存和恢复现场。堆栈操作指令有两条。

```
汇编指令格式              操作
PUSH    direct           ;先(SP) + 1→SP,
                         ;后(direct)→(SP)
POP     direct           ;先((SP))→direct,
                         ;后(SP) - 1→SP
```

PUSH 为进栈操作。进栈时,堆栈指针 SP 先加 1,指向栈顶的一个空单元,然后将直接地址(direct)单元的内容压入 SP 所指向的空栈顶中。本指令不影响任何标志位。

POP 为出栈操作。出栈时,先将栈顶的内容弹出送给直接地址 direct 单元,然后堆栈指针 SP 减 1,使 SP 指向堆栈中有效的数据。本指令有可能影响 P 标志位,当操作数是累加器 A 时。

【例 3-5】 若在程序存储器中 2000H 单元开始的区域依次存放着 0~9 的平方值,用查表指令读取 3 的平方值并存于片内 RAM 中 30H 单元,要求操作后保持 DPTR 中原来的内容不变。

解:为了使用 DPTR,并且保持原来的内容不变,应该在使用 DPTR 前使其进栈,使用后再出栈恢复其原来内容。程序如下:

```
PUSH    DPH
PUSH    DPL
MOV     DPTR, #2000H
MOV     A, #3
MOVC    A,@A + DPTR
MOV     30H,A
POP     DPL
POP     DPH
```

注意:

(1) 进栈与出栈必须成对使用,否则会出现意想不到的问题,如在子程序中操作,会使子程序不能够正确返回;

(2) 先进栈的必须后出栈,后进栈的必须先出栈,否则会出现 DPL 与 DPH 内容互换。

3.3.2 算术运算指令

算术运算类指令共有 24 条,包括加法、减法、乘法、除法、BCD 码调整等指令。MCS-51 单片机的算术/逻辑运算部件只能执行无符号二进制整数运算,可以借助于溢出标志位,实现有符号数的补码运算。借助于进位标志,可以实现高精度加、减运算。

算术运算结果会影响进位标志 CY、半进位标志 AC、溢出标志 OV,但加 1 和减 1 指令不影响这些标志位。如果累加器 A 为目的操作数,还要影响奇偶标志位 P。

算术运算指令多数以累加器 A 作为第一操作数,第二操作数可以是工作寄存器 Rn、直接地址数据、间接地址数据和立即数。为了便于讨论,按运算将其分为 5 组。

1. 加法指令

加法指令分为不带进位加法指令、带进位加法指令和加 1 指令。

1) 不带进位加法指令 ADD

汇编指令格式	操作
ADD　A,Rn	;(A)+(Rn)→A
ADD　A,direct	;(A)+(direct)→A
ADD　A,@Ri	;(A)+((Ri))→A
ADD　A,#data	;(A)+data→A

这组指令的执行影响标志位 CY、AC、OV 和 P,溢出标志 OV 只对有符号运算有意义。

【**例 3-6**】 设(A)=0C3H,(R0)=0AAH,试分析执行 ADD　A,R0 后的结果及各标志位的值。

执行结果为:(A)=6DH。

各标志位为:CY=1,AC=0,P=1,OV=1。

```
    (A):    1100 0011
  +(R0):    1010 1010
           ─────────
          1 0110 1101
```

溢出标志 OV 为第 7 位与第 6 位的进位 C7、C6 的异或,即 OV=C7⊕C6。

2) 带进位加法指令 ADDC

汇编指令格式	操作
ADDC　A,Rn	;(A)+(Rn)+CY→A
ADDC　A,direct	;(A)+(direct)+CY→A
ADDC　A,@Ri	;(A)+((Ri))+CY→A
ADDC　A,#data	;(A)+data+CY→A

这组指令的执行影响标志位 CY、AC、OV 和 P,溢出标志 OV 只对有符号运算有意义。

【**例 3-7**】 试编写程序,把 R1R2 和 R3R4 中的两个 16 位数相加,结果存放在 R5R6 中。

解:对于相加的两个数的低 8 位 R2 和 R4 使用不带进位的加法指令 ADD,其和存放于 R6 中,对于高 8 位的 R1 和 R3,使用带进位的加法指令 ADDC,其和存放于 R5 中。程序段如下:

MOV　A,R2	;(R2)→A
ADD　A,R4	;(A)+(R4)→A
MOV　R6,A	;(A)→R6
MOV　A,R1	;(R1)→A
ADDC　A,R3	;(A)+(R3)+CY→A
MOV　R5,A	;(A)→R5

3) 加 1 指令 INC

汇编指令格式	操作
INC　A	;(A)+1→A
INC　Rn	;(Rn)+1→Rn
INC　direct	;(direct)+1→direct
INC　@Ri	;((Ri))+1→(Ri)
INC　DPTR	;(DPTR)+1→DPTR

这组指令除了第一条影响标志位 P 之外,其他指令都不影响标志位。

2. 减法指令

减法指令分为带借位减法指令和减 1 指令。

1) 带借位减法指令 SUBB

```
汇编指令格式            操作
SUBB   A,Rn           ; (A)-(Rn)-CY→A
SUBB   A,direct       ; (A)-(direct)-CY→A
SUBB   A,@Ri          ; (A)-((Ri))-CY→A
SUBB   A,#data        ; (A)-data-CY→A
```

这组指令影响标志位 CY、AC、OV 和 P,溢出标志 OV 只对有符号数运算有意义。

由于 MCS-51 单片机没有不带借位的减法指令,对于不带借位的减法运算,可以先对 CY 清 0(用 CLR C),然后再用 SUBB 命令操作。

【例 3-8】 试编写实现 R2-R1→R3 功能的程序。

解:程序段如下:

```
MOV    A,R2
CLR    C
SUBB   A,R1
MOV    R3,A
```

2) 减 1 指令 DEC

```
汇编指令格式            操作
DEC   A               ; (A)-1→A
DEC   Rn              ; (Rn)-1→Rn
DEC   direct          ; (direct)-1→direct
DEC   @Ri             ; ((Ri))-1→(Ri)
```

这组指令除了第一条影响标志位 P 之外,其他指令都不影响标志位。

3. 乘法指令 MUL

在 MCS-51 单片机中,乘法指令只有一条。

```
汇编指令格式            操作
MUL   AB              ; (A)×(B)→B(高字节)、A(低字节)
```

该指令的操作是:把累加器 A 和寄存器 B 中两个 8 位无符号数相乘,所得的 16 位积的高字节存放在 B 中,低字节存放在 A 中。若乘积大于 0FFH,OV 置 1,说明高字节 B 中不为 0,否则 OV 清 0,即 B 中为 0。该指令还影响 P 标志位,并且对 CY 总是清 0。

4. 除法指令 DIV

在 MCS-51 单片机中,除法指令也只有一条。

```
汇编指令格式            操作
DIV   AB              ; (A)/(B),商→A、余→B
```

该指令的操作是:累加器 A 的内容除以寄存器 B 的内容,两个都是 8 位无符号整数,所得结果的整数商存放在 A 中,余数存放在 B 中。如果除数(B)=0,则标志位 OV 置 1,否则清 0。该指令还影响 P 标志位,并且 CY 总是被清 0。

5. 十进制调整指令 DA

在 MCS-51 单片机中,十进制调整指令只有一条。

```
汇编指令格式              操作
DA   A                ；调整累加器 A 内容为 BCD 码
```

该指令用于 ADD 或 ADDC 指令后,且只能用于压缩的 BCD 码相加结果的调整,目的是使单片机能够实现十进制加法运算功能。

调整过程如下：

(1) 若累加器 A 的低 4 位为十六进制的 A～F,或者半进位标志位 AC 为 1,则累加器 A 的内容作加 06H 调整。

(2) 若累加器 A 的高 4 位为十六进制的 A～F,或者进位标志位 CY 为 1,则累加器 A 的内容作加 60H 调整。

该指令影响标志位 CY、AC 和 P,但不影响 OV。

【例 3-9】 试编写程序,对两个十进制数 76、58 相加,并且保持其结果为十进制数,把结果存于 R3 中。

解：程序段如下：

```
MOV    A,#76H
ADD    A,#58H
DA     A
MOV    R3,A
```

程序执行后,R3 中的内容为 34H(十进制数 34),进位标志 CY 为 1,则最后结果为 134。
在编写程序时,对 BCD 码的写法必须注意：要按十进制数格式写,然后在其后面加上 H。

3.3.3 逻辑操作指令

逻辑操作指令共有 24 条,包括与、或、异或、清 0、求反、移位等操作指令。

参与逻辑操作的操作数可以是累加器 A、工作寄存器 Rn、直接地址数据、间接地址数据和立即数。

逻辑操作指令对标志位的影响：如果累加器 A 为目的操作数,会影响奇偶标志 P；带进位移位操作,会影响进位标志 CY。

为了便于讨论,将其分为 5 组。

1. 逻辑与指令 ANL

```
汇编指令格式              操作
ANL   A,Rn           ；(A)∧(Rn)→A
ANL   A,direct       ；(A)∧(direct)→A
ANL   A,@Ri          ；(A)∧((Ri))→A
ANL   A,#data        ；(A)∧data→A
ANL   direct,A       ；(direct)∧(A)→direct
ANL   direct,#data   ；(direct)∧data→direct
```

这组指令的前 4 条影响奇偶标志位 P,后 2 条指令不影响任何标志位。

逻辑与操作往往用于使某些位清 0。

2. 逻辑或指令 ORL

汇编指令格式	操作
ORL A,Rn	; (A)∨(Rn)→A
ORL A,direct	; (A)∨(direct)→A
ORL A,@Ri	; (A)∨((Ri))→A
ORL A,#data	; (A)∨data→A
ORL direct,A	; (direct)∨(A)→direct
ORL direct,#data	; (direct)∨data→direct

这组指令的前四条影响奇偶标志位 P，后两条指令不影响任何标志位。

逻辑或操作往往用于使某些位置 1。

3. 逻辑异或指令 XRL

汇编指令格式	操作
XRL A,Rn	; (A)⊕(Rn)→A
XRL A,direct	; (A)⊕(direct)→A
XRL A,@Ri	; (A)⊕((Ri))→A
XRL A,#data	; (A)⊕data→A
XRL direct,A	; (direct)⊕(A)→direct
XRL direct,#data	; (direct)⊕data→direct

这组指令的前四条影响奇偶标志位 P，后两条指令不影响任何标志位。

逻辑异或操作往往用于使某些位取反。

【例 3-10】 写出完成以下各功能的指令：

(1) 对累加器 A 中的 1、3、5 位清 0，其余位不变。
(2) 对 A 中的 2、4、6 位置 1，其余位不变。
(3) 对 A 中的 0、1 位取反，其余位不变。

解：对应指令如下：

```
ANL  A,#11010101B
ORL  A,#01010100B
XRL  A,#00000011B
```

4. 累加器 A 清 0 和求反指令

汇编指令格式	操作
CLR A	; 0→A
CPL A	; $\overline{(A)}$→A

前一条指令是对 A 清 0，该指令影响奇偶标志位 P。后一条指令是对 A 求反，不影响任何标志位。

5. 循环移位指令

指令名称	指令格式	操作
A 循环左移	RL A	; ┌─ a7 ← a0 ─┐
A 循环右移	RR A	; ┌─ a7 → a0 ─┐
A 带进位循环左移	RLC A	; ┌─ CY ← a7 ← a0 ─┐

A 带进位循环右移　　　　　RRC　A　　　　　　；| CY → a7 → a0 |

前两条指令不影响任何标志位,后两条指令影响进位 CY 和奇偶标志位 P。

注意:①这 4 条指令,每执行一次只移动 1 位;②左移一次相当于乘以 2,右移一次相当于除以 2。常用移位的方式进行乘除运算,因为移位指令比乘除指令速度快。

【例 3-11】 试编写程序,对 8 位二进制数 01100101B=65H=101D 乘以 2。

解:程序段如下:

```
MOV    A,#65H
CLR    C
RLC    A
```

程序执行后的结果为:(A)=CAH,CY=0。CAH=202D=101D×2。

3.3.4 控制程序转移指令

计算机功能的强弱,主要取决于转移类指令的多少与功能,特别是条件转移指令。MCS-51 单片机有 17 条转移类指令,包括无条件转移指令、条件转移指令、子程序调用及返回指令等。

这类指令只有比较转移指令影响进位标志 CY,其他指令不影响标志位。

为了便于讨论,将其分为 4 组。

1. 无条件转移指令

无条件转移指令是指,当程序执行该指令后,程序无条件地转移到指令所指定的地址去执行。无条件转移指令包括短转移、长转移和间接转移 3 条。

1) 短转移指令(相对转移指令)SJMP

汇编指令格式　　　　　　　　操作
SJMP　rel　　　　　　　　　；(PC)+rel→PC

指令的实际编写形式为:"SJMP 目标地址标号"。

指令的操作数是相对地址,rel 是一个有符号字节数,其范围为 −128～127,负数表示向回跳转,正数表示向前跳转。在使用时并不需要计算和写出 rel 值,看下面例子。

【例 3-12】 程序中有一无条件转移指令 SJMP　RELOAD,已知本指令的地址为 0100H,标号 RELOAD 的地址为 0123H,试计算相对地址偏移量 rel。

rel = 0123H-(PC) = 0123H-(0100H+2) = 21H

对于 rel 值,在手工汇编时需要计算,并且要把 rel 值写到该指令码的第 2 字节,指令码为 8021H。现在都是计算机进行汇编,并不需要计算 rel 值,所以该指令的编写形式为:"SJMP　目标地址标号"。对于后面所有的转移指令,由于使用计算机汇编,其编写形式均是如此。

2) 长转移指令 LJMP

汇编指令格式　　　　　　　　操作
LJMP　addr16　　　　　　　；addr16→PC

指令的实际编写形式为:"LJMP 目标地址标号"。

指令提供 16 位目标地址，执行时，直接将 16 位地址送给程序计数器(PC)，程序无条件跳转到指定的目标地址去执行。

由于程序的目标地址是 16 位，因此程序可以跳转到 64KB 程序存储器空间的任何地方。

3) 间接转移指令 JMP

汇编指令格式　　　　　　　　　操作
JMP　@A+DPTR　　　　　　　;(A)+(DPTR)→PC

该指令转移的目标地址是由数据指针寄存器 DPTR 的内容与累加器 A 的内容相加得到，DPTR 的内容一般为基址，A 的内容为相对偏移，在 64KB 范围内无条件转移。DPTR 一般为确定的值，累加器 A 为变值，根据 A 的值转移到不同的地方，因此该指令也叫作散转指令。在使用中，往往与一个转移指令表一起实现多分支转移。

【例 3-13】 分析下面多分支转移程序段，程序中，根据累加器 A 的值 0、1、2、3 转移到相应的 TAB0～TAB3 分支去执行。

```
        MOV     B,#3
        MUL     AB
        MOV     DPTR,#TABLE        ;转移表首地址送 DPTR
        JMP     @A+DPTR            ;根据 A 值转移
TABLE:
        LJMP    TAB0               ;初始(A)=0 时转到 TAB0 执行
        LJMP    TAB1               ;初始(A)=1 时转到 TAB1 执行
        LJMP    TAB2               ;初始(A)=2 时转到 TAB2 执行
        LJMP    TAB3               ;初始(A)=3 时转到 TAB3 执行
        …
```

2. 条件转移指令

条件转移指令是指，当指令中条件满足时，程序转到指定位置执行，条件不满足时，程序顺序执行。这类指令都属于相对转移，转移范围均为 -128~127，负数表示向回跳转，正数表示向前跳转。

在 MCS-51 系统中，条件转移指令有三种：累加器 A 判 0 转移指令、比较转移指令、循环转移指令，共 8 条。需要注意的是，注释中的 PC 值，均为指向下一条指令的地址值。

1) 判 0 转移指令

指令名称　　　　　　指令格式　　　　　　操作
判 A 为 0 转移　　　 JZ   rel　　　　　　;(A)=0,(PC)+rel→PC;
　　　　　　　　　　　　　　　　　　　　;(A)≠0,顺序执行
判 A 非 0 转移　　　 JNZ rel　　　　　　;(A)≠0,(PC)+rel→PC;
　　　　　　　　　　　　　　　　　　　　;(A)=0,顺序执行

指令的实际编写形式分别为："JZ　目标地址标号"和"JNZ　目标地址标号"。

【例 3-14】 试编写程序，把片外 RAM 地址从 2000H 开始的数据，传送到片内 RAM 地址从 30H 开始的单元，直到出现 0 为止。

解：程序段如下：

```
        MOV     DPTR,#2000H        ;用 DPTR 指向片外 RAM 的 2000H 单元
```

```
        MOV     R0,#30H             ; 用 R0 指向片内 RAM 的 30H 单元
LOOP:
        MOVX    A,@DPTR             ; 从片外 RAM 中 DPTR 指向的单元读数据给 A
        MOV     @R0,A               ; 把 A 中数据存于用 R0 指向的片内 RAM 的单元
        INC     R0                  ; 片内 RAM 指针 R0 增 1
        INC     DPTR                ; 片外 RAM 指针 DPTR 增 1
        JNZ     LOOP                ; (A)≠0 跳转到 LOOP 去执行；否则顺序向下执行
        SJMP    $                   ; 程序无休止地执行本指令,停留到此
```

2）比较转移指令 CJNE

比较转移指令功能较强,共有 4 条指令,它的一般格式为：

```
CJNE    操作数 1,操作数 2,rel       ; 3 字节指令
```

指令的功能是,两个操作数进行比较(操作数 1 减操作数 2,置标志位,不保存结果),若不等则转移,否则顺序执行。该类指令影响进位标志位 CY,而不改变两个操作数。

具体指令形式如下：

```
汇编指令格式                       操作
CJNE    A,direct,rel              ; 若(A)>(direct),则(PC)+rel→PC,0→CY
                                  ; 若(A)>(direct),则(PC)+rel→PC,1→CY
                                  ; 若(A)=(direct),则顺序执行,0→CY
CJNE    A,#data,rel               ; 若(A)>data,则(PC)+rel→PC,0→CY
                                  ; 若(A)>data,则(PC)+rel→PC,1→CY
                                  ; 若(A)=data,则顺序执行,0→CY
CJNE    Rn,#data,rel              ; 若(Rn)>data,则(PC)+rel→PC,0→CY
                                  ; 若(Rn)>data,则(PC)+rel→PC,1→CY
                                  ; 若(Rn)=data,则顺序执行,0→CY
CJNE    @Ri,#data,rel             ; 若((Ri))>data,则(PC)+rel→PC,0→CY
                                  ; 若((Ri))>data,则(PC)+rel→PC,1→CY
                                  ; 若((Ri))=data,则顺序执行,0→CY
```

指令的实际编写形式分别为：

```
CJNE    A,direct,目标地址标号
CJNE    A,#data,目标地址标号
CJNE    Rn,#data,目标地址标号
CJNE    @Ri,#data,目标地址标号
```

3）循环转移指令 DJNZ

循环转移指令同样功能很强,共有两条指令。

```
汇编指令格式                       操作
DJNZ    Rn,rel                    ; (Rn)-1→Rn
                                  ; 若(Rn)≠0,则(PC)+rel→PC
                                  ; 若(Rn)=0,则顺序执行
DJNZ    direct,rel                ; (direct)-1→direct
                                  ; 若(direct)≠0,则(PC)+rel→PC
                                  ; 若(direct)=0,则顺序执行
```

指令的实际编写形式分别为：

```
DJNZ    Rn,目标地址标号
DJNZ    direct,目标地址标号
```

【例 3-15】 试编写程序,统计片内 RAM 中从 40H 单元开始的 20 个单元中 0 的个数,结果存于 R2 中。

解:用 R0 作间址寄存器读取数据,R7 作循环变量,用 JNZ 或 CJNE 判断数据是否为 0,用 DJNZ 指令和 R7 控制循环。

程序段一:

```
        MOV     R0,#40H
        MOV     R7,#20
        MOV     R2,#0
LOOP:
        MOV     A,@R0
        JNZ     NEXT
        INC     R2
NEXT:
        INC     R0
        DJNZ    R7,LOOP
```

程序段二:

```
        MOV     R0,#40H
        MOV     R7,#20
        MOV     R2,#0
LOOP:
        CJNE    @R0,#0,NEXT
        INC     R2
NEXT:
        INC     R0
        DJNZ    R7,LOOP
```

3. 子程序调用和返回指令

这类指令有 3 条,一条子程序调用指令,两条程序返回指令。

1) 子程序调用(长调用)指令

```
汇编指令格式              操作
LCALL   addr16           ; (SP)+1→SP、(PC_{7~0})→(SP),
                         ; (SP)+1→SP、(PC_{15~8})→(SP),
                         ; addr16→PC
```

本指令提供 16 位目标地址,因此可以调用 64KB 范围内任何地方的子程序。

指令的实际编写形式为:"LCALL 目标地址标号或子程序名"。

2) 子程序返回指令

```
汇编指令格式              操作
RET                      ; ((SP))→PC_{15~8}、(SP)-1→SP,
                         ; ((SP))→PC_{7~0}、(SP)-1→SP
```

子程序返回时,只需要将堆栈中的返回地址弹出送给 PC,程序就自动接着调用前的程序继续执行。从堆栈中先弹出高 8 位地址,后弹出低 8 位地址。

3) 中断服务程序返回指令

```
汇编指令格式              操作
RETI                     ; ((SP))→PC_{15~8}、(SP)-1→SP,
                         ; ((SP))→PC_{7~0}、(SP)-1→SP
```

中断服务程序返回指令 RETI,除了具有"RET"指令的功能外,还将开放中断逻辑。

4. 空操作指令

```
汇编指令格式              操作
NOP                      ; 无任何操作
```

这是一条单字节指令，执行时，不做任何操作（即空操作），仅将程序计数器（PC）值加 1，使 CPU 指向下一条指令继续执行，它要占用一个机器周期，常用来产生时间延迟和程序缓冲。

细心的读者会发现，以上只有 15 条指令，还少两条指令，这两条指令是 AJMP 和 ACALL，称为绝对转移（也叫短转移）指令和绝对子程序调用（也叫短调用）指令，这两条指令的转移范围是绝对划定的 2KB 范围之内，用不好会出现错误，并且其编码也不好理解（见附录 A），唯一的优点只是比 LJMP 和 LCALL 指令少一个字节。在存储器容量变大、价格低廉的今天，其唯一的优点也没有了意义，所以没有必要使用这两条指令。

3.3.5 位操作指令

位操作指令又叫布尔处理指令。MCS-51 单片机有一个位处理器（布尔处理器），它具有一套处理位变量的指令集，有位数据传送指令、位逻辑操作指令、控制程序转移指令。

在进行位操作时，位累加器为 C，即进位标志 CY。位地址是片内 RAM 字节地址 20H～2FH 单元中连续的 128 个位（位地址为 00H～7FH）和部分 SFR，累加器 A 和寄存器 B（位地址 E0H～E7H 和 F0H～F7H）中的位与 00H～7FH 位一样，都可以作软件标志或位变量。

在汇编语言中，位地址可以用以下 4 种方式表示：

（1）直接位地址（00H～FFH）。如 18H。
（2）字节地址带位号。如 20H.0，表示 20H 单元的第 0 位。
（3）特殊功能寄存器名带位号。如 P2.3，表示 P2 口的第 3 位。
（4）位符号地址。可以是特殊功能寄存器位名，也可以是用位地址符号命令 BIT 定义的位符号，如 flag（flag 应在这之前定义过，如 flag　BIT　05H）。

例如，用上述 4 种方式都可以表示 PSW（D0H）中的第 2 位，分别为：D2H、D0H.2、PSW.2、OV。

MCS-51 单片机共 17 条位操作指令，为了讨论方便，将其分成三组。

1. 位传送指令

位传送指令有两条，实现位累加器 C 与一般位之间的数据传送。

汇编指令格式　　　　　　　　　操作
MOV　C,bit　　　　　　　　　；(bit)→C
MOV　bit,C　　　　　　　　　；(C)→bit

【例 3-16】　编写程序，把片内 RAM 中 07H 位的数值，传送到 ACC.0 位。
解：程序段如下：

MOV　C,07H
MOV　ACC.0,C

注意：一般位之间不能够直接传送，必须借助于 C。

2. 位逻辑操作指令

位逻辑操作指令包括位清 0、位置 1、位取反、位与、位或，共 10 条指令。

1) 位清 0 指令

汇编指令格式	操作
CLR　　C	; 0→C
CLR　　bit	; 0→bit

2) 位置 1 指令

汇编指令格式	操作
SETB　　C	; 1→C
SETB　　bit	; 1→bit

3) 位取反指令

汇编指令格式	操作
CPL　　C	; $\overline{(C)}$→C
CPL　　bit	; $\overline{(bit)}$→bit

4) 位与指令

汇编指令格式	操作
ANL　　C,bit	; (C)∧(bit)→C
ANL　　C,$\overline{bit}$	; (C)∧$\overline{(bit)}$→C

5) 位或指令

汇编指令格式	操作
ORL　　C,bit	; (C)∨(bit)→C
ORL　　C,$\overline{bit}$	; (C)∨$\overline{(bit)}$→C

3. 位条件转移指令

位条件转移指令是以 C 或 bit 为判断条件的转移指令,共 5 条指令。

1) 以 C 为条件的转移指令

汇编指令格式	操作
JC　　rel	; 若(C) = 1,则(PC) + rel→PC
	; 若(C) = 0,则顺序向下执行
JNC　　rel	; 若(C) = 0,则(PC) + rel→PC
	; 若(C) = 1,则顺序向下执行

2) 以 bit 为条件的转移指令

汇编指令格式	操作
JB　　bit,rel	; 若(bit) = 1,则(PC) + rel→PC
	; 若(bit) = 0,则顺序向下执行
JNB　　bit,rel	; 若(bit) = 0,则(PC) + rel→PC
	; 若(bit) = 1,则顺序向下执行
JBC　　bit,rel	; 若(bit) = 1,则(PC) + rel→PC,且 0→bit;
	; 若(bit) = 0,则顺序向下执行

【例 3-17】 编写程序,利用位操作指令,实现图 3-5 所示的硬件逻辑电路功能。

解:程序段如下:

```
MOV   C,P1.1          ;(P1.1)→C
ORL   C,P1.2          ;(C)∨(P1.2)→C
CPL   C
ANL   C,P1.0          ;(C)∧(P1.0)→C
CPL   C
MOV   F0,C            ;(C)→F0 位
MOV   C,P1.3          ;(P1.3)→C
ANL   C,/P1.4         ;(C)∧(/P1.4)→C
CPL   C
ORL   C,F0            ;(C)∨(F0)→C
MOV   P1.5,C          ;(C)→P1.5
```

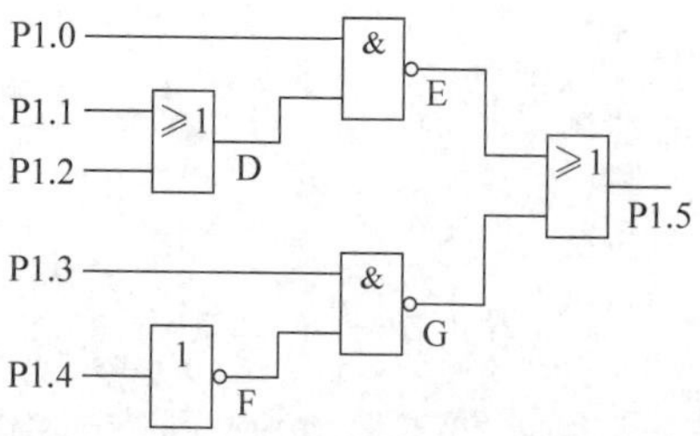

图 3-5 硬件逻辑电路

3.4 MCS-51 单片机伪指令

伪指令是汇编程序中用于指示汇编程序如何对源程序进行汇编的指令。伪指令不同于指令，在汇编时并不翻译成机器代码，只是在汇编过程进行相应的控制和说明。

伪指令通常在汇编程序中用于定义数据、分配存储空间、控制程序的输入/输出等。在 MCS-51 系统中，常用的伪指令有以下 7 条。

1. 汇编地址设置伪指令 ORG

ORG 常用于汇编语言某程序段或某个数据块的开始，指明其汇编地址。一般格式为：

[标号:]   ORG   16 位地址

其标号为可选项。例如：

```
    ORG   0040H
MAIN:
    MOV   SP,#0DFH
    MOV   30H,#00H
    ……
```

此处的 ORG 伪指令指明后面的程序从 0040H 单元开始存放。

2. 结束汇编伪指令 END

END 伪指令用于汇编语言程序段的末尾，指示源程序在 END 处结束汇编，即便是 END 后面还有程序，也不做处理。一般格式为：

```
    ……
END
```

3. 符号定义伪指令 EQU

EQU 也称为赋值伪指令，其一般格式为：

符号名   EQU   项(常数、常数表达式、字符串或地址标号)

EQU 的功能是将右边的项赋给左边。在汇编过程中，遇到 EQU 定义的符号名，就用其右边的项代替符号名。需要注意的是，EQU 只能先定义后使用。例子如下。

```
HOUR    EQU   30H           ;定义变量 HOUR 的地址为 30H
```

```
MINU    EQU     31H             ;定义变量 MINU 的地址为 31H
REGI    EQU     R7              ;定义字符串 R7
DISP    EQU     0800H           ;定义变量 DISP 的地址为 0800H
        MOV     HOUR,#09H       ;变量 HOUR 赋值 9
        MOV     R0,#HOUR        ;使指针 R0 指向 30H 单元
        INC     R0              ;指针 R0 增 1
        MOV     @R0,#25         ;变量 MINU 赋值 25
        MOV     REGI,A          ;(A)→R7
        LCALL   DISP            ;调用首地址为 0800H 处的子程序
```

4. 变量定义伪指令 DATA

DATA 伪指令称为数据地址符号伪指令。其一般格式为：

符号名　DATA　常数或常数表达式

DATA 的功能与 EQU 相似，是将右边的项赋值给左边。在汇编过程中遇到 DATA 定义的符号名，就用其右边的项代替符号名。该伪指令用于定义片内数据区变量。

与 DATA 类似的还有 IDATA、XDATA、CODE 等伪指令，分别用于定义其他数据区的变量。

注意：DATA 可以后定义先使用，当然也可以先定义后使用。例如：

```
HOUR    DATA    30H             ;定义变量 HOUR 的地址为 30H
MINU    DATA    31H             ;定义变量 MINU 的地址为 31H
        MOV     HOUR,#09H       ;变量 HOUR 赋值 9
        MOV     R0,#HOUR        ;使指针 R0 指向 30H 单元
        INC     R0              ;指针 R0 增 1
        MOV     @R0,#25         ;变量 MINU 赋值 25
```

5. 位变量定义伪指令 BIT

BIT 伪指令称为位地址符号伪指令。其格式为：

符号名　BIT　位地址

BIT 伪指令的功能是把右边的地址赋给左边的符号名。位地址可以是前面所述的 4 种形式中的任一种。例如：

```
FLAGRUN     BIT     00H
FLAGMUS     BIT     01H
FLAGKEY     BIT     02H
FLAGALAR    BIT     P1.7
```

6. 字节数据定义伪指令 DB

DB 伪指令的一般格式为：

[标号:]　DB　项(字节数据、字节数表或字符、字符串)

它的功能是从指定单元开始定义并存储若干字节的数据或字符、字符串，字符或字符串需要用引号（单引号或双引号均可）括起来，即用 ASCII 码表示。其中标号是可选的。例如：

```
TABLE: DB  32,24H,'A',"B",'abcd',"EFGH"
```

7. 字数据定义伪指令 DW

DW 伪指令的一般格式为：

[标号:]　DW　　字数据或字数据表

DW 伪指令的功能与 DB 相似，是从指定单元开始定义并存储若干字数据，每个数据都占 2 个字节，而用 DB 伪指令定义的数据只占一个字节。其中标号是可选的。例如：

```
ORG     1000H
TABLE2: DW    32,24H,1234H
```

上面这两行程序汇编后，从 1000H 单元开始，依次存放如下数据：

(1000H) = 00H
(1001H) = 20H
(1002H) = 00H
(1003H) = 24H
(1004H) = 12H
(1005H) = 34H

注意：高字节存放在前面（低地址），低字节存放在后面（高地址）。

3.5　汇编语言程序设计

3.5.1　简单程序设计

程序的简单和复杂是相对而言的，这里所说的简单程序，是指顺序执行的程序。简单程序从第一条指令开始，依次执行每一条指令，直到程序执行完毕，之间没有任何转移和子程序调用指令，整个程序只有一个入口和一个出口。这种程序虽然在结构上简单，但它是复杂程序的基础。

1. 数据拆分

【例 3-18】　片内 RAM 的 30H 单元内存放着一压缩的 BCD 码，编写程序，将其拆开并转换成两个 ASCII 码，分别存入 31H 和 32H 单元中，高位在 31H 中。

解：数字 0～9 的 ASCII 码为 30H～39H，因此，将 30H 中的两个 BCD 码拆开后，分别加上 30H 即可。相应程序段如下：

```
MOV     R0,#30H      ;用间址寄存器 R0 存取数据
MOV     A,@R0        ;取原 BCD 码数据
PUSH    ACC          ;原 BCD 码数据进栈暂存
SWAP    A            ;将高位数交换到低 4 位
ANL     A,#0FH       ;先作高位转换，截取高位数
ORL     A,#30H       ;高位转换成 ASCII 码
INC     R0           ;使 R0 指向 31H 单元
MOV     @R0,A        ;保存高位 ASCII 码
POP     ACC          ;原 BCD 码数据出栈
ANL     A,#0FH       ;作低位转换，截取低位数
ORL     A,#30H       ;低位转换成 ASCII 码
```

```
INC    R0          ; 使 R0 指向 32H 单元
MOV    @R0,A       ; 保存低位 ASCII 码
SJMP   $           ; CPU 停留于此处
```

2. 数制转换

【例 3-19】 片内 RAM 的 30H 单元内存放着一 8 位二进制数,编写程序,将其转换成压缩的 BCD 码,分别存入 30H 和 31H 单元中,高位在 30H 中。

解:其方法是用除法实现。原数除以 10,余数为个位数,其商再除以 10,所得新商为百位数,新余数为十位数。对应程序段如下:

```
MOV    A,30H       ; 取数据
MOV    B,#10
DIV    AB          ; 除以 10 后,个位在 B,百位和十位在 A
MOV    31H,B       ; 保存个位于 31H 中的低 4 位
MOV    B,#10
DIV    AB          ; 除以 10 后,十位在 B,百位在 A
MOV    30H,A       ; 保存百位数
MOV    A,B         ; 十位数送 A
SWAP   A           ; 十位数被交换到高 4 位
ORL    31H,A       ; 将十位数存于 31H 中的高 4 位
SJMP   $
```

3.5.2 分支程序设计

在许多情况下,程序会根据不同的条件,转向不同的处理程序,这种结构的程序称为分支程序。使用条件转移指令、比较转移指令和位条件转移指令,可以实现程序的分支处理。

在汇编语言程序中,分支结构是比较麻烦的,初学时应特别注意。

1. 一般分支程序

【例 3-20】 片内 RAM 的 30H、31H 单元存放着两个无符号数,编写程序比较其大小,将其较大者存于 30H 中,较小者存于 31H 单元中。

解:用减法判断,两个数相减后,通过借位标志位 CY 来判断。程序段如下:

```
       MOV    A,30H
       CLR    C
       SUBB   A,31H
       JNC    L1        ; (30H)≥(31H)则转
       MOV    A,30H     ; (30H)中数小,两个数交换
       XCH    A,31H
       MOV    30H,A
L1:    SJMP   $
```

【例 3-21】 片内 RAM 的 30H 单元内存放着一有符号二进制数变量 X,其函数 Y 与变量 X 的关系为:

$$Y=\begin{cases} X+5 & X>20 \\ 0 & 20\geqslant X\geqslant 10 \\ -5 & X<10 \end{cases}$$

编写程序,根据变量值,将其对应的函数值送入 31H 中。

解：这是一个三分支的条件转移程序，可以使用 CJNE、JC、JNC 等指令进行判断。程序流程图如图 3-6 所示，程序段如下：

```
        MOV     A,30H
        CJNE    A,#10,L1
L1:
        JNC     L2              ;X≥10 转 L2
        MOV     31H,#0FBH       ;X<10,Y=-5
        SJMP    L4              ;X≥10
L2:
        ADD     A,#5
        MOV     31H,A
        CJNE    A,#26,L3
L3:     JNC     L4              ;X>20,转
        MOV     31H,#0           ;20≥X≥10,Y=0
L4:     SJMP    $
```

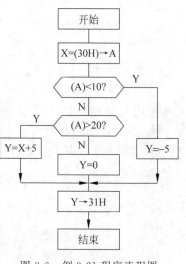

图 3-6　例 3-21 程序流程图

2. 多分支程序

利用间接转移指令 JMP　@A+DPTR，可以实现多分支转移，即实现散转。可以参考例 3-13，不再举例。

3.5.3　循环程序设计

在实际应用中，循环结构程序使用得非常多，必须要熟练掌握。循环程序一般由以下几个部分组成：

（1）循环初始化部分。这一部分位于循环程序的开始，用于对循环变量、其他变量和常量赋初值，做好循环前的准备工作。

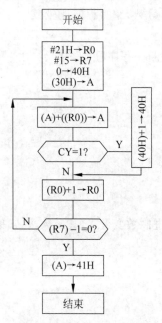

图 3-7　例 3-22 程序流程图

（2）循环体部分。这一部分由重复执行部分和循环控制部分组成。重复执行部分需要根据具体功能编写，要求尽可能简洁，以提高执行的效率。循环控制部分由修改循环控制变量和条件转移语句等组成，用于控制循环的次数。

（3）循环结束部分。这一部分用于存放循环结果、恢复所占用寄存器或内存的数据等。

循环程序的关键是对循环变量的修改和控制，特别是循环次数的控制。在循环次数已知的情况下用计数的方法控制循环，在循环次数未知的情况下，往往需要根据给出的某种条件，判断是否结束循环。

1. 单层循环程序

【例 3-22】　在片内 RAM 的 20H～2FH 单元，存放着 16 个无符号字节数据，编写程序，计算这 16 个数的和。

解：16 个字节数的和不会超过两个字节，将和存于 40H、41H 中，高字节在 40H 中。用 R0 作取加数指针，R7 作控制循环计数变量。流程图如图 3-7 所示，程序段如下：

```
        MOV     R0,#21H              ;R0 指向 21H 单元
        MOV     R7,#15               ;控制循环次数初值
        MOV     40H,#0               ;高字节清 0
        MOV     A,20H                ;取第一个加数
LOOP:
        ADD     A,@R0                ;低字节加上一个数
        JNC     NEXT                 ;无进位跳转
        INC     40H                  ;有进位高字节加 1
NEXT:
        INC     R0                   ;指针增 1
        DJNZ    R7,LOOP              ;R7 减 1 不为 0 继续循环
        MOV     41H,A                ;保存低字节数据
        SJMP    $
```

2. 双层循环程序

【**例 3-23**】 设计一软件延时 xms 的子程序。设晶振频率为 12MHz。

解：机器周期为 $1\mu s$。子程序如下：

```
DELAYxMS:                ;机器周期数
;       MOV     R7,#x    ;1.本句在调用程序中
LP1:    MOV     R6,#249  ;1
        NOP              ;1
LP2:    NOP              ;1
        NOP              ;1
        DJNZ    R6,LP2   ;2
        DJNZ    R7,LP1   ;2
        RET              ;2
```

延时时间：

$$[1+1+4\times 249+2]\times x+2=(1000x+2)\mu s=xms+2\mu s$$

延时时间为 xms 多 $2\mu s$。如果考虑到子程序调用指令 LCALL 及其前面的 R7 赋值指令，分别需要用两个和一个机器周期，实际延时时间仅多出 $5\mu s$，并且此误差与延时的 ms 数 x 无关。误差是非常小的。

需要注意的是，此延时子程序的延时范围为 1～255ms。

3.5.4 子程序设计

子程序是指完成某一确定任务，并且能够被其他程序反复调用的程序段。采用子程序，可以简化程序，提高编程效率。而且从程序结构上看，逻辑关系简单、清晰，便于阅读和调试，实现程序模块化。

子程序在结构上有一定的要求，编写时需要注意：

① 子程序第一条指令的地址称为入口地址，该指令前必须要有标号，其标号一般要能够说明子程序的功能。

② 子程序末尾一定要有返回指令。而调用子程序的指令应该在其他程序中。

③ 在子程序中，要注意保护在主调程序中使用的寄存器和存储单元中的数据，必要时在子程序的开始使其进栈保护，在子程序返回前再出栈恢复原来值。

④ 在子程序中，要明确指出"入口参数"和"出口参数"，入口参数就是在调用前需要给

子程序准备的数据,出口参数就是子程序的返回值。

参数的传递有以下几种方式:

(1) 通过寄存器 R0~R7 或累加器 A。

(2) 传递地址、入口参数和出口参数的数据存放在存储器中,使用 R0、R1 或 DPTR 传递指向数据的地址。

(3) 通过堆栈传递参数。

1. 用寄存器传递参数

【例 3-24】 试编写程序,把存放在 30H、31H 和 40H、41H 中的两个双字节压缩的 BCD 码数相减,结果回存到被减数的 30H、31H 中。高位数在 30H、40H 中。要求使用子程序。

解:由于计算机内部加减都是按照二进制数进行的,所以对 BCD 码数据相减后,需要进行十进制数调整,为了实现十进制数调整,将减法运算转变为加法运算。在子程序中完成 BCD 码相减,通过寄存器传递参数,程序如下:

```
        MOV     R0,31H
        MOV     R1,41H
        CLR     C
        LCALL   BCDSUB          ;计算低字节差值
        MOV     31H,A           ;保存低字节差值
        MOV     R0,30H
        MOV     R1,40H
        LCALL   BCDSUB          ;计算高字节差值
        MOV     30H,A           ;保存高字节差值
        SJMP    $
        ;BCD 码减法子程序
        ;入口参数:R0 被减数;R1 减数;C 借位位
        ;出口参数:A 差值,为 BCD 码;C 借位位
BCDSUB:
        MOV     A,#9AH
        SUBB    A,R1            ;把减数转变成十进制数的补码
        ADD     A,R0            ;被减数加上减数的补码
        DA      A               ;做 BCD 码调整
        CPL     C
        RET
```

2. 用堆栈传递参数

【例 3-25】 编写程序,把片内 RAM 的 30H 单元中的 8 位二进制数转换成 ASCII 码,分别存放到 31H、32H 中,31H 中存放高位 ASCII 码。要求使用子程序。

解:在子程序中通过查表完成转换,主调程序与子程序的参数通过堆栈进行传递。程序如下:

```
        MOV     SP,#0DFH        ;设置堆栈指针,把堆栈放在片内 RAM 高端
        MOV     DPTR,#TAB       ;DPTR 指向数表的首地址
        MOV     A,30H
        SWAP    A               ;先对高位进行转换
        PUSH    ACC             ;高位数据进栈
```

```
        LCALL   HEX_ASC             ; 调用转换子程序
        POP     31H                 ; 转换结果出栈并保存在 31H 中
        PUSH    30H                 ; 低位数据进栈
        LCALL   HEX_ASC             ; 调用转换子程序
        POP     32H                 ; 转换结果出栈并保存在 32H 中
        SJMP    $

; 十六进制数转换 ASCII 码子程序
; 入口参数：栈顶之下第 2 单元(对主调程序来说是栈顶)
; 出口参数：存放在栈顶之下第 2 单元(对主调程序来说是栈顶)
HEX_ASC:
        MOV     R0,SP               ; R0 指针指向栈顶
        DEC     R0                  ; 修改指针使其指向栈顶之下第 2 单元
        DEC     R0
        MOV     A,@R0               ; 从堆栈中读取参数
        ANL     A,#0FH              ; 屏蔽高 4 位
        MOVC    A,@A+DPTR           ; 查表读取 ASCII 码
        MOV     @R0,A               ; 将转换结果保存到栈顶之下第 2 单元
        RET
TAB:    DB      "0123456789ABCDEF"
```

思考题与习题

(1) 简述 MCS-51 汇编指令格式。

(2) 何谓寻址方式？MCS-51 单片机有哪些寻址方式，是怎样操作的？各种寻址方式的寻址空间和范围是什么？

(3) 访问片内 RAM 低 128 字节可使用哪些寻址方式？访问片内 RAM 高 128 字节使用什么寻址方式？访问 SFR 使用什么寻址方式？

(4) 访问片外 RAM 使用什么寻址方式？

(5) 访问程序存储器使用什么寻址方式？指令跳转使用什么寻址方式？

(6) 分析下面指令是否正确，并说明理由。

```
MOV     R3,R7
MOV     B,@R2
DEC     DPTR
MOV     20H,F0H
PUSH    DPTR
CPL     36H
MOV     PC,#0800H
```

(7) 分析下面各组指令，区分它们的不同之处。

```
MOV     A,30H       与    MOV     A,#30H
MOV     A,R0        与    MOV     A,@R0
MOV     A,@R1       与    MOVX    A,@R1
MOVX    A,@R0       与    MOVX    A,@DPTR
MOVX    A,@DPTR     与    MOVC    A,@A+DPTR
```

(8) 已知单片机的片内 RAM 中(30H)=38H、(38H)=40H、(40H)=48H、(48H)=90H。请说明下面各是什么指令和寻址方式,每条指令执行后目的操作数的结果。两段程序是独立的。

程序段一:　　　　　　　程序段二:

```
MOV    P1,#0FH          MOV    A,40H
MOV    40H,30H          MOV    R0,A
MOV    P0,48H           MOV    @R0,30H
MOV    48H,#30H         MOV    R0,38H
MOV    DPTR,#1234H      MOV    A,@R0
```

(9) 已知单片机中(A)=23H、(R1)=65H、(DPTR)=1FECH,片内 RAM 中(65H)=70H,ROM 中(205CH)=64H。试分析下列各条指令执行后目标操作数的内容。

```
MOV     A,@R1
MOVX    @DPTR,A
MOVC    A,@A+DPTR
XCHD    A,@R1
```

(10) 已知单片机中(R1)=76H、(A)=76H、(B)=4、CY=1,片内 RAM 中(76H)=0D0H、(80H)=6CH。试分析下列各条指令执行后目标操作数的内容和相应标志位的值。

```
ADD     A,@R1
SUBB    A,#75H
MUL     AB
DIV     AB
ANL     76H,#76H
ORL     A,#0FH
XRL     80H,A
```

(11) 已知单片机中(A)=83H、(R0)=17H,片内 RAM 中(17H)=34H。试分析当执行完下面程序段后累加器 A、R0、17H 单元的内容。

```
ANL     A,#17H
ORL     17H,A
XRL     A,@R0
CPL     A
```

(12) 阅读下面程序段,说明该段程序的功能。

```
       MOV    R0,#40H
       MOV    R7,#10
       CLR    A
LOOP:
       MOV    @R0,A
       INC    A
       INC    R0
       DJNZ   R7,LOOP
       SJMP   $
```

(13) 阅读下面程序段,说明该段程序的功能。

```
        MOV     R0,#50H
        MOV     R1,#00H
        MOV     P2,#01H
        MOV     R7,#20
LOOP:
        MOV     A,@R0
        MOVX    @R1,A
        INC     R0
        INC     R1
        DJNZ    R7,LOOP
        SJMP    $
```

(14) 阅读下面程序段,说明该段程序的功能。

```
        MOV     R0,#40H
        MOV     A,@R0
        INC     R0
        ADD     A,@R0
        MOV     43H,A
        CLR     A
        ADDC    A,#0
        MOV     42H,A
        SJMP    $
```

(15) 编写程序,用位处理指令实现"P1.4=P1.0∨(P1.1∧P1.2)∨P1.3"的逻辑功能。

(16) 编写程序,若累加器 A 的内容分别满足下列条件,则程序转到 LABEL 存储单元,否则顺序执行。设 A 中存放的是无符号数。

① A≥10;   ② A>10;   ③ A≤10。

(17) 编写程序,把片外 RAM 从 0100H 开始存放的 16 字节数据,传送到片内从 30H 开始的单元中。用 Keil C 编译并调试运行,观察、对比两个储存器中的数据。

(18) 片内 RAM30H 和 31H 单元中存放着一个 16 位的二进制数,高位在前,低位在后。编写程序对其求补,并存回原处。

(19) 片内 RAM 的 30H 到 33H 单元中存放着两个 16 位的无符号二进制数,高位在前,低位在后,将其相加,其结果保存到 30H、31H 单元,高位放在前面。用 Keil C 编译并调试运行,观察、分析储存器中数据的变化情况。

(20) 片内 RAM 的 30H 到 33H 单元中存放着两个 16 位的无符号二进制数,高位在前,低位在后,将其相减(前面数减去后面数),其结果保存到 30H、31H 单元,高位放在前面。

(21) 片内 RAM 中有两个 4 字节压缩 BCD 码形式存放的十进制数,一个存放在 30H~33H 单元中,另一个存放在 40H~43H 单元中,高位数在低地址。编写程序将它们相加,结果的 BCD 码存放在 30H~33H 中。用 Keil C 编译并调试运行,观察、分析储存器中的数据。

(22) 编写程序,查找片内 RAM30H~50H 单元中是否有 55H 这一数据,若有,则 51H 单元置为 FFH;若未找到,则将 51H 单元清 0。用 Keil C 编译并调试运行,观察、分析 51H

中的数据是否正确。

(23) 编写程序,查找片内 RAM 的 30H~50H 单元中出现 0 的次数,并将查找的结果存入 51H 单元。用 Keil C 编译并调试运行,观察、分析 51H 中的数据是否正确。

(24) 编写程序,将程序存储区地址从 0010H 开始的 20 个字节数据,读取到片内 RAM 从 30H 单元开始的区域,然后用冒泡法从大到小进行排序。用 Keil C 编译并调试运行,观察、对比两个储存器中的数据,分析是否正确。

第 4 章 单片机 C 语言及程序设计

CHAPTER 4

本章主要讨论 C51 变量的定义和函数的定义,内容包括 C51 数据类型、C51 一般变量的定义及存储区域属性、位变量的定义、特殊功能寄存器的定义、指针的定义、函数的定义等。

本章内容完全结合单片机来讲解,补充 C 语言在单片机方面的概念、数据定义和函数定义等。学习本章的前提是,读者已经学习过 C 语言,具有 C 语言的基本知识。通过本章学习,读者能够比较顺利地编写 C51 程序。

4.1 单片机 C 语言概述

随着单片机性能的不断提高,C 语言编译调试工具的不断完善,以及现在对单片机应用系统辅助功能的要求、对开发周期的要求,使得越来越多的单片机编程人员转向使用 C 语言,因此有必要在单片机课程中讲授"单片机 C 语言"。为了与 ANSI C 区别,人们把"单片机 C 语言"称为"C51",也称为"Keil C"。

4.1.1 C 语言编程的优势

在编程方面,使用 C51 较汇编语言有诸多优势。

1. 编程容易

使用 C 语言编写程序要比汇编语言简单得多,特别是比较复杂的程序。如复杂的条件表达、复杂的条件判断、复杂的循环嵌套等。

2. 容易实现复杂的数值计算

使用过汇编语言的人们都知道,用汇编语言实现诸如小数加减运算、多位数乘除等简单的运算,其程序编写都非常麻烦,更不要说像指数运算、三角函数等稍微复杂的运算,以及更为复杂的运算。使用 C 语言,则可以轻松地实现复杂的数值计算,借助于库函数,能够完成各种复杂的数据运算。

3. 容易阅读与交流

C 语言是高级语言,其程序阅读起来比汇编语言程序要容易得多,因此也便于交流与相互学习。

4. 容易调试与维护程序

用 C 语言编写的程序要比汇编语言程序短小精悍,加上容易阅读,因此 C 语言程序更容易调试,并且维护起来也比汇编语言程序容易得多。

5. 容易实现模块化开发

使用 C 语言开发程序,数据交换可以方便地通过约定来实现,有利于多人同时进行大项目的合作开发。同时 C 语言的模块化开发方式,使开发出来的程序模块可以不经过修改,直接被其他项目所用,这样就可以很好地利用已有的、大量 C 程序资源和丰富的库函数,从而最大限度地实现资源共享。

6. 程序可移植性好

现在各种不同的单片机及嵌入式系统,所使用的 C 语言都是 ANSI C,因此在某个单片机或者嵌入式系统下开发的 C 语言程序,只需要将与硬件相关的部分和编译连接的参数做适当的修改,就可方便地移植到另外一种单片机或嵌入式系统上。

4.1.2 C51 与 ANSI C 的区别

C51 与 ANSI C 的区别是因为 CPU(位数、结构)、存储器和外部设备(显示器、输入设备、磁盘等)的不同,以及不使用操作系统等引起的。C51 是 MCS-51 单片机的 ANSI C,单片机与 PC 的差异,主要由 C51 编译器(如 Keil C)处理,一些库函数的差异,也由编译器的开发者做了修改,因此,我们使用 C51 编程,如基本语法、数据结构、程序结构、程序组织等各个方面,与使用 ANSI C 的感觉基本上是一样的。

但是,C51 与 ANSI C 之间是有差异的,从单片机应用编程的角度来看,主要有以下几个方面。

1. 变量的定义问题

指是一般变量的定义,如字符型、整型、浮点型、各种数组、各种结构体等。我们知道,变量要存放在存储器中,PC 的数据和程序使用同一个存储器(内存条),因此其变量都保存在唯一的存储空间,而单片机的存储器结构比 PC 复杂,有 4 个存储空间、7 个存储区,必须要指明变量存放的存储器空间、具体的区域。这是 ANSI C 中所没有的,是需要解决的最重要的问题之一,见 4.3 节。

2. 特殊功能寄存器的使用问题

这是 ANSI C 中所没有的。我们知道,掌握和使用好特殊功能寄存器对于应用单片机是至关重要的。在 C51 增加了两种"特殊功能寄存器数据类型",使用之前,像一般变量一样,需要先定义再使用,必须要掌握其定义方法,见 4.4 节。

3. 位变量的定义问题

这也是 ANSI C 中所没有的,在 C51 增加了两种"位数据类型",见 4.5 节。

4. 指针的定义问题

指针的定义和变量一样,与 ANSI C 的差异是由复杂的存储器引发的,引出了"通用指针"和"存储器专用指针"的概念,使用前者可以访问各个存储空间的各个存储区,使用后者能够快速访问指定的存储区域。一般使用"存储器专用指针",其定义比 ANSI C 中的复杂,要注意指针指向的存储区域,并且使用广泛、灵活,见 4.6 节。

5. 函数、中断服务函数的定义问题

ANSI C 中所有函数都是可重入的,可以递归嵌套调用,但在 C51 中一般不能够递归嵌套调用,只有定义时有相关说明才行;关于中断服务函数,ANSI C 中没有,需要在定义函数时解决；另外还有工作寄存器组的选择问题，往往在调用函数时需要考虑切换不同的寄存器组。以上三个方面的问题，通过新的关键字和新的函数属性加以解决。具体见 4.7 节，C51 函数的定义。

6. 混合编程问题

由于单片机与 PC 在 CPU 和存储器方面的不同，二者指令系统、汇编语言格式有差异，再加上单片机存储器的复杂性，它们混合编程的规则也不同。一般 PC 程序很少混合编程，但在单片机中常混合编程。C51 混合编程的规则和方法见 4.8 节。

7. 库函数的差异问题

由于 PC 与单片机外设的差异，如 PC 的标准输入/输出设备（显示器和键盘）、磁盘等设备，单片机中都没有，单片机不使用操作系统、文件系统，因此 C51 中没有相关的库函数，如屏幕、显示、图形、磁盘操作、文件操作等函数都没有。但 C51 中增加了一些单片机特有的库函数，如循环移位、绝对地址访问等函数，见本书的附录 B。另一个很大的差异就是，ANSI C 中的 I/O 函数，在 C51 中的操作对象是串行口，见 8.5 节。

由于 PC 与单片机的差异，相对于 ANSI C 的库函数来说，C51 的库函数减少了一部分（如显示、键盘、磁盘、文件系统等），增加了一部分（如循环移位、绝对地址访问等），修改了一部分（如 I/O 函数等）。

这些问题是用 C 语言编写单片机程序的主要障碍，即便是 C 语言学习得很好，编程非常熟练的人，必须解决以上问题才能够顺利编写单片机程序，本章内容就是解决这些问题。

4.1.3 C51 扩充的关键字

C51 虽然是在 ANSI C 的基础上发展起来的，但是由于单片机在结构及编程上的特殊要求，C51 有自己的特殊关键字，称为 C51 扩充的关键字，表 4-1 列出了常用的 C51 扩充的关键字及含义，这些关键字在后面会陆续接触到，此处不作详细讲解。

表 4-1 C51 扩充的关键字

分 类	关键字	含 义
数据类型	sfr	(8 位)特殊功能寄存器类型
	sfr16	16 位特殊功能寄存器类型
	bit	（一般）位类型（变量存储于 bdata 区域）
	sbit	（特殊）位类型（变量存储于指定的地址，在特殊功能寄存器或 bdata 区域）
存储区域 （数据修饰符）	data	声明变量存储于 data 存储区
	bdata	声明变量存储于 bdata 存储区
	idata	声明变量存储于 idata 存储区
	pdata	声明变量存储于 pdata 存储区
	xdata	声明变量存储于 xdata 存储区
	code	声明变量存储于 code 存储区
数据修饰符	_at_	声明变量存储的具体地址
	* volatile	声明变量会被意外改变，不作优化
函数修饰符	interrupt	声明函数为中断服务函数
	reentrant	声明函数为可重入函数
	using	声明函数使用的工作寄存器组

* volatile：是 ANSI C 中定义的关键字，通常较少使用，但 C51 中使用频繁，故作介绍。

4.2 C51数据类型及存储

4.2.1 C51的数据类型

1. C51中基本的数据类型

根据单片机的结构，C51有10种基本的数据类型。各种数据类型的表示方法（关键字）、长度（字节数），以及数值范围见表4-2。

表4-2 C51数据类型、长度和数值范围

数据类型	表示方法	长度	数值范围
无符号字符型	unsigned char	1字节	0～255
有符号字符型	signed char	1字节	-128～127
无符号整型	unsigned int	2字节	0～65535
有符号整型	signed int	2字节	-32768～32767
无符号长整型	unsigned long	4字节	0～4294967295
有符号长整型	signed long	4字节	-2147483648～2147483647
单精度浮点型	float	4字节	$\pm 1.175494E-38 \sim \pm 3.402823E+38$（7位有效数字）
双精度浮点型	double	8字节	$\pm 2.225074E-308 \sim \pm 1.797693E+308$（16位有效数字）
特殊功能寄存器型	sfr	1字节	0～255
	sfr16	2字节	0～65535
位类型	bit sbit	1位	0或1

特殊功能寄存器类型数据有两种，sfr和sfr16。sfr为8位单字节，sfr16为16位双字节，数值范围：分别为0～255和0～65535。

特殊功能寄存器类型数据是C51中扩充的数据类型，用于访问MCS-51单片机中的特殊功能寄存器。在C51中，所有的特殊功能寄存器必须先用sfr或sfr16定义，然后才能够访问。

位类型数据有两种，bit和sbit。长度都是一个二进制位，数值为0或1。位类型数据是C51中扩充的数据类型，用于访问MCS-51单片机中的可按位寻址的区域。

2. 数据类型转换

1）自动转换

（1）如果计算中包含不同数据类型时，则根据情况，先自动转换成相同类型数据，然后进行计算。转换规则是向高精度数据类型转换、向有符号数据类型转换。C51的10种数据类型除了位类型数据外，都能够自动转换。

（2）关于特殊功能寄存器类型数据的赋值与运算。特殊功能寄存器类型变量可以给字符型或整型变量赋值，也可以反向赋值。可以与字符型或整型变量做逻辑运算、算数运算。

（3）关于位类型数据的赋值与运算。位变量可以给字符型或整型变量赋值。可以与字符型或整型变量做逻辑运算；但不能直接做算数运算，可以经过强制转换后做算数运算。

2）强制转换

像 ANSI C 一样，通过强制类型转换的方式进行转换。位变量可以强制转换成字符型或整型变量，只有强制转换后才能够参与算数运算。例如：

```
float   f;
unsigned   int   d;
unsigned   char c;
bit   b = 1;
f = (float)d;
c = c + (char)b;           //位变量必须经过强制转换才能参与算数运算
```

4.2.2　C51 数据的存储

MCS-51 单片机只有 bit 和 unsigned char 两种数据类型支持机器指令，而其他类型的数据都需要转换成 bit 或 unsigned char 型进行存储，因此为了减少单片机的存储空间和提高运行速度，要尽可能地使用 unsigned char 型数据。

1. 位变量的存储

bit 和 sbit 型位变量，被直接存储在 RAM 的位寻址空间，包括低 128 位和特殊功能寄存器位。

2. 字符型变量的存储

字符型变量(char)无论是 unsigned char 数据还是 signed char 数据，均为 1 字节，即 8 位，因此被直接存储在 RAM 中，可以存储在 0~0x7f 区域(包括位寻址区域)，也可以存储在 0x80~0xff 区域，与变量的定义有关。signed char 数据用补码表示。

需要指出的是，虽然 signed char 数据和 unsigned char 数据都是 1 字节，但是在处理中是不一样的，unsigned char 数据可以直接被 MSC-51 接收，而 signed char 数据需要额外的操作来测试、处理符号位，使用的是两种库函数，代码增加不少，运算速度也会降低。

3. 整型变量的存储

整型变量(int)不管是 unsigned int 数据还是 signed int 数据，均为 2 字节，即 16 位，其存储方法是高位字节保存在低地址(在前面)，低位字节保存在高地址(在后面)。signed int 数据用补码表示。如整型变量的值为 0x1234，在内存中的存放如图 4-1 所示。

4. 长整型变量的存储

长整型变量(long)为 4 字节，即 32 位，其存储方法与整型数据一样，是最高位字节保存的地址最低(在最前面)，最低位字节保存的地址最高(在最后面)，不管是 unsigned long 数据还是 signed long 数据。如长整型变量的值为 0x12345678，在内存中的存放如图 4-2 所示。

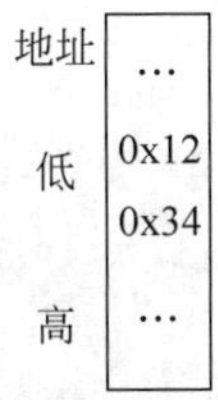

地址			地址			地址	
低	...		低	0x12		低	0xC1
	0x12			0x34			0x48
	0x34			0x56			0x00
高	...		高	0x78		高	0x00

图 4-1　整型数的存储结构 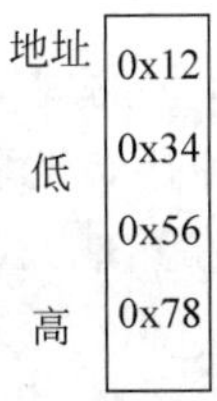　　图 4-2　长整型数的存储结构 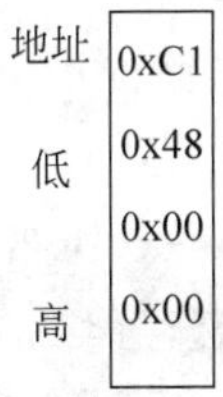　　图 4-3　浮点数的存储结构

5. 浮点型变量的存储

浮点型变量(float)为 32 位,占 4 字节,用指数方式(即阶码和尾数)表示,其具体格式与编译器有关。浮点数的存储结构如图 4.3 所示。对于 Keil C,采用的是 IEEE-754 标准,具有 24 位精度,尾数的最高位始终为 1,因而不保存。具体分布为:1 位符号位,8 位阶码位,23 位尾数,如图 4-4 所示。符号位为 1 表示负数,0 表示正数。阶码用移码表示,如,实际阶码-126 用 1 表示,实际阶码 0 用 127 表示,实际阶码 128 用 255 表示,即实际阶码数加上 127 得到阶码的表达数。阶码的 1~255 表示实际阶码值-126~$+128$,即阶码的计数范围为-126~$+128$。

字节地址偏移量	0	1	2	3
浮点数内容	SEEEEEEE	EMMMMMMM	MMMMMMMM	MMMMMMMM

S:符号位,占 1 位;E:阶码位,占 8 位;M:尾数,占 23 位。

图 4-4　浮点数的格式

如浮点变量的值为-12.5,符号位为 1,12.5 的二进制数为 1100.1$=$1.1001E$+$0011,阶码数值为 3$+$127$=$130$=$10000010B,尾数为 1001。因此,-12.5 的浮点数二进制数如图 4-5 所示,其十六进制数为 0xC1480000,则存储结构如图 4-3 所示。

字节地址偏移量	0	1	2	3
浮点数内容	11000001	01001000	00000000	00000000

图 4-5　浮点数-12.5 的二进制形式

4.3　C51 一般变量的定义

4.3.1　C51 变量的定义格式

C51 一般变量(非特殊功能寄存器变量和非位变量)定义的一般格式为:

[存储类型] 数据类型 [存储区] 变量名 1[＝初值][,变量名 2[＝初值]][,…]　　(4-1)

或

[存储类型][存储区] 数据类型 变量名 1[＝初值][,变量名 2[＝初值]][,…]　　(4-1′)

可见变量的定义由 4 部分组成,也叫作变量的 4 个属性。对于数据类型,在 4.2 节中已经叙述过,就是表 4-2 中的前 8 种,对于变量名也无须多说,下面主要解释"存储类型"和"存储区"等概念。

4.3.2　C51 变量的存储类型

存储类型这个属性我们仍沿用 ANSI C 的规定,不改变原来的含义。

按照 ANSI C,C 语言的变量共有 4 种存储类型:动态存储(auto)、静态存储(static)、外部存储(extern,外部文件中的变量,存储在其他文件中)和寄存器存储(register)。

1. 动态存储

用 auto 定义的为动态变量,也叫自动变量,其作用范围在定义它的函数内或复合语句内。当定义它的函数或复合语句执行时,C51 才为变量分配存储空间,结束时所占用的存储空间释放。

定义变量时,auto 可以省略,或者说如果省略了存储类型项,则认为是动态变量。动态变量一般分配使用寄存器或堆栈。

2. 静态存储

用 static 定义的为静态变量,分为内部静态变量和外部静态变量。

在函数体内定义的为内部静态变量,内部静态变量在函数内可以任意使用和修改,函数运行结束后,内部静态变量会一直存在,但在函数外不可见,即在函数体外得到保护。

在函数体外部定义的为外部静态变量,外部静态变量在定义的文件内可以任意使用和修改,外部静态变量会一直存在,但在文件外不可见,即在文件外得到保护。

3. 外部存储

用 extern 声明的变量为外部变量,是在其他文件定义过的全局变量,用 extern 声明后,便可以在声明的文件中使用。

需要注意的是:在定义变量时,即便是全局变量,也不能使用 extern 定义。

4. 寄存器存储

使用 register 定义的变量为寄存器变量,寄存器变量存放在 CPU 的寄存器中,这种变量处理速度快,但数目少。C51 编译器在编译时,能够自动识别程序中使用频率高的变量,并将其安排为寄存器变量,用户不用专门声明。

4.3.3 C51 变量的存储区

变量的存储区属性是单片机扩展的概念,它涉及 7 个新的关键字,如表 4-3 所示的第一列。

表 4-3 C51 存储区域与 MCS-51 存储空间的对应关系

存储区域	对应的存储空间及范围
data 区	片内数据区的低 128 字节,直接寻址
bdata 区	片内数据区的位寻址区 0x20~0x2f,16 字节、128 位,位地址 0x00~0x7f,也可按字节访问
idata 区	片内数据区,地址 0x00~0xff,256 字节,间接寻址
pdata 区	片外数据区,地址 0x00~0xff,256 字节,用 MOVX @Ri 访问,默认 P2 为 0
xdata 区	片外数据区的全空间,64KB
code 区	程序存储器的全空间,64KB
sfr 区	特殊功能寄存器区,地址 0x80~0xff,128 字节,直接寻址。该区只能够定义特殊功能寄存器类型变量(见 4.4 节),不能够定义一般数据类型的变量

在 PC 程序中,对变量存储区的属性涉及较少,但是在嵌入式系统,特别是 MCS-51 单片机,变量的存储区这一属性非常重要。

我们知道,MCS-51 单片机有四个存储空间,分成三类,它们是:片内数据存储空间、片外数据存储空间和程序存储空间,由于片内数据存储器和片外数据存储器又分成不同的区域,所以变量有更多的存储区域,在定义变量时,必须明确指出是存放在哪个区域。表 4-3 给出了存储区域关键字、含义以及与单片机存储空间的对应关系,图 4-6 给出了分布图。

片内数据比片外数据的访问速度快,所以要尽可能地使用片内数据区。程序存储空间主要是存放常数,如数码管显示段码、音乐乐谱、汉字字模、曲线数据等。

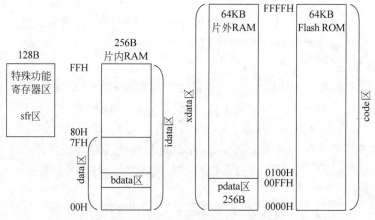

图 4-6　MCS-51 单片机存储区分布示意图

4.3.4　C51 变量定义举例

(1) 定义存储在 data 区域的动态 unsigned char 时、分、秒变量：

unsigned char data hour = 0, minu = 0, sec = 0;　　//定义时、分、秒,并且赋初值 0,省略了 auto,下同

(2) 定义存储在 data 区域的静态 unsigned char 扫描码变量：

static unsigned char data scan_code = 0xfe;　　//定义数码管显示的位扫描码

(3) 定义存储在 data 区域的静态 unsigned int 一般性变量：

static unsigned int data dd;　　//定义一般应用目的的变量

(4) 定义存储在 bdata 区域的动态 unsigned char 标识操作的变量：

unsigned char bdata operate;　　//定义指示各种操作的可位寻址的变量

(5) 定义存储在 idata 区域的动态 unsigned char 临时数组：

unsigned char idata temp[20];　　//定义临时使用的数组

(6) 定义在 pdata 区域的用于发送数据的动态有符号 int 数组：

int pdata send_data[30];　　//定义存放发送数据的数组

(7) 定义存储在 xdata 区域的用于接收数据的动态 unsigned int 数组：

unsigned int xdata receiv_buf[50];　　//定义存放接收数据的数组

(8) 定义存储在 code 区域的 unsigned char 数码管段码数组：

unsigned char code dis_code[10] = {0x3f,0x06,0x5b,0x4f,0x66,0x6d,0x7d,0x07,0x7f,0x6f};
　　　　　　　　　　　　//定义共阴极数码管显示 0～9 段码数组

4.3.5　C51 变量的存储模式

如果在定义变量时缺省了存储区属性,则编译器会自动选择默认的存储区域,也就是存

储模式,变量的存储模式也就是程序(或函数)的编译模式,编译模式分为三种,分别是小模式(small)、紧凑模式(compact)和大模式(large)。编译模式由编译控制命令♯pragma small(或 compact、large)决定。

存储模式(编译模式)决定了变量的默认存储区域和参数的传递方法。

1. small 模式

在 small 模式下,变量的默认存储区域是 data、idata,即未指出存储区域的变量保存到片内数据存储器中,并且堆栈也安排在该区域中。small 模式的特点是存储容量小,但速度快。在 small 模式下,参数的传递是通过寄存器、堆栈或片内数据存储区完成的。

2. compact 模式

在 compact 模式下,变量的默认存储区域是 pdata,即未指出存储区域的变量保存到片外数据存储器的一页中,最大变量数为 256 字节,并且堆栈也安排在该区域中。compact 模式的特点是存储容量较 small 模式大,速度较 small 模式稍慢,但比 large 模式要快。在 compact 模式下,参数的传递是通过片外数据区的一个固定页完成的。

3. large 模式

在 large 模式下,变量的默认存储区域是 xdata,即未指出存储区域的变量保存到片外数据存储器,最大变量数可达 64KB,并且堆栈也安排在该区域中。large 模式的特点是存储容量大,速度慢。在 large 模式下,参数的传递也是通过片外数据存储区完成的。

C51 支持混合模式,即可对函数设置编译模式,所以在 large 模式下,可以对某些函数设置为 compact 模式或 small 模式,从而提高运行速度。如果文件或函数未指明编译模式,则编译器按 small 模式处理。编译模式控制命令♯pragma small(或 compact、large)应放在文件的开始。

4.3.6 C51 变量的绝对定位

在某些情况下,希望把一些变量定位在某个固定地址上,如 I/O 端口和指定访问某个单元等。C51 有三种方式可以对变量绝对定位:绝对定位关键字 _at_,指针,库函数的绝对定位宏。对于后两种方式,在后面专门介绍。

C51 扩充的关键字 _at_ 专门用于对变量作绝对定位,_at_ 使用在变量的定义中,其格式为:

[存储类型] 数据类型 [存储区] 变量名 1 _at_ 地址常数[,变量名 2…]   (4-2)

这里的地址常数值必须在存储区域的地址范围之内。下面举例说明 _at_ 的使用方法。

(1) 定义存储在 idata 区域中的 unsigned char 数组 cc,且绝对定位在 0x98 地址处:

unsigned char idata cc[10] _at_ 0x98;   //定义数组 cc,地址从 0x98 开始

(2) 定义存储在片外数据存储器中、地址从 0x0010 开始、长度为 20 的整型数组 array:

int xdata array[20] _at_ 0x0010;   //定义数组 array,地址从 0x0010 开始

(3) 定义端口在 xdata 区域、地址为 0xbfff 的 unsigned char 设备变量 printer_port:

unsigned char xdata printer_port _at_ 0xbfff; //将设备变量 printer_port 定义在 0xbfff

该设备变量实际上是定义了一个打印机设备,打印机的端口地址是 0xbfff。

说明：

① 绝对地址变量在定义时不能初始化，因此不能对 code 型变量绝对定位。

② 绝对地址变量只能够是全局变量，不能在函数中定义。

③ 一次可以定义多个绝对定位的变量。

④ 一般情况下不对变量作绝对定位，绝对地址变量主要用于定义在 xdata 区域的设备变量，如上面的第 3 个例子，以及后面的例 9-1。

4.3.7　C51 设备变量的概念

1. C51 设备变量的概念

由于单片机广泛地应用于控制，4 个 I/O 口 P0～P3 可能都接有设备，某些口甚至以位方式控制设备，也可能使用三总线方式连接设备。如 P1 口接有键盘；P0、P2 口以总线方式控制有显示器、A/D 和 D/A 转换器、扩展有并行口等；P3 控制发声、各种电气设备启停、检测各种设备状态、模拟 UART、SPI、IIC 接口等。

C 语言的输入/输出，都是通过定义在 I/O 口的变量（字符型、位型）实现的。通过这些变量，将设备的数据、状态传送给单片机，单片机对数据、状态信息进行分析，再对设备做出相应控制。这样的变量与设备相关联，为设备型变量，与一般数据型变量有很大的区别，一般数据型变量访问的是存储器，不会对外部设备产生影响。

在设备型变量中，以三总线方式连接的设备型变量最复杂，初学者对其定义及操作过程往往感到不好理解而出错。为了加强对这类变量的理解，我们将其称为"设备变量"。因此，"设备变量"的定义为："以三总线方式连接的设备对应的变量为设备变量"。

关于设备变量的说明：

① 设备变量是通过设备端口获得数据和赋值的变量，与一般数据型变量不同。

② 设备变量是无符号字符型变量（因总线数据是 8 位，从设备读取的一般是无符号数）。

③ 设备变量有确定的端口地址（式(4-2)中的地址常数，其值决定于电路中 P0、P2 口与设备的连接），通过读写操作控制信号对设备进行数据输入/输出。

④ 对设备变量赋值，是单片机对设备写数据，单片机是输出；把设备变量的值赋给其他变量，是单片机从设备读取数据，单片机是输入。

⑤ 一个设备可以有多个意义不同的设备变量，其数量决定于设备的特性（与设备的端口对应，见 9.1 节）。

2. 设备变量定义举例

(1) 定义端口在 xdata 区域、地址为 0x1fff 的无符号字符型设备变量 8255PA：

```
unsigned char xdata 8255PA _at_ 0x1fff;    //将设备变量 8255PA 定义在 0x1fff
```

该设备变量实际上是定义了并行接口芯片 8255 的 A 口，A 口地址是 0x1fff（见例 9-1）。

(2) 定义端口在 xdata 区域、地址为 0x7fff 的无符号字符型设备变量 ADC0809：

```
unsigned char xdata ADC0809 _at_ 0x7fff;    //将设备变量 ADC0809 定义在 0x7fff
```

该设备变量实际上是定义了 A/D 转换器 ADC0809，其端口地址是 0x7fff（见上一版书的例 10-1）。

(3) 定义端口在 xdata 区域、地址为 0xbfff 的无符号字符型设备变量 DAC0832：

```
unsigned   char   xdata DAC0832   _at_   0xbfff;       //将设备变量 DAC0832 定义在 0xbfff
```

该设备变量实际上是定义了 D/A 转换器 DAC0832,其端口地址是 0xbfff(见上一版书的例 10-2,及例 10-2 的前面程序)。

4.4 C51 特殊功能寄存器的定义

对于 MCS-51 单片机,特殊功能寄存器的定义分为 8 位单字节寄存器和 16 位双字节寄存器两种,分别使用关键字 sfr、sfr16 定义。

4.4.1 8 位特殊功能寄存器的定义

定义的一般格式为:

$$\text{sfr 特殊功能寄存器名}=\text{地址常数} \tag{4-3}$$

对于 MCS-51 单片机,地址常数为 8 位,其范围为 0x80~0xff。例如:

```
sfr    P0 = 0x80;           //定义 P0 口映射的特殊功能寄存器
sfr    P1 = 0x90;           //定义 P1 口映射的特殊功能寄存器
sfr    PSW = 0xd0;          //定义程序状态寄存器 PSW
sfrI   E = 0xa8;            //定义中断控制寄存器 IE
```

在开发工具 Keil C 的 reg52.h 等头文件中,定义了相应单片机的全部特殊功能寄存器。

4.4.2 16 位特殊功能寄存器的定义

定义的一般格式为:

$$\text{sfr16 特殊功能寄存器名}=\text{地址常数} \tag{4-4}$$

对于 MCS-51 单片机,地址常数仍然为 8 位,其范围也是在 0x80~0xff,并且为低字节的地址。例如:

```
sfr16    DPTR = 0x82;
sfr16    T2 = 0xcc;
sfr16    RCAP2 = 0xca;
```

DPTR 为 16 位的寄存器,包含两个 8 位特殊寄存器 DPL 和 DPH,其地址分别为 0x82 和 0x83。T2 表示 16 位的定时器/计数器 2,包含 TL2 和 TH2 两个 8 位特殊功能寄存器,其地址分别为 0xcc 和 0xcd。RCAP2 表示 T2 中 16 位的捕获、初值重装寄存器,包含 RCAP2L 和 RCAP2H 两个 8 位特殊功能寄存器,0xca 为 RCAP2L 的地址,RCAP2H 的地址为 0xcb。

从上面的例子可以看出,只要相邻的两个 8 位特殊功能寄存器,都可以用 sfr16 定义成一个 16 位的特殊功能寄存器。但是,只有两个寄存器意义相同时,所定义的 16 位特殊功能寄存器才有意义。

说明:

① 定义特殊功能寄存器中的地址必须在 0x80~0xff 范围内。

② 定义特殊功能寄存器,必须放在函数外面作为全局变量,而不能在函数内部定义。

③ 用 sfr 或 sfr16 每次只能定义一个特殊功能寄存器。

④ 用 sfr 或 sfr16 定义的是绝对定位的变量(因为名字是与确定地址对应的),具有特定的意义,在应用时不能像一般变量那样随便使用。

4.5 C51 位变量的定义

因为 MCS-51 单片机有可以按位操作的 bdata 区域和特殊功能寄存器,因此,对应 C 语言,应该有能够定义按位操作的位变量。C51 的位变量分为两种: bit 型和 sbit 型。

4.5.1 bit 型位变量的定义

常说的位变量指的就是 bit 型位变量。C51 的 bit 型位变量定义的一般格式为:

$$[存储类型] \text{bit } 位变量名1[=初值][,位变量名2[=初值][,\cdots]] \qquad (4-5)$$

bit 位变量被保存在 RAM 中的 bdata 位寻址区域(字节地址为 0x20~0x2f,16 字节)。位变量定义举例如下:

```
bit    flag_run,flag_alarm,receive_bit = 0;    //连续定义3个位变量,最后一个还赋了初值
static bit   send_bit;                          //定义静态位变量 send_bit
```

说明:

① bit 型位变量与其他变量一样,可以作为函数的形参,也可以作为函数的返回值,即函数的类型可以是位型的。
② 位变量不能使用关键字"_at_"绝对定位。
③ 位变量不能定义指针,不能定义数组。

4.5.2 sbit 型位变量的定义

在可以按位操作的 bdata 区域和特殊功能寄存器中,都可以定义 sbit 型位变量,为了清楚起见,分开讨论。

1. SFR 中 sbit 型位变量的定义

对于能够按位寻址的特殊功能寄存器,可以对寄存器各位定义位变量。因为这种位变量定义在特定的位置,具有特定的意义,因此应该是 sbit 型位变量。其定义的一般格式为:

$$\text{sbit } 位变量名=位地址表达式 \qquad (4-6)$$

这里的位地址表达式有三种形式:直接位地址、特殊功能寄存器名带位号、字节地址带位号。

1) 用直接位地址定义位变量

这种情况下位变量的定义格式为:

$$\text{sbit } 位变量名=位地址常数 \qquad (4-6a)$$

这里的位地址常数范围为 0x80~0xff,但单片机中没有启用的位不能够使用。例如:

```
sbit    P0_0 = 0x80;
sbit    P1_1 = 0x91;
sbit    RS0 = 0xd3;        //实际定义的是特殊功能寄存器 PSW 的第3位
sbit    ET0 = 0xa9;        //实际定义的是特殊功能寄存器 IE 的第1位
```

2）用特殊功能寄存器名带位号定义位变量

这时位变量的定义格式为：

$$\text{sbit} \quad 位变量名＝特殊功能寄存器名\text{^}位号常数 \quad (4\text{-}6b)$$

这里的位号常数为 0～7。例如：

```
sbit  P0_3 = P0^3;
sbit  P1_4 = P1^4;
sbit  OV = PSW^2;          //实际定义的是特殊功能寄存器 PSW 的第 2 位
sbit  ES = IE^4;           //实际定义的是特殊功能寄存器 IE 的第 4 位
```

3）用字节地址带位号定义位变量

在这种情况下位变量的定义格式为：

$$\text{sbit} \quad 位变量名＝字节地址\text{^}位号常数 \quad (4\text{-}6c)$$

这里的位号常数同上，为 0～7。例如：

```
sbit  P0_6 = 0x80^6;
sbit  P1_7 = 0x90^7;
sbit  AC = 0xd0^6;         //实际定义的是特殊功能寄存器 PSW 的第 6 位
sbit  EA = 0xa8^7;         //实际定义的是特殊功能寄存器 IE 的第 7 位
```

2. bdata 区域中 sbit 型位变量的定义

因为片内 RAM 中的 bdata 区域既可以按字节操作，也可以按位操作，因此定义在 bdata 区域中的字符型（或整型、长整型）变量，可以对各位定义位变量。由于这种位变量与特定的变量的特定位相联系，因此，属于 sbit 型位变量。其定义格式为：

$$\text{sbit} \quad 位变量名＝\text{bdata} 区变量名\text{^}位号常数 \quad (4\text{-}7)$$

式中，bdata 区的变量在此之前应该是定义过的，可以是字符型、整型、长整型，对应的位号常数分别是 0～7、0～15 和 0～31，多数情况下是字符型变量。例如：

```
unsigned  char  bdata  operate;      //定义无符号字符型变量 operate 在 bdata 区域
```

对 operate 的低 4 位作位变量定义：

```
sbit  flag_key = operate^0;          //定义键盘有键按下标志位变量
sbit  flag_dis = operate^1;          //定义显示器显示标志位变量
sbit  flag_mus = operate^2;          //定义音乐演奏标志位变量
sbit  flag_run = operate^3;          //定义设备运行标志位变量
```

实际上式（4-7）和式（4-6b）是一样的，bdata 区域中 sbit 型位变量的定义仅有这一种形式。

说明：

① 用 sbit 定义的位变量，必须能够按位寻址和按位操作，而不能够对无位操作功能的位定义位变量。如 PCON 中的各位不能用 sbit 定义位变量，因为 PCON 不能按位寻址。

② 用 sbit 定义位变量，必须放在函数外面作为全局位变量，而不能在函数内部定义。

③ 用 sbit 每次只能定义一个位变量。

④ 对其他模块定义的位变量的引用声明，使用 bit。例如：extern bit P1_7；。

⑤ 用 sbit 定义在特殊功能寄存器中(位地址为 0x80~0xff)的位变量,具有特定的意义,在应用时不能像 bit 型位变量那样随便使用。

⑥ 用 sbit 定义在 bdata 区域中(位地址为 0x00~0x7f)的位变量,与 bit 型位变量一样可以随便使用。

4.5.3 位操作应用

随着技术的发展,以串行总线标准接口的设备越来越多,如 IIC 接口、SPI 接口、单总线接口等,一般单片机本身没有这些标准接口,因此,在实际应用中,经常需要用单片机的 I/O 口模拟这些串行总线进行数据发送和接收,尽管各种总线的协议不同,但是信息的传输都是以串行方式一位一位地进行,其方法就是通过移位的方式把字节数据转换成位数据。另外,在单片机应用中,经常需要查找数据中为 0 或为 1 的位,也需要移位操作。

1. 查询某个位的值

查询一个给定的数其中的某个位是 0 还是 1,其方法是用对应那个位上是 1、而其他位为 0 的数和给定的数作与操作,确定那个位上的值。

如,判断无符号字符型数 dd 的第 3 位的值,程序段如下:

```
bit bb;
if(dd&(1<<3))
    bb = 1;
else
    bb = 0;
CY = bb;                        //结果送进位位 CY(在 PSW.0 位),便于查看
```

或者

```
if(dd&(1<<3))
    F0 = 1;                     //F0 在 PSW.5 位,提供给用户使用的,可以直接查看
else
    F0 = 0;
```

2. 查找哪个位为 0/1

查找一个给定数中的第几位是 0/1,其方法是对给定的数进行循环右移,通过判断进位位 CY 的 0/1,确定 0/1 是在第几位。

C51 中移位操作的特点:在 C51 中,对数据进行移位操作后,移出的位进入了进位位 CY,另外一端空出的位补 0。

设给定的数 dd 为无符号字符型数,查找 dd 的第几位为 0,程序段如下:

```
unsigned i = 0xff;              //因为 i 先加 1 才查询,所以初值设为 0xff
do
{   i++;                        //位数加 1
    dd >>= 1;                   //dd 右移 1 位,最低位移出后进入了 CY
}while(CY);                     //移出位为 1 继续循环查找,移出位为 0 则找到
```

如果 i 等于 8,则 dd 中没有 0(dd 为 0xff);如果 i<8,则 dd 中的 0 在第 i 位。

又例,设给定的数 dd 为无符号字符型数,查找 dd 的第几位为 1,程序段如下:

```
unsigned i = 0xff;
do
{    i++;
     if(i>7)
         break;                    //i>7 结束循环,当 dd 为 0 时无此句不会结束循环
     dd >>= 1;                     //dd 右移 1 位,最低位移出后进入了 CY
}while(!CY);                       //移出位为 0 继续循环查找,移出位为 1 则找到
```

如果 i 等于 8,则 dd 中没有 1(dd 为 0);如果 i<8,则 dd 中的 1 在第 i 位。

上面内容会在后面的 5.3.3 节中用到。

3. 逐位发送数据

在单片机模拟 UART、IIC、SPI 等串行总线操作时,需要把字节/字数据逐位发送给串行总线从机设备(单片机是主机),并且单片机需要给从机发送时钟信号,不同的串行总线,时钟、数据的协议和时序是不一样的。下面以一种一般的时序讨论逐位发送数据。

【**例 4-1**】 在某个单片机应用系统中,连接有串行设备,要求时钟信号 CLK 变低后,通过数据线 SDA 给它发送 1 位数据,时钟信号变高后设备读取 SDA 上的数据,发送的数据高位在前、低位在后,在不传输数据时,应保持时钟信号 CLK 为高电平。用单片机的 P3.0、P3.1 引脚分别接时钟信号 CLK 和数据信号 SDA。编写一函数,把无符号字符型数 dd 发送给串行设备。

C 语言程序如下:

```
sbit CLK = P3^0;
sbit SDA = P3^1;

void sendData(unsigned char dd)    //逐位发送函数
{    unsigned char i;

     CLK = 1;                      //未传输数据时钟为高电平
     for(i = 0; i<8; i++)          //循环发送 8 位数据,先发送高位
     {
         dd<< = 1;                 //dd 左移 1 位,最高位移出进 CY
         CLK = 0;                  //使时钟变为低电平
         SDA = CY;                 //CY 中的数从 SDA 输出
         _nop_();                  //延时
         CLK = 1;                  //使时钟变为高电平,串行设备接收
     }
}
```

4. 逐位接收数据

串行总线的协议是各种各样的,有时钟下降沿发送的、上升沿发送的,有下降沿采样的、上升沿采样的,还有高电平、低电平发送或采用的,例 4-1 只是其中的一种情况。

【**例 4-2**】 在某个单片机应用系统中,连接了一个串行设备,该设备在时钟信号 CLK 变低后,有一位数据通过 SDA 数据线发送出来,时钟信号 CLK 变高后可以读取数据。发送的数据高位在前、低位在后,在不传输数据时,应保持时钟信号 CLK 为高电平。用单片机的 P3.0、P3.1 引脚分别接时钟信号 CLK 和数据信号 SDA。编写一函数,从串行设备接收字节数据。

C 语言程序如下：

```c
sbit CLK = P3^0;
sbit SDA = P3^1;

unsigned char receiveData()         //逐位接收函数
{   unsigned char i,dd;             //因 dd 要循环 8 次,其数据会被全部移出,故不赋值

    CLK = 1;                        //未传输数据时钟为高电平
    SDA = 1;                        //从 SDA 先输出 1,使其能够正确接收
    for(i = 0; i<8; i++)            //循环接收 8 位数据,先接收高位
    {
        CLK = 0;                    //使时钟变为低电平,令设备发送
        dd<< = 1;                   //dd 最高位移出,最低位补 0
        CLK = 1;                    //使时钟变为高电平
        dd| = SDA;                  //把 SDA 的值或进 dd 的最低位
    }
    return dd;                      //返回接收的数据
}
```

如果先接收低位，则接收函数如下：

```c
unsigned char receiveData()         //逐位接收函数
{   unsigned char i,dd;

    CLK = 1;                        //未传输数据时钟为高电平
    SDA = 1;                        //从 SDA 先输出 1,使其能够正确接收
    for(i = 0;i<8;i++)              //循环接收 8 位数据,先接收高位
    {
        CLK = 0;                    //使时钟变为低电平,令设备发送
        dd >>= 1;                   //dd 最低位移出,最高位补 0
        CLK = 1;                    //使时钟变为高电平
        if(SDA)                     //判断 SDA 是否为 1
            dd| = 0x80;             //把 SDA 的 1 或进 dd 的最高位
    }
    return dd;                      //返回接收的数据
}
```

逐位发送与接收，会在后面的 SPI、IIC、单总线等操作中用到(第 9～11 章)。

4.6 C51 指针与结构体的定义

由于 MCS-51 单片机有三种不同类型的存储空间，并且空间范围也不同，因此 C51 指针的内容更丰富，除了像变量的四个属性(存储类型、数据类型、存储区、变量名)外，按存储区，还可以将指针分为通用指针和不同存储区的专用指针。对于结构体变量的定义，实质上与一般变量的定义是一样的。

4.6.1 通用指针

所谓通用指针，就是通过该类指针可以访问所有的存储空间，所以在 C51 库函数中通

常使用这种指针来访问。通用指针用 3 个字节来存储,第一个字节为指针所指向的存储空间区域,第二个字节为指针地址的高字节,第三个字节为指针地址的低字节。

通用指针的定义与一般 C 语言的指针定义相同,其格式为:

$$[存储类型]\ 数据类型\ *指针名1[,*指针名2][,\cdots] \qquad (4-8)$$

例如:

```
unsigned  char  * cc;
int  * dd;
long  * numptr;
static  char  * ccptr;
```

通用指针的特点一是可以访问所有的存储空间,二是定义简单,不需要考虑最容易出现问题的"存储区域";但通用指针占用空间多、访问速度慢,所以在实际应用中,要尽可能地使用专用指针。

4.6.2 存储器专用指针

所谓存储器专用指针,就是通过该类指针,只能够访问规定的存储区。指针本身占用 1 个字节(data *、idata *、bdata *、pdata *)或 2 个字节(xdata *、code *)。存储器专用指针的一般定义格式为:

$$[存储类型]\ 数据类型\ 指向存储区\ *[指针存储区]指针名1[,*[指针存储区]指针名2,\cdots] \qquad (4\text{-}9a)$$

格式中出现了"指向存储区"和"指针存储区",前者是指针变量所指向的数据存储空间区域,后者是指针变量本身所存储的空间区域,两者可以是同一种区域,但多数情况下不会是同一种区域。例如:

(1) unsigned char data * idata cpt1, * idata cpt2;

无符号字符型指针变量 cpt1 和 cpt2 都指向 data 区域,但指针变量 cpt1 和 cpt2 却存储在 idata 区域。

(2) signed int idata * data dpt1, * data dpt2;

有符号整型指针变量 dpt1 和 dpt2 都指向 idata 区域,但它们却存储在 data 区域。

(3) unsigned char pdata * xdata ppt;

无符号字符型指针变量 ppt 指向 pdata 区域,但 ppt 却存储在 xdata 区域。

(4) signed long xdata * xdata lpt;

有符号长整型指针变量 lpt 指向 xdata 区域,并且存储在 xdata 区域。

(5) unsigned char code * data ccpt;

无符号字符型指针变量 ccpt 指向 code 空间,但 ccpt 却存储在 data 区域。

说明:

① 要区分指针变量指向的存储区和指针变量本身所存储的区域。

② 定义时,指针指向的存储区属性不能缺省,缺省后就变成了通用指针。

③ 指针存储区属性可以缺省,缺省时,指针存储在默认的存储区域,其默认存储区域决定于所设定的编译模式。

④ 指向区域不同的指针变量,本身所占的字节数也不同,指向 data、idata、bdata、pdata

区域的指针为单字节；指向 xdata、code 区域的指针为双字节。

由于指针存储区属性可以缺省，为了简单起见，存储器专用指针的定义格式可以写为：

［存储类型］数据类型 指向存储区 ＊指针名1［,＊指针名2,…］　　　(4-9b)

以后我们基本上使用该公式定义指针，这样显得简单些，并且对初学者来说更容易理解。例如，下面所定义的指针都存储在 data 区域(small 模式编译)。

```
unsigned  char  data   *cpt1, *cpt2;     //定义指向 data 区域的无符号字符型指针
signed    int   idata  *dpt1, *dpt2;     //定义指向 idata 区域的有符号整型指针
unsigned  char  pdata  *ppt;             //定义指向 pdata 区域的无符号字符型指针
signed    long  xdata  *lpt1, *lpt2;     //定义指向 xdata 区域的有符号长整型指针
unsigned  char  code   *ccpt;            //定义指向 code 区域的无符号字符型指针
```

关于 C51 的数组、结构体、枚举等组合数据类型指针的定义和应用，基本上与 ANSI C 一样，只是在定义和使用中要特别注意存储区的属性，参考上面变量的定义和应用，不再赘述。

4.6.3　指针变换

1. 通用指针格式

由前面的讨论可知，通用指针由3个字节组成，第一个字节为数据的存储区域，后两个字节为指针地址，第一个字节的存储区域编码如表 4-4 所示。

表 4-4　通用指针存储区域编码

存储区	idata	xdata	pdata	data	code
编码	1	2	3	4	5

2. 指针转换

指针转换有两种途径，一种是显式的编程转换，另一种是隐式的自动转换。

对于指针的编程转换方法，根据通用指针的结构，由通用指针变量的第一字节，确定指针指向的数据存储区域，或者反过来由数据的存储区域，确定通用指针的第一字节；然后对后两个字节作地址转换。

对于隐式的自动转换，由编译器在进行编译时自动完成。

4.6.4　C51 指针应用

我们知道，指针在 PC 上的 C 语言中应用很广泛。可以使指针指向变量，通过指针访问变量；可以使指针指向数组，通过指针访问数组；可以使指针指向字符串，通过指针访问字符串；还可以使指针作为函数的参数等。指针的使用方法是：定义一个指向某种类型的指针，同时需要定义一个相同类型的变量，然后把变量的地址赋给指针，这样才能够通过指针访问变量。这种应用，限制指针不能够独立指向任意位置。在单片机中，由于不使用操作系统，指针的应用可以独立于变量，独立指向任意所需要的存储空间位置，但要注意不能够与变量冲突性使用存储空间。

借助于指针，能够方便地对所有空间的任一位置进行访问，也可以访问函数。下面介绍两种访问空间任一单元的方法。

1. 通过专用指针直接访问存储器

该方法访问存储器灵活、方便,并且能够充分体现指针的功能。

使用指针直接访问存储器的方法是:先定义指向某存储区的指针,并给指针赋地址值,然后使用指针访问存储器。例如:

```
unsigned    char    xdata    * xcpt;      //定义指向片外 RAM 的无符号字符型指针
xcpt = 0x2000;                            //使指针指向片外 RAM 的 0x2000 单元
* xcpt = 123;                             //把 123 送给片外 RAM 的 0x2000 单元
xcpt++;                                   //指针增 1,使其指向片外 RAM 的 0x2001 单元
* xcpt = 234;                             //把 234 送给片外 RAM 的 0x2001 单元
```

又如:

```
unsigned    int    xdata    * xdpt;       //定义指向片外 RAM 的无符号整型指针
xdpt = 0x0048;                            //使指针指向片外 RAM 的 0x0048 单元
* xdpt = 0x456;                           //把 0x456 送给片外 RAM 的 0x0048、0x0049 单元
```

【例 4-3】 编写程序,将单片机片外数据存储器中地址从 0x1000 开始的 20 个字节数据,传送到片内数据存储器地址从 0x30 开始的区域。

解:用指针实现,程序段如下:

```
unsigned    char    data     i, * dcpt;   //定义指向片内 RAM 的无符号字符型指针和变量
unsigned    char    xdata    * xcpt;      //定义指向片外 RAM 的无符号字符型指针

dcpt = 0x30;                              //给指向片内数据区的指针赋地址值 0x30
xcpt = 0x1000;                            //给指向片外数据区的指针赋地址值 0x1000
for(i = 0; i<20; i++)
    * (dcpt + i) = * (xcpt + i);          //通过指针传送数据
```

请思考:dcpt 和 xcpt 两个指针变量存储在什么地方?

下面给出一个稍微综合的例子。

【例 4-4】 在数字滤波中有一种叫作"中值滤波"的技术,就是对采集的数据按照从大到小或者从小到大的顺序进行排序,然后取其中间位置的数作为采样值。试编写一函数,对存放在片内数据存储器中从 point 地址开始的 num 个单元的数据,用冒泡法排序进行中值滤波,并把得到的中值数据返回。

中值滤波函数如下:

```
unsigned    char    median_filter(unsigned char data * point, unsigned char data num)    //中值滤波函数
{   unsigned char data    * pp,i,j,n,temp;

    num -- ;                              //外层循环为 num - 1 次
    for(i = 0; i<num; i++)                //外层循环
    {   pp = point;                       // pp 指向数据的开始地址 point 处
        n = num - i;                      //n 为内层循环的次数
        for(j = 0; j<n; j++)              //内层循环
        {   if( * pp< * (pp + 1))         //比较前后两个数的大小
            {   temp = * pp;              //前面数小于后面的数二者交换,从大到小排序
                * pp = * (pp + 1);
                * (pp + 1) = temp;
```

```
            }
        pp++;                          //修改指针,指向下一个数
    }  }
    pp = point + num/2;                //指针指向位于中间的数
    return  * pp;                      //返回得到的中值
}
```

2. 通过指针定义的宏访问指定的地址（端口或存储单元）

访问指定的端口或存储单元的宏（变量），用指针方法定义的格式为：

　　　　＃define 宏(变量)名 (* (volatile 数据类型 存储区 *)地址)   (4-10)

对该宏定义的理解分为两步。首先是对"(数据类型 volatile 存储区 *)地址数值"的理解，这一部分是对"地址数值"强制转换成指定存储区、指定数据类型的指针值；然后是对" * 指针"的理解，" * 指针"就是指针所指定位置的数据，也就是变量值。所以，该定义的功能为：定义的宏变量与所指定存储区、指定地址中指定类型的数据对应。

式(4-10)中的关键字"volatile"的含义为：程序在执行中变量可被隐含地改变,告知编译器不要做优化处理。volatile 常用于定义状态寄存器、设备变量等，因为这种寄存器或变量的值不是程序员设置的，而是由 CPU 或外设设置的。

对式(4-10)定义的宏变量赋值,其值便以指定的数据类型写到了指定地址，对该宏变量读,便从指定地址读取了指定类型的数据。例如：

```
＃define   Port_LCD   ( * (unsigned char volatile xdata * )0x7fff)
                                      //定义端口地址为 0x7fff 的设备变量 Port_LCD
unsigned char data busy;              //定义忙状态变量 busy
busy = Port_LCD;                      //读取 LCD 的状态
if(busy == 0)                         //判断状态,不忙给 LCD 发送数据
    Port_LCD = 0x36;
```

虽然式(4-10)中的存储区属性可以是 data、idata、bdata、code、pdata、xdata 共 6 种情况，但该宏定义主要用于片外数据存储区定义设备端口，通过其定义的宏，能够非常方便地访问设备。例如：

```
＃define   Port_AD   ( * (volatile unsigned char xdata * )0xfeff)
                                      //定义地址为 0xfeff 的 A/D 设备变量
＃define   Port_DA   ( * (volatile unsigned char xdata * )0xfdff)
                                      //定义地址为 0xfdff 的 D/A 设备变量
＃define   Port_LED ( * (volatile unsigned char xdata * )0xfbff)
                                      //定义地址为 0xfbff 的 LED 设备变量
```

3. 通过指针定义的宏访问存储器

1) 访问存储器宏的定义方法

用指针方法定义访问存储器宏的格式为：

　　　　＃define 宏(数组)名 ((volatile 数据类型 存储区 *)0)   (4-11)

格式中的数据类型主要为无符号的字符型或整型；格式中的存储区主要使用 data、idata、pdata、xdata 和 code 类型，不使用 bdata 存储区，因为它包含在 data 和 idata 区域中。注意,式中的关键字"volatile"不能没有,因为存储区中的数据可能有其他途径被改变,有了它,CPU 每次会到变量的地址读取新的值。

实际上 C51 库函数提供了两组用指针定义的访问存储器的宏,访问的存储区域为 data、pdata、xdata、code(没有 idata 类型,无法访问到片内 RAM 高 128 字节的 0x80~0xff 区域,如果需要,可以在程序中自己定义),共 8 个宏定义,其原型如下。

(1) 按字节访问存储器的宏:

```
#define    CBYTE    ((volatile unsigned char code * )0)     //访问 code 空间
#define    DBYTE    ((volatile unsigned char data * )0)     //访问 data 区域
#define    PBYTE    ((volatile unsigned char pdata * )0)    //访问 pdata 区域
#define    XBYTE    ((volatile unsigned char xdata * )0)    //访问 xdata 区域
```

(2) 按整型双字节访问存储器的宏:

```
#define    CWORD    ((volatile unsigned int code * )0)      //访问 code 空间
#define    DWORD    ((volatile unsigned int data * )0)      //访问 data 区域
#define    PWORD    ((volatile unsigned int pdata * )0)     //访问 pdata 区域
#define    XWORD    ((volatile unsigned int xdata * )0)     //访问 xdata 区域
```

这些宏定义原型放在 absacc.h 文件中,使用时需要用预处理命令把该头文件包含到文件中,形式为:#include<absacc.h>。

2) 使用宏访问存储器的方法

使用以上宏定义访问存储器的形式类似于数组。

(1) 按字节访问存储器宏的形式。

$$\left.\begin{array}{l}宏(数组)名[地址]=字节数据\\ 变量=宏(数组)名[地址]\end{array}\right\} \quad (4\text{-}12)$$

即数组中的下标就是存储器的地址,因此使用起来非常方便。例如:

```
DBYTE[0x30] = 48;              //给片内 RAM 的 0x30 单元送数据 48
XBYTE[0x0002] = 0x36;          //给片外 RAM 的 0x0002 单元送数据 0x36
dis_buf[ 0 ] = CBYTE[TABLE + 5];  //把程序存储器的数表 TABLE 中第 5 个数据
                               //送给 dis_buf[ 0 ]
```

(2) 按整型数访问存储器宏的形式。

$$\left.\begin{array}{l}宏(数组)名[下标]=整型数据\\ 变量=宏(数组)名[下标]\end{array}\right\} \quad (4\text{-}13)$$

由于整型数占两个字节,所以下标与地址的关系为:地址=下标×2。

例如:

```
DWORD[0x20] = 0x1234;          //给片内 RAM 的 0x40、0x41 单元送数据 0x12、0x34
XWORD[0x 0002] = 0x5678;       //给片外 RAM 的 0x0004、0x0005 单元送数据 0x56、0x78
```

通过指针定义的宏访问存储器这种方法,适用于连续访问存储区。

注意:关于设备变量定义方式的比较与选用:

我们介绍了可以两种方法、四种方式定义设备变量。一种是用"式(4-2)",绝对定位方法;另一种是用指针方法,对于指针方法,除了像"例 4-3"直接方式外,为了方便 C 语言不太通晓者使用,又给出了两种宏定义的方式,"式(4-10)"和"式(4-11)"。这四种方式比较,首推用"式(4-2)"绝对定位的方式,其次用"式(4-10)"访问指定端口宏的方式。绝对定位的方式既简单又直接、清晰。

顺便说一下，关于访问存储器（所有的存储区）指定单元，无论是连续地址访问还是单一地址访问，一般用"式(4-2)"绝对定位数组或变量的方法，但有时用指针更灵活方便。特别是访问程序存储器（如读取某些代码），必须用指针方法。

4.6.5　C51 结构体定义

在单片机中，结构体的类型、结构体类型变量的定义以及结构体使用的方法均与 PC 一样。下面只说一下定义，先定义结构体类型（与数据类型对应，如字符类型），然后用结构体类型定义出结构体类型变量（与变量对应，如字符型变量）。例如：

```
struct birthday                              //定义 birthday 结构体类型
{   unsigned int year;                       //定义成员
    unsigned char month;
    unsigned char day;
};
struct birthday data li_birthday;            //定义 birthday 类型的结构体变量于 data 区
static struct birthday data li_birthday;     //定义静态存储的 birthday 类型的结构体变量于 data 区
```

或者

```
data struct birthday li_birthday;
static data struct birthday li_birthday;
```

注意：由于在编译时，对结构体类型不分配存储空间，只对结构体变量分配存储空间，因此，定义结构体类型不能指定存储区，而在定义结构体变量时指定存储区。

4.7　C51 函数的定义

C51 函数的定义与 ANSI C 相似，但有更多的属性要求。本节先讨论函数的一般定义，然后专门给出中断函数的定义，因为中断函数有其特殊性。

4.7.1　C51 函数定义的一般格式

在 C51 中，函数的定义与 ANSI C 中是相同的。唯一不同的就是在函数的后面需要带上若干个 C51 的专用关键字。C51 函数定义的一般格式如下：

```
数据类型  函数名(形参表) [函数模式] [reentrant] [interrupt m] [using n]
{
        局部变量定义
        执行语句
}
```

格式中的方括号部分表示可以没有，其次序除了最后两项可以交换外，其他项的次序不能改变。各参数含义如下：

数据类型：即函数最后返回值的类型，如果函数没有返回值，则返回类型记为 void。

函数模式：也就是编译模式、存储模式，可以为 small、compact 和 large。如果定义时该属性默认，则函数使用文件的编译模式。如果文件没有设置编译模式，则编译器使用默认的

small 模式。

reentrant：C51 定义的关键字，表示可重入函数。所谓可重入函数，就是允许被递归调用的函数。在 C51 中，当函数被定义为可重入时，在编译时会为重入函数生成一个堆栈，通过这个堆栈来完成参数的传递和局部变量的存放。对重入函数使用时应注意：不能使用 bit 型参数，函数返回值也不能是 bit 型。

interrupt：C51 定义的关键字，interrupt m 表示中断处理函数及中断号。各中断通道与中断号的关系如表 4-5 所示。C51 支持 32 个中断通道，m 取值 0～31，中断入口地址与中断号 m 的关系为：

$$中断入口地址 = 3 + 8 \times m \tag{4-14}$$

using：C51 定义的关键字，using n 表示选择工作寄存器组及组号，n 可以为 0～3，对应第 0 组到第 3 组。如果函数有返回值，则不能使用该属性，因为返回值是存于工作寄存器中，返回时要恢复原来的寄存器组，导致返回值错误。如果函数使用工作寄存器传递入口参数，也不能使用该属性，因为函数切换工作寄存器组会丢失入口参数，从而会导致错误。

using 项使用建议：高优先级中断服务函数使用 using 3，低优先级中断服务函数使用 using 2，主函数使用 using 0，不传递参数的非中断服务函数可以考虑使用 using 1。

表 4-5 单片机中断通道与中断号的关系

中断通道	外中断 0	T0 中断	外中断 1	T1 中断	串行口中断	T2 中断
中断号	0	1	2	3	4	5
入口地址	0x0003	0x000b	0x0013	0x001b	0x0023	0x002b

4.7.2 C51 中断函数的定义

C51 函数的定义实际上已经包含了中断服务函数，但为了明确起见，下面专门给出中断处理函数的具体定义形式：

```
void 函数名(void) ［函数模式］ interrupt m ［using n］
{
   局部变量定义
   执行语句
}
```

与一般函数的格式相比较，中断服务函数有以下几点需要注意：

① 中断服务函数不传递参数。

② 中断服务函数没有返回值。

③ 中断服务函数必须有 interrupt m 属性，其函数名可任意。

④ 进入中断服务函数，ACC、B、PSW 会进栈，根据需要，DPL、DPH 也可能进栈，如果没有 using n 属性，R0～R7 也可能进栈，如果有 using n 属性，R0～R7 不进栈。

⑤ 在中断服务函数中调用其他函数，被调函数最好设置为可重入的，因为中断是随机的，有可能中断服务函数所调用的函数出现嵌套调用。

⑥ 不能够直接调用中断服务函数。

【例 4-5】 编写程序，使用定时器/计数器 0 定时并产生中断，实现从 P1.7 引脚输出方波信号。

解：定时器/计数器在后面第 7 章、中断在第 6 章才讲到，在这里我们主要是认识中断服务函数的格式。具体程序如下。

```c
#include<reg52.h>              //包含特殊功能寄存器头文件
#define  TIMER0L  0x18         //设振荡频率为 12MHz
#define  TIMER0H  0xfc         //定时时间为 1ms(1000μs)
sbit  P1_7 = P1^7;
void  main(void)               //主函数,T0 初始化和开 T0 中断
{
    TMOD = 0x01;               //设置 T0 模式 1 定时
    TL0 = TIMER0L;             //设置 T0 低 8 位初值
    TH0 = TIMER0H;             //设置 T0 高 8 位初值
    IE = 0x82;                 //开 T0 中断和总中断
    TR0 = 1;                   //开 T0 运行
    while(1);                  //等待中断,产生方波
}
void  timer0_int(void)   interrupt 1    //中断服务函数
{   TL0 = TIMER0L;             //给 T0 赋低 8 位初值
    TH0 = TIMER0H;             //给 T0 赋高 8 位初值
    P1_7 = ~P1_7;              //产生的方波频率为 500Hz
}
```

上面对 T0 中断处理函数的设置为：采用默认函数模式，中断号为 1，不改变工作寄存器组。另外需要注意，中断处理函数不传递参数，也没有返回值。主函数主要是对 T0 初始化和开中断。

4.8 C51 与汇编语言混合编程

在编写程序时，由于效率或时间性的要求，或者沿用原来的汇编语言等原因，有时候需要使用 C 语言与汇编语言混合编程。混合编程有两种方式，一种是在 C 语言函数中嵌入汇编语言程序，程序中没有独立的汇编语言函数，只有个别 C 语言函数中嵌有汇编程序；另一种是 C 语言文件与汇编语言文件混合编程，程序中有独立的汇编语言函数和汇编语言文件。无论是哪种混合编程方式，采用 C51 后，程序的大部分是 C 语言，只有少部分是汇编语言。

4.8.1 在 C51 函数中嵌入汇编语句

在 C51 函数中嵌入汇编语句，其方法是把汇编语句放在编译控制命令 #pragma asm 和 #pragma endasm 的中间，两个命令分别指示汇编语句的开始和结束。下面通过例子说明。

【**例 4-6**】 编写单片机程序，其函数嵌入汇编指令语句，实现从单片机 P1 口输出数据，控制 8 个发光二极管循环点亮显示流水灯。电路如图 1-34 所示，输出高电平发光二极管亮。

程序如下：

```c
#include<reg52.h>                //包含有定义特殊功能寄存器的头文件
unsigned char data lamp = 0x03;  //定义从P1口输出的变量,不能定义在函数内
void main(void)
{
    while(1)
    {
        P1 = lamp;
#pragma asm                      //指示嵌入的汇编语言程序开始
        MOV   A, lamp            //实现对变量lamp的循环左移1位
        RL    A
        MOV   lamp, A
#pragma endasm                   //指示嵌入的汇编语言程序结束
        delayms(1000);           //延时1s,函数在例2-2
    }
}
```

当C语言文件中包含有♯pragma asm 和♯pragma endasm两个编译控制命令时,在编译前需要做如下两项设置。

1) 汇编设置

设置编译器把C语言文件编译生成SRC汇编语言文件,然后把SRC文件汇编成目标文件。其方法是在μVision4的项目管理窗口,用鼠标右键单击包含有汇编语句的文件,在弹出的菜单中选择Options for File '∗.c'…项,在Properties标签中选中Generate Assembler SRC File 和 Assemble SRC File 项,如图4-7所示。

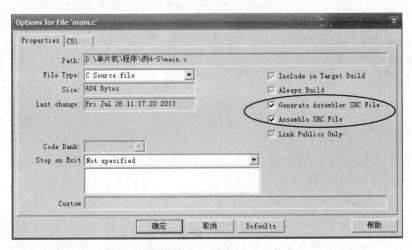

图4-7 设置产生和汇编SRC文件界面

2) 加入.LIB文件

在项目中加入与编译模式相应的库文件,如small模式下加入C51S.LIB库文件(该文件在keil\C51\LIB文件夹下面)。

完成以上两项设置后,对项目进行编译链接,即可生成hex可执行文件。

4.8.2 C51与汇编语言混合编程规则

在C51与汇编语言混合编程情况下,C语言程序和汇编语言程序都是独立的文件,它们的函数要相互调用,这就涉及了汇编语言函数的命名方式和参数传递两个问题,解决的思路就是:汇编语言中函数的名字及传递的参数,要符合C语言的要求。下面讨论汇编语言函数的命名和参数传递规则,这些规则都可以通过对比.c和.SRC文件(后者由前者编译生成)查看到。

1. 汇编语言函数的命名规则

C51程序文件编译之后,所产生的汇编语言函数名用大写字母,并且要加上前缀,其一般格式为:

［前缀］函数名

方括号中的前缀可以没有,前缀一般为"_"或"_?"。

对于C51常见的几种函数声明形式,编译后转换成汇编语言的函数名对应关系如表4-6所示。从表4-6中可以看出,汇编语言中对函数的命名格式主要有:

- 函数名　　　　(不传递参数的函数)
- _函数名　　　 (通过寄存器传递参数的函数)
- _? 函数名　　 (通过堆栈传递参数的可重入函数)

表4-6　C51中函数名的转换规则

C51函数声明	汇编语言函数名	说　明
type　func1(void)	FUNC1	调用时不传递参数,但有返回值,函数名不变
type　func2(args)	_FUNC2	通过寄存器传递参数,函数名加前缀"_"
type　func3(args) reentrant	_? FUNC3	为重入函数,通过堆栈传递参数,函数名加前缀"_?"

2. 汇编语言段的命名规则

1) 代码段命名规则

C51程序文件编译后对每一个函数都分配一个独立的CODE段,并且汇编函数名字还要带上模块名。汇编语言代码段命名的一般格式为:

?PR? 函数名?模块名

各个部分用"?"分隔,并且中间没有空格,"PR"为可执行程序段前缀。由于函数的参数及传递方式不同,所以汇编语言代码段的命名格式有如下几种:

- ? PR? 函数名? 模块名　　　(不传递参数)
- ? PR? _函数名? 模块名　　 (通过寄存器传递参数)
- ? PR? _? 函数? 模块名　　 (对重入函数通过堆栈传递参数)

2) 数据段命名规则

汇编语言程序中可能有全局变量,更有函数中定义的局部变量,编译时编译器会给它们分配数据段,全局变量和局部变量数据段的命名格式分别为:

- ? 数据段前缀? 模块名　　　　(全局变量数据段名)
- ? 数据段前缀? 函数名? 模块名　(局部变量数据段名)

C51 数据段前缀如表 4-7 所示，函数名具体格式如上面所述，数据类型如表 4-2 所示。
C51 主要的段类型及命名规则如表 4-7 所示。

表 4-7 C51 段类型前缀与存储

段前缀	存储区类型	说　明
?PR?	code	可执行程序段
?CO?	code	程序存储器中的常数数据段
?BI?	bit	内部数据存储区的位类型数据段
?BA?	bdata	内部数据存储区的可位寻址的数据段
?DT?	data	内部数据存储区的数据段
?ID?	idata	内部数据存储区的间接寻址的数据段
?PD?	pdata	外部数据存储区的分页数据段
?XD?	xdata	外部数据存储区的一般数据段

3. 汇编语言函数中参数的传递规则

为了能够正确混合编程，必须要搞清楚汇编语言函数的参数传递规则，分为调用时的参数传递和返回时的参数传递。

1) 调用时的参数传递

分三种情况：少于等于 3 个参数时通过寄存器传递（寄存器不够用时通过存储区传递），多于 3 个时有一部分通过存储区传递，对于重入函数参数通过堆栈传递。通过寄存器传递速度最快。表 4-8 给出了第一种情况通过寄存器传递参数的规则，其他情况不再讨论。C51 中函数中参数号与位置的对应关系为：函数名(参数 1,参数 2,参数 3)。

表 4-8 汇编语言函数利用寄存器传递参数规则

参数号	char	int	long,float	一般指针
1	R7	R6,R7(低字节)	R4～R7	R1R2R3（R3 为存储区,R2 为高地址,R1 为低地址)
2	R5	R4,R5(低字节)	R4～R7 或存储区	R1R2R3 或存储区
3	R3	R2,R3(低字节)	存储区	R1R2R3 或存储区

如果要使参数都通过存储区传递，可以使用编译控制命令 #pragma NOREGPARMS 来实现，将该编译控制命令写在文件开始即可。使用该方式传递参数效率较低。

2) 函数返回值的传递

当函数有返回值时，其传递都是通过寄存器，传递规则如表 4-9 所示。

表 4-9 C51 函数返回值传递规则

返回类型	使用的寄存器	说　明
bit	C(进位标志)	由进位标志位返回
char 或 1 字节指针	R7	由 R7 返回
int 或 2 字节指针	R6,R7	高字节在 R6,低字节在 R7
long	R4～R7	高字节在 R4,低字节在 R7
float	R4～R7	32 位 IEEE 格式
一般指针	R1～R3	R3 为存储区,R1 为低地址

4.8.3 C51与汇编语言混合编程举例

通过下面的实例来示范C51与汇编语言混合编程的方法。

【例4-7】 对89C52单片机编写程序,实现从程序存储区连续读取数据,将其高、低位反转,然后把反转前后的数据分别从P1、P2口输出,分别控制8个LED显示1s进行对比;另外使用定时器T0,定时1ms产生中断,对P0.0引脚取反产生方波信号。并用Proteus绘制电路图,装载程序模拟运行,设单片机晶振频率为12MHz。

分析:对数据高低位反转功能、显示功能和中断服务功能,用汇编语言编程;对延时功能、定时器初始化,以及连续读取程序存储区数据,用C语言编程。用汇编语言和C语言各编写了3个函数实现这些功能。其电路和程序运行情况如图4-8所示。

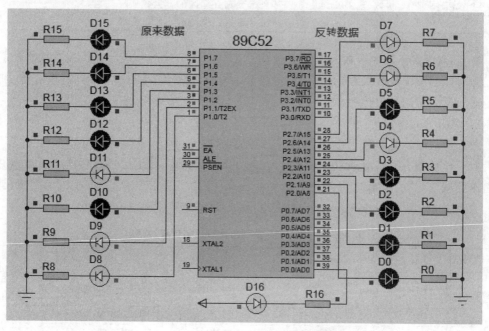

图4-8 字节数据高地位反转演示电路

对于中断和定时器,到后面的第6章、第7章才讲,在这里出现,主要是示范中断服务程序怎样在汇编语言中实现,因此,初学不必要求弄懂细节内容。

C语言程序内容如下:

```
#include<reg52.h>              //包含定义寄存器的头文件
#define uchar unsigned char    //定义宏变量简化unsigned char
#define  uint unsigned int
extern uchar reversal(uchar);  //声明外部(其他文件)定义的函数
extern void display(uchar,uchar);
uchar data timerl,timerh;      //定义全局变量,保存定时器T0的初值

void delayms(uint x)           //延时xms函数,设晶振频率为12MHz
{                              //误差约+16μs
```

```c
    uchar data i;
    while(x--)
        for(i = 0; i<123; i++);
}
void t0_init()                          //定时器 T0 初始化
{
    TMOD = 0x01;                        //设置 T0 以模式 1 定时
    timerl = (65536 - 1000)&0xff;       //定时 1000μs 的初值的低 8 位送 timerl
    timerh = (65536 - 1000)>>8;         //高 8 位送 timerh
    TL0 = timerl;                       //给 T0 赋初值的低 8 位
    TH0 = timerh;                       //给 T0 赋初值的高 8 位
    ET0 = 1;                            //开 T0 中断
    EA = 1;                             //开总中断
    TR0 = 1;                            //启动 T0 运行
}
void main(void)                         //主函数,从 code 区读数据、移位,并显示对比
{
    uchar data d1,d2;                   //定义一般变量
    uchar code * cpt;                   //定义指向 code 区域的 uchar 型指针变量

    t0_init();                          //调用定时器 T0 初始化函数
    cpt = 0x0000;                       //给指针赋地址值,指向程序存储区的开始
    while(1)
    {
        d1 = *(cpt++);                  //读取 1 个字节数据
        d2 = reversal(d1);              //调用函数,高地位反转存放
        display(d1,d2);                 //延时 1s,观察 P1、P2 口输出的变化
        if(cpt>0x0020)                  //读到 0x0020 地址返回到 0 地址
            cpt = 0x0000;
    }
}
```

汇编语言程序(文件名为 examp.asm)内容如下:

```
NAME    EXAMP                           ;定义模块名
?PR?TIMER0_INT?EXAMP    SEGMENT CODE    ;定义段
?PR?_REVERSAL?EXAMP     SEGMENT CODE
?PR?_DISPLAY?EXAMP      SEGMENT CODE

EXTRN   CODE(_DELAYMS)                  ;引用外部函数声明
EXTRN   DATA(TIMERL)                    ;引用外部变量声明
EXTRN   DATA(TIMERH)                    ;声明 TIMER0H 为外部变量,在 DATA 区
PUBLIC  _REVERSAL                       ;公共函数声明
PUBLIC  _DISPLAY                        ;声明_DISPLAY 为公共函数

CSEG    AT  000BH                       ;在代码空间选择一个绝对段,作为 T0 中断入口
```

```
            LJMP    TIMER0_INT              ;跳转到标号 TIMER0_INT 处

; 函数功能:定时器 T0 中断服务函数,对 P0.0 引脚取反产生方波信号,周期为 2ms
; 入口参数:无,给 T0 赋初值的为全局变量
; 返回参数:无
; 占用资源:P0.0;因为未使用寄存器,且操作不影响标志,故不需要有数据进栈
        RSEG    ?PR?TIMER0_INT?EXAMP        ;重定位 T0 中断服务子程序段
TIMER0_INT:
            MOV     TL0, TIMERL             ;给 T0 赋低 8 位初值(为)
            MOV     TH0, TIMERH             ;给 T0 赋高 8 位初值
            CPL     P0.0                    ;P0.0 取反产生方波信号,周期为 2ms
            RETI                            ;T0 中断服务子程序返回

; 函数功能:字节数据高低位反转
; 入口参数:被反转的数据,保存在 R7 中
; 返回参数:反转后的数据,保存在 R7 中
; 占用资源:A、R5、R6、R7、PSW;因为函数传递参数,故不改变使用的工作寄存器组,为 0 组
        RSEG    ?PR?_REVERSAL?EXAMP         ;重定位高、低位反转子程序段
_REVERSAL:
            USING   0                       ;使用第 0 组工作寄存器组
            PUSH    PSW                     ;PSW 数据进栈保存
            PUSH    ACC                     ;累加器 A 数据进栈保存
            PUSH    AR5                     ;AR5 是由"USING 0"确定的 R5 的地址
            PUSH    AR6                     ;第 0 组的第 6 个寄存器进栈
            MOV     R5,#8                   ;设置反转需要左右移位的次数
            CLR     A
            MOV     R6, A                   ;对 R6 清 0,用于存放反转后的数据
REVERS_LP:
            MOV     A, R7                   ;R7 存于 A 中,准备移位
            RLC     A                       ;带进位位左移 1 位
            MOV     R7, A                   ;移位后的数回存
            MOV     A, R6                   ;R6 存于 A 中,准备移位
            RRC     A                       ;带进位位右移 1 位,从 R7 移出的数进了 R6
            MOV     R6, A                   ;移位后的数回存
            DJNZ    R5,REVERS_LP            ;移位次数 R5 减 1,不为 0 转 REVERS_LP
            MOV     R7, A                   ;保存返回值于 R7 中,为被移位后的数
            POP     AR6                     ;数据出栈送 AR6,恢复原数据
            POP     AR5                     ;AR5 数据出栈
            POP     ACC                     ;加器 A 数据出栈
            POP     PSW                     ;PSW 数据出栈
            RET                             ;子程序返回
; 函数功能:对传递过来的数据送 P1、P2 口显示,并调用延时函数延时 1s
; 入口参数:两个参数在 R7、R5 中,分别为原来数据和反转后的数据
; 返回参数:无
; 调用延时函数传递参数:存于 R6、R7 中(R6 中为高字节),参数值为 1000,延时 1000ms
; 占用资源:R5、R6、R7;因为函数传递参数,故不改变使用的工作寄存器组(第 0 组)
        RSEG    ?PR?_DISPLAY?EXAMP          ;重定位显示子程序段
_DISPLAY:
            PUSH    06H                     ;R6 数据进栈保存
            MOV     P1, R7                  ;R7 送 P1 口控制 LED,高电平点亮 LED
            MOV     P2, R5                  ;R5 送 P2 口控制 LED,高电平点亮 LED
```

```
        MOV    R6, #3          ;调用函数第1个参数的高8位数据送R6
        MOV    R7, #232        ;调用函数第1个参数的低8位数据送R7
        LCALL  _DELAYMS        ;调用延时函数DELAYMS
        POP    06H             ;R6数据出栈
        RET                    ;子程序返回
        END                    ;汇编程序结束
```

对于上面的C语言程序文件,当用到汇编程序文件中的函数和变量时需要声明,其声明方法与声明C语言文件的方法一样,所以,C语言程序的各项内容都比较熟悉,对汇编程序的各项内容较生疏。

阅读本例汇编程序要注意以下几个方面:
① 供C语言调用的段(函数)的定义(声明)方法。
② 引用其他文件中的变量的声明方法和使用方法。
③ 引用其他文件中的函数的声明方法和调用方法。
④ 声明公共函数(子程序)、变量的方法。
⑤ 对中断服务函数的定位方法。
⑥ 段(函数)的重定位方法,段的结构即编写方法,入口参数的传递方法,返回参数的传递方法。
⑦ 调用函数时,所传递的参数的准备方法,返回参数的获得与使用方法。

本例题基本上涉及了混合编程中所有的问题,可以将本例题的汇编程序作为模板,复制建立自己的汇编语言文件,再根据实际对内容进行修改,加入到项目中即可应用。

思考题与习题

(1) 用C51编程较汇编语言有哪些优势?
(2) C51字节数据、整型数据以及长整型数据在存储器中的存储方式各是怎样的?
(3) C51定义一般变量的格式是什么?变量的4个属性是哪些?特别要注意哪一个属性?
(4) C51的数据存储区有哪些?各种存储区是在哪种存储空间?存储范围是什么?
(5) 如何将C51的变量或数组定义存储到确定的位置?
(6) 在C51中怎样把变量或数组定义在pdata、xdata区域中?
(7) C51位变量的定义格式是什么?什么情况下使用bit定义位变量?什么情况下使用sbit定义位变量?
(8) 怎样对bdata区域的字符型(整型)变量的各位定义成位变量?什么情况下需要这样做?
(9) 如何定义8位字节型特殊功能寄存器?如何定义16位特殊功能寄存器?如何定义特殊功能寄存器的位变量?
(10) C51专用指针变量定义的一般格式是什么?如何区分指针的指向存储区和指针变量本身存储的区域?指针变量本身存储的区域在缺省的情况下是什么区域?
(11) 在C51中,怎样访问data、pdata、xdata、code区域某个确定的地址单元?
(12) C51中的设备变量有哪些特征?用什么方式定义设备变量为好?

(13) C51 函数定义的一般形式是什么？如何定义中断处理函数？如何选择工作寄存器组？

(14) 在 C51 中，怎样嵌入汇编语言程序？编译之前需要做哪些设置？什么情况下适用这种混合编程？

(15) 在 C51 中，对汇编语言函数的命名规则是怎样的，具体地说：不传递参数的函数名格式是什么？通过寄存器传递参数的函数名格式是什么？传递参数的重入函数（通过堆栈传递参数）的函数名格式是什么？

(16) 在 C51 中，用寄存器传递函数参数的规则是什么？函数返回值传递的规则是什么？

(17) 在 C51 中如何定义模块名？在 C51 文件中的模块名是什么？

(18) 在汇编语言文件中，怎样声明函数？怎样声明公共函数？怎样声明引用函数？怎样声明引用变量？定义函数的格式是什么？

(19) 在 C51 的汇编语言文件中怎样把函数定义到确定的位置？

(20) 如何在 C51 文件和汇编语言文件中相互调用对方文件中的函数？

(21) 在某 C51 程序中需要定义如下变量：

① 定义共阴极数码管显示 0~9 的显示代码(0x3f,0x06,0x5b,0x4f,0x66,0x6d,0x7d,0x07,0x7f,0x6f)数组 dis_code，将其定义在 code 区。

② 定义给定时器/计数器 0 赋计数值的变量 T0_L 和 T0_H，将其定义在 data 区的 0x30,0x31 处。

③ 定义长度为 20 的无符号字符型数组 data_buf 于 idata 区中。

④ 定义长度为 100 的无符号字符型数组 data_array 于 xdata 区中。

(22) 先定义一个无符号字符型变量 status 于 bdata 区中，再定义 8 个与 status 的 8 个位对应的位变量 flag_lamp1、flag_lamp2、flag_machine1、flag_machine2、flag_port1、flag_port2、flag_calcu1 和 flag_calcu2（从低位到高位）。

(23) 在 89C52 单片机中增加了定时器/计数器 2(T2)，修改头文件 REG51.H，添加如下内容：

① 特殊功能寄存器 T2CON、T2MOD、RCAP2L、RCAP2H、TL2、TH2，地址分别为 0xc8~0xcd。

② 对 T2CON 的 8 个位分别定义位变量 CP_RL2、C_T2、TR2、EXEN2、TCLK、RCLK、EXF2 和 TF2（从低位到高位）。

③ 定义位变量 T2、T2EX 对应于 P1 口的第 0 位和第 1 位；定义位变量 ET2 对应于 IE（中断允许寄存器）的第 5 位；定义位变量 PT2 对应于 IP（中断优先级寄存器）的第 5 位。

④ 对 P1 口的 8 个位分别定义位变量 P1_0、P1_1、P1_2、P1_3、P1_4、P1_5、P1_6 和 P1_7（从低位到高位）。

(24) 编写一个 C51 函数，把入口参数（长度为 5 的无符号字符型数组，其元素为从键盘输入的个、十、百、千、万位数）转换成一个无符号整型数（假设未超出整型数范围），并将其返回。①按照数组中的低下标元素为低位数编写程序；②按照数组中的低下标元素为高位数编写程序。

(25) 编写一个 C51 函数，把入口参数（无符号整型数）按十进制数将其各位分离，分离后的各位数放在长度为 6 的无符号字符型数组中,其数组为用于显示的全局性数据。①按照低位数作为低下标元素编写程序;②按照高位数作为低下标元素编写程序。

(26) 编写一个 C51 程序,使用专用指针,把片外数据存储器中从 0x100 开始的 30 个字节数据,传送到片内从 0x30 开始的区域中。用 Keil C 编译并调试运行,观察、对比两个储存器中的数据。

(27) 编写一个 C51 程序,使用专用指针,把程序存储器中从 0x0000 开始的 30 个字节数据,传送到片内从 0x40 开始的区域中。用 Keil C 编译并调试运行,观察、对比两个储存器中的数据。

(28) 编写一个 C51 程序,实现从 P1 口输出,控制 8 个阴极接地的发光二极管显示流水灯,要求用汇编语言函数实现数据的左移或右移。参见图 1-34,用 Proteus 模拟运行。

(29) 在数字滤波中有一种"去极值平均滤波"技术,就是对采集的数据按照从大到小或者从小到大的顺序进行排序,然后去掉相同数目的最大值和最小值,对中间部分数据求算术平均值作为采样值。参考例 4-4 试编写一个函数,对传递过来(指向数据开始地址的指针 point)的 data 区域中的 num 个字节数据,去掉 len 个最大值和 len 个最小值,去极值平均滤波后将结果返回。

第 5 章 单片机 I/O 口及应用

CHAPTER 5

I/O 口是单片机非常重要的组成部分。本章在讲述单片机的 I/O 口结构原理的基础上，讲解了数码管、键盘、液晶显示器的结构原理、编程控制及应用。

键盘、数码管或液晶显示器是构成单片机应用系统的基本部分，并且与单片机的 I/O 口是一种简单连接（没有复杂的时序、复杂的寄存器），非标准接口（第 9 章为标准接口），属于 I/O 口的基本应用。通过本章内容的学习，为后面各章的学习及构建单片机应用系统奠定良好的基础。

5.1 单片机 I/O 口结构原理

MCS-51 单片机的 4 个 8 位端口都是准双向口，每个端口的每一位可以独立地用作输入或输出。每个端口都有一个锁存器（即端口映射寄存器 P0~P3）、一个输出驱动器和一个输入缓冲器。输出时，数据可以锁存，输入时数据可以缓冲。但这 4 个端口功能不完全相同，内部结构也有区别。

当单片机执行输出操作时，CPU 通过内部总线把数据写入锁存器。当单片机执行输入操作时分两种情况，一种情况是读取锁存器原来的输出值，另一种情况是打开端口的缓冲器读取引脚上的输入值，究竟是读取引脚还是读取输出锁存器，与具体指令有关的，后面讨论。

如果单片机系统没有扩展片外存储器，则 4 个端口都可以作为准双向通用 I/O 口使用。在扩展有片外存储器的系统中，P2 口输出高 8 位地址，P0 口为双向总线口，分时输出低 8 位地址、读入指令和进行数据输入/输出。

熟悉单片机的 I/O 口的逻辑电路，不但有利于正确合理使用端口，而且会对设计单片机的外围电路有所启发。下面从结构最简单的 P1 口开始讲解，依次到最复杂的 P0 口。

5.1.1 P1 口

P1 口是一个准双向口，用作通用 I/O 口。从结构上相对来说 P1 口最简单，其端口某一位的原理结构如图 5-1 所示，主要由输出锁存器、场效应管（FET）T 驱动器，控制从锁存器输入的

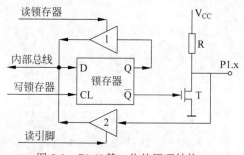

图 5-1 P1 口某一位的原理结构

三态缓冲器1,控制从引脚输入的三态缓冲器2,以及T上拉电阻R(实为一FET)等部分组成。

P1口的每一位都可以分别定义为输入或输出,既可以对各位进行整体操作,也可以对各位进行分别操作。

1. P1口输出

输出1时,将1写入P1口某一位的锁存器,使输出驱动器的场效应管T截止,该位的引脚由内部上拉电阻拉成高电平,输出为1。输出0时,将0写入锁存器,使场效应管导通,则输出引脚为低电平。由于P1口各位有上拉电阻,所以在输出高电平时,能向外提供拉电流负载,外部不必再接上拉电阻。

2. P1口输入

当P1口的某位用作输入时,该位的锁存器必须锁存输出1(该位先写1),使输出场效应管T截止,才能够正确输入,这时从引脚输入的值决定于外部信号的高低,引脚状态经"读引脚"信号打开的三态缓冲器2,送入内部总线。

如果输入时不向对应位先写1,有可能前面的操作使引脚输出0,场效应管T处于导通状态,引脚被箝位为0,这样,不管外部信号为何状态,从引脚输入的永远为0。单片机端口输入前必须先向端口输出1这种特性,称为准双向口。

对于单片机的P0、P1、P2、P3口作为通用I/O口使用时,都是准双向口。

P1口用作输入时,由于片内场效应管T的截止电阻很大(数十千欧),所以不会对输入的信号产生影响。

3. P1口作"读—修改—写"操作

关于读锁存器问题。在图5-1的上部有一个"读锁存器"信号,在CPU执行某些指令时,需要先从P1口读入数据,经过某些操作后,再从P1口输出,这样的操作称为"读—修改—写"操作。如指令INC P1,其操作过程为:先把P1口原来的值读入(读入的是锁存器中的值,而不是引脚的值),然后加上1,最后再把结果从P1口输出。表5-1给出了P0~P3口一些"读—修改—写"指令。对于单片机的P0、P2、P3口,都有类似的指令。

表5-1 Px口的"读—修改—写"指令

助 记 符	功　　能	实　　例
INC	增1	INC　P0
DEC	减1	DEC　P1
ANL	逻辑与	ANL　P2,A
ORL	逻辑或	ORL　P3,A
XRL	逻辑异或	XRL　P1,A
DJNZ	减1,结果不为0转	DJNZ　P2,LABEL
XCH	数据交换	XCH　A,P1
CPL	位求反	CPL　P3.0
JBC	测试位为1转并清0	JBC　P0.1,LABEL

5.1.2　P2口

P2口是一个双功能口,一是通用I/O口,二是以总线方式访问外部存储器时作为高8

位地址口。其端口某一位的结构如图 5-2 所示，对比图 5-1 可知，与 P1 口的结构类似，驱动部分基本上与 P1 口相同，但比 P1 口多了一个多路切换开关 MUX 和反相器 3。

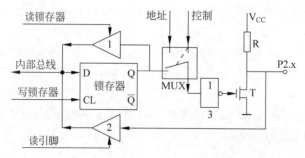

图 5-2　P2 口某一位的原理结构

1. P2 口用作通用 I/O 口

当 CPU 通过 I/O 口进行读/写操作（如执行 MOV A,P2 指令、执行 MOV P2,B 指令）时，由内部硬件自动使开关 MUX 拨向下边，与锁存器的输出端 Q 接通，这时 P2 口为通用 I/O 口，与 P1 口一样，即可随时进行输出，输入时要考虑其准双向口，先输出 1。

2. P2 口输出高 8 位地址

如果系统扩展有片外数据存储器，当进行总线读/写操作（执行 MOVX 指令）时，MUX 开关在硬件控制下拨向上边，P2 口输出高 8 位地址。对于 MOVX A,@Ri 或 MOVX @Ri,A 指令也一样，P2 口始终输出高 8 位地址。在执行 MOVX 指令时，P2 口不能作为一般 I/O 口使用。

如果使用外部程序存储器，CPU 从片外程序存储器每读一条指令，P2 口就输出一次高 8 位地址。由于 CPU 需要一直读取指令，P2 口始终要输出高 8 位地址，因此在这种情况下 P2 口不能够作为通用 I/O 口使用。

5.1.3　P3 口

P3 口是一个多功能口，其某一位的结构见图 5-3。与 P1 口的结构相比不难看出，P3 口与 P1 口的差别在于多了与非门 3 和缓冲器 4。正是这两个部分，使得 P3 口除了具有 P1 口的准双向 I/O 口的功能之外，还可以使用各引脚所具有的第二功能。与非门 3 的作用实际上是一个开关，决定是输出锁存器 Q 端数据，还是输出第二功能 W 的信号。

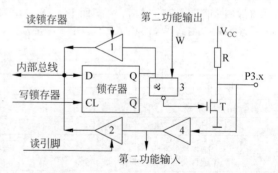

图 5-3　P3 口某一位的原理结构

1. P3 口用作通用 I/O 口

当使用 P3 口作为通用 I/O 口输出时，与非门 3 的 W 信号自动变高，为 Q 信号输出打开与非门，输出信号经过 T 从 P3 引脚输出。

当使用 P3 口作为通用 I/O 口输入时，与 P1 口一样，其准双向的特性应该先输出 1，这时与非门 3 的 W 信号也是自动为高，从 Q 端输出的高电平信号经与非门输出使 FET 截止，P3 引脚的电位取决于外部信号，这时的读引脚操作打开缓冲器 2，引脚状态经缓冲器

4(常开)、缓冲器2后进入内部总线。

2. P3口用作第二功能

当使用P3口的第二功能时,8个引脚有不同的意义,各个引脚的第二功能见表2-2。

当某位作第二功能输出时,该位的锁存器输出端被内部硬件自动置1,使与非门3对第二功能的输出是打开的。由表2-2可知,第二功能输出可以是TXD、$\overline{WR}$和$\overline{RD}$。例如,P3.7被选择为$\overline{RD}$功能时,则该位第二功能输出的$\overline{RD}$信号,通过与非门3和FET输出到P3.7引脚。

当某位作第二功能输入时,该位的锁存器输出端被内部硬件自动置1,并且W在端口不作第二功能输出时保持为1,则与非门3输出低,所以FET截止,该位引脚为高阻输入。P3口的第二输入功能可以是RXD、$\overline{INT0}$/GATE0、$\overline{INT1}$/GATE1、T0和T1等,此时端口不作通用I/O口,因此"读引脚"信号无效,三态缓冲器2不导通,这样,从引脚输入的第二功能信号,经缓冲器4后被直接送给相关设备做处理。

5.1.4 P0口

图5-4给出了P0口某一位的原理结构图。与P1口比较,多了一路总线输出(地址/数据)、总线输出控制电路(反相器3和与门4)、两路输出切换开关MUX及开关控制C,并且把上拉电阻换成了场效应管T1,以增加总线的驱动能力。

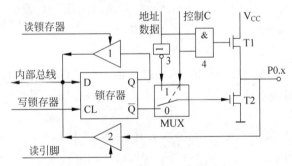

图5-4 P0口某一位的原理结构

当CPU使控制线C=0时,开关MUX拨向$\overline{Q}$输出端,P0口为通用I/O口;当C=1时,开关拨向反相器3的输出端,P0口作总线使用,分时地输出地址和数据。

1. P0口用作通用I/O口

如果单片机没有扩展程序存储器和数据存储器,CPU通过P0口进行读/写操作(执行MOV指令)时,由硬件自动使控制线C=0,封锁与门4,使T1截止。开关MUX处于拨向$\overline{Q}$输出端位置,把输出场效应管T2与锁存器的$\overline{Q}$端接通。同时,因与门4输出为0,输出级中的上拉场效应管T1处于截止状态,因此,输出级是漏极开路的开漏电路。这时,P0口可以作通用I/O口使用,但应外接上拉电阻,才能输出高电平。

P0口作为通用I/O口时,也是准双向口,在作输入之前,必须先输出1,使输出场效应管T2截止,方能正确输入。

P0口作为通用I/O口时,也有相应的"读—修改—写"指令,与P1口类似,不再赘述。

2. P0口用作地址/数据总线

当单片机扩展有外部程序存储器或数据存储器,CPU对片外存储器进行读/写(执行

MOVX指令,或$\overline{EA}=0$时执行MOVC指令)时,由内部硬件自动使控制线C=1,开关MUX拨向反相器3的输出端。这时,P0口为总线操作,分时地输出地址和传输数据,具体有两种情况。

1) P0口作为总线输出地址或数据

在扩展的程序存储器或数据存储器系统中,对于P0口分时地输出地址和输出数据,端口的操作是一样的。MUX开关把CPU内部的地址或数据经反相器3与驱动场效应管T2的栅极接通,输出1时,T1导通而T2截止,从引脚输出高电平;输出0时,T1截止而T2导通,从引脚输出低电平。

从图5-4中可以看出,上下两个FET处于反相状态,构成推拉式输出电路(T1导通时上拉,T2导通时下拉),大大提高了负载能力。所以只有P0口的输出可驱动8个LS型TTL负载。

2) P0口作为总线输入数据

P0口作总线操作时,控制线C=1,总是将开关MUX拨向反相器3的输出端。这时,为了能够正确读入引脚的状态,CPU使地址/数据自动输出1,使T2截止,T1导通。在进行总线输入操作时,"读引脚"信号有效,三态缓冲器2打开,引脚上的信号进入内部总线。

5.1.5 端口负载能力和接口要求

综上所述,P0口的输出级与P1~P3口的输出级在结构上是不同的,因此,它们的负载能力和接口要求也各不相同。

1. P0口

P0口与其他端口不同,它的输出级无上拉电阻。当把它用作通用I/O口时,输出级是开漏电路,故用其输出去驱动NMOS输入时要外接上拉电阻。用作输入时,应先向端口锁存器写1。

把P0口用作地址/数据总线时(系统扩展有ROM或RAM),则无须外接上拉电阻。作总线输入时,不必先向端口写1。P0口作总线时,每一位输出可以驱动8个LS型TTL负载(每个LS型TTL负载,输入高电平时,其电流为$20\mu A$,输入低电平时,其电流为$400\mu A$)。

2. P1~P3口

P1~P3口的输出级接有上拉负载电阻,它们的每一位输出可驱动4个LS型TTL负载。作为输入口时,任何TTL或NMOS电路都能以正常的方式驱动89C51系列单片机(CHMOS)的P1~P3口。由于它们的输出级接有上拉电阻,所以也可以被集电极开路(OC门)或漏极开路所驱动,而无须外接上拉电阻。

对于89C51系列单片机(CHMOS),端口当作输出口去驱动一个普通晶体管的基极(或TTL电路输入端)时,应在端口与基极之间串联一个电阻,以限制高电平时输出的电流。

P0~P3口作为通用I/O口时,都是准双向口,作输入时,必须先向对应端口写1。

5.2 I/O口输出——数码管及显示控制

单片机应用系统中使用的显示器主要有发光二极管显示器(Light Emitting Diode,LED,也称数码管)和液晶显示器(Liquid Crystal Display,LCD)。本节主要讲述数码管显示器的工作原理、接口及控制编程，主要应用单片机的端口输出功能。

5.2.1 数码管显示器结构原理

单片机中通常使用 7 段 LED 构成字型"8"，另外，还有一个小数点发光二极管，以显示数字、符号及小数点。这种显示器有共阴极和共阳极两种，如图 5-5 所示。发光二极管的阳极连在一起的(公共端 K0)称为共阳极显示器，阴极连在一起的(公共端 K0)称为共阴极显示器。一位显示器由 8 个发光二极管组成，其中，7 个发光二极管构成字型"8"的各个笔画(段)a～g，另一个小数点为 dp 发光二极管。当在某段发光二极管上施加一定的正向电压时，该段笔画即亮；不加电压则暗。为了保护各段 LED 不被损坏，须外加限流电阻。

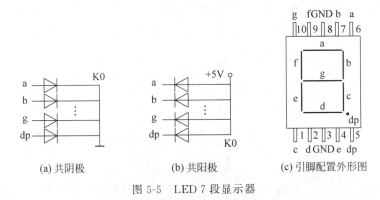

图 5-5 LED 7 段显示器

以共阴极 LED 为例，如图 5-5(a)所示，各 LED 公共阴极 K0 接地。若向各控制端 a，b，…，g，dp 顺次送入 11100001 信号，则该显示器显示"7."字型。

除上述 7 段"8"字型显示器以外，还有 14 段"米"字型显示器和发光二极管排成 $m\times n$ 个点矩阵的显示器。其工作原理都相同，只是需要更多的 I/O 口线控制。

共阴极与共阳极 7 段 LED 显示数字 0～F、"—"符号及"熄灭"的编码(a 段为最低位，dp 点为最高位)如表 5-2 所示。

表 5-2 共阴极和共阳极 7 段数码管显示字型编码表

显示字符	0	1	2	3	4	5	6	7	8
共阴极段码	3F	06	5B	4F	66	6D	7D	07	7F
共阳极段码	C0	F9	A4	B0	99	92	82	F8	80
显示字符	9	A	B	C	D	E	F	—	熄灭
共阴极段码	6F	77	7C	39	5E	79	71	40	00
共阳极段码	90	88	83	C6	A1	86	8E	BF	FF

注：以上为 8 段，8 段最高位为小数点段。表中为小数点不点亮段码。

5.2.2 数码管显示方式

数码管显示器有静态显示和动态显示两种方式。

1. 数码管静态显示方式

静态显示就是当显示器显示某个字符时，相应的段(发光二极管)恒定地导通或截止，直到显示另一个字符为止。例如,7 段显示器的 a、b、c 段恒定导通,其余段和小数点恒定截止时显示 7;当显示字符 8 时,显示器的 a、b、c、d、e、f、g 段恒定导通,dp 截止。

数码管显示器工作于静态显示方式时,各位的共阴极(公共端 K0)接地;若为共阳极(公共端 K0),则接+5V 电源。每位的段选线(a～dp)分别与一个 8 位锁存器的输出口相连,显示器中的各位相互独立,而且各位的显示字符一经确定,相应锁存的输出将维持不变。正因如此,静态显示器的亮度较高。这种显示方式编程容易,管理也较简单,但占用 I/O 口线资源较多。因此,在显示位数较多的情况下,一般都采用动态显示方式。

2. 数码管动态显示方式

在多位数码管显示时,为了简化电路,降低成本,将所有位的段选线并联在一起,由一个 8 位 I/O 口控制。而共阴(或共阳)极公共端 K 分别由相应的 I/O 线控制,实现各位的分时选通。如图 5-6 所示为 6 位共阴极数码管动态显示接口电路。

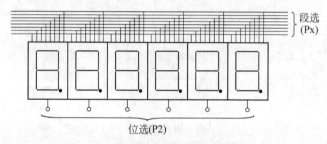

图 5-6　6 位数码管动态显示接口电路

由于 6 位数码管所有段选线皆由 P1 口(或其他口 Px)控制,因此,在每一瞬间,6 位数码管会显示相同的字符。要想每位显示不同的字符,就必须采用扫描方法轮流点亮各位数码管,即在每一瞬间只使某一位显示字符。在此瞬间,P1 口输出相应字符段选码(字形码),而 P2 口在该显示位送入选通电平(因为数码管为共阴,故应送低电平),以保证该位显示相应的字符。如此轮流,使每位分时显示各自应显示的字符。多位数码管的这种显示方式称为动态扫描显示。

段选码、位选码每送入一次后要有一定的延时,使其各段稳定点亮一段时间,延时应不少于 1ms。由于人眼有视觉暂留效应,时间约为 0.1s(100ms),所以只要每位在 0.1s 之内再次扫描点亮,每位显示的内容在人眼中就不会消失,为了确保显示稳定不闪烁,每秒钟每位扫描显示的次数应不少于 20 次(如早期的电视机帧频为 25 帧/秒)。

5.2.3　数码管显示控制

图 5-7 所示为 89C52 P0 口和 P2 口控制的 6 位共阴极数码管动态显示电路。图中,P0 口输出段选码,P2 口输出位选码,位选码占用输出口的引脚数决定于显示器的位数。图中 P0 口的上拉电阻(排电阻 RESPACK-8),使 P0 口能够输出高电位和有一定的驱动能力。

在 Proteus 下做仿真显示可以不用驱动,但是实际使用中,段信号和位信号都需要加驱动,如使用 74LS245,它是一种双向 8 位缓冲驱动器,应加在图 5-7 中虚线框的位置。

在实际应用中,数码管的亮度与排电阻的阻值有关,电阻小,驱动能力强,数码管亮度大,否则数码管亮度小,对上面的仿真电路反映不出来。排电阻参数的修改方法:打开 Edit Component 设置页面,对 Model Type 选择 ANALOG 项,然后在 Part Value 输入电阻值

图 5-7 6 位数码管动态显示电路

即可。

C 语言程序如下：

```c
#include<reg52.h>
unsigned char code LED[] = {0x3f,0x06,0x5b,0x4f,0x66,0x6d,0x7d,0x07,0x7f,
                            //共阴数码管显示段码
                 0x6f,0x77,0x7c,0x39,0x5e,0x79,0x71,0x40,0x00};
                            //0～9、A--F、-、全灭段码
unsigned char data disBuf[6] = {1,2,3,4,5,6};
                            //定义字形码和显示缓冲区
void display()              //数码管逐位扫描显示函数
{
    unsigned char i, scan = 0xfe;
    for(i = 0; i<6; i++)    //逐位扫描显示
    {   P2 = 0xff;          //各位关闭显示
        P1 = LED[disBuf[i]]; //段码送 P1 口
        P2 = scan;          //位码送 P2 口
        scan = (scan<<1) + 1; //位码右移 1 位
        delayms(5);         //延时 5ms,函数定义见例 2-2
    }  }
void main()                 //主函数,主要功能就是调用 display()保持数码管显示
{
    while(1)
    {
        display();          //调用数码管显示函数
        delayms(5);         //延时 5ms,代表有其他函数时的执行时间
    }  }
```

汇编语言程序如下。

```
        DISBUF  EQU    30H                     ; 定义缓冲区(30H~35H)首地址
        ORG     0000H
        LJMP    MAIN
        ORG     0030H
MAIN:                                           ; 主程序
        MOV     SP, #0DFH                       ; 设置堆栈指针,将其放在片内 RAM 高端
        MOV     30H, #1                         ; 给显示缓冲区写显示数据1~6
        MOV     31H, #2
        MOV     32H, #3
        MOV     33H, #4
        MOV     34H, #5
        MOV     35H, #6
MAINLP:                                         ; 循环体
        LCALL   DISP                            ; 调用数码管扫描显示子程序
        MOV     R7, #5                          ; 准备调用延时子程序入口参数,延时 5ms
        LCALL   DELAYMS                         ; 调用延时子程序,子程序定义见例 3-23
        SJMP    MAINLP                          ; 跳转到 MAINLP 处,作循环
DISP:                                           ; 数码管扫描显示子程序
        MOV     R0, #DISBUF                     ; 显示缓冲区首地址送 R0
        MOV     R2, #0FEH                       ; 位码 1111 1110B 送 R2
        MOV     R3, #6                          ; 6 位显示
        MOV     DPTR, #TAB                      ; DPTR 指向段码表,先点亮最左边 LED
DISLP:
        MOV     P2, #0FFH                       ; 各位关闭显示
        MOV     A, @R0                          ; 取显示数据
        MOV     CA, @A+DPTR                     ; 取出字形码
        MOV     P1, A                           ; 送出显示
        MOV     P2, R2                          ; 位码送 P2 口
        MOV     R7, #5                          ; 准备调用延时子程序入口参数,延时 5ms
        LCALL   DELAYMS                         ; 调用延时子程序,子程序定义见例 3-23
        INC     R0                              ; 数据缓冲区地址加 1
        MOV     A, R2
        RL      A                               ; 位码循环左移一位
        MOV     R2, A
        DJNZ    R3, DISLP                       ; 扫描位数减 1,不为 0 则循环
        RET                                     ; 从数码管扫描显示子程序返回
TAB:                                            ; 共阴数码管显示段码
        DB      3FH,06H,5BH,4FH,66H,6DH,7DH,07H,7FH  ; 显示 0~8 段码
        DB      6FH,77H,7CH,39H,5EH,79H,71H,40H,00H  ; 显示 9、A~F、-、全灭段码
```

5.3 I/O 口输入——键盘及按键识别

单片机应用系统通常都需要进行人-机对话。这包括人对应用系统的状态干预与数据输入等,所以应用系统大多数都有键盘。本节主要讨论键盘结构、特征及识别,主要应用单片机端口的输入功能。

5.3.1 键盘分类及按键识别

键盘是一组按键的集合,它是最常用的单片机输入设备。操作人员可以通过键盘输入数据或命令,实现简单的人-机通信。按键是一种常开型按钮开关。平时(常态时),按键的两个触点处于断开状态,按下键时它们才闭合(短路)。键盘分编码键盘和非编码键盘。键盘上闭合键的识别由专用的硬件译码器实现,并产生键编号或键值的称为编码键盘,如BCD码键盘、ASCII码键盘等;靠应用程序识别的称为非编码键盘。

在单片机组成的测控系统及智能化仪器中,用得最多的是非编码键盘。本节讨论非编码键盘的原理、接口技术和程序设计。

键盘中每个按键都是一个常开开关电路,如图5-8所示。

当按键K未被按下时,P1.0输入为高电平;当K闭合时,P1.0输入为低电平。通常按键所用的开关为机械弹性开关,当机械触点断开、闭合时,电压信号波形如图5-9所示。由于机械触点的弹性作用,一个按键开关在闭合时不会马上稳定地接通,在断开时也不会一下子断开。因而在闭合及断开的瞬间均伴随有一连串的抖动,如图5-9所示。抖动时间的长短由按键的机械特性决定,一般为5~10ms。这是一个很重要的时间参数,在很多场合都要用到。

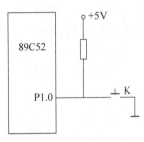

图 5-8 按键电路

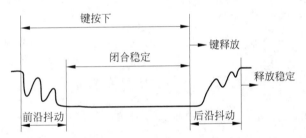

图 5-9 按键时的抖动

按键稳定闭合时间的长短则是由操作人员的按键动作决定的,一般为零点几秒。

键抖动会引起一次按键被误读多次。为了确保CPU对键的一次闭合仅做一次处理,必须去除键抖动。在键闭合稳定时,读取键的状态,并且必须判别;在键释放稳定后,再作处理。按键的抖动,可用硬件或软件两种方法消除。

如果按键较多,常用软件方法去抖动,即检测出键闭合后执行一个延时程序,产生12~20ms的延时,让前沿抖动消失后,再一次检测键的状态,如果仍保持闭合状态电平,则确认为真正有键按下。当确认有键按下或检测到按键释放后,才能转入该键的处理程序。

5.3.2 独立式键盘及按键识别

键盘结构可以根据按键数目的多少分为独立式和行列式(矩阵式)两类,独立式键盘适用于按键数目较少的场合,结构和处理程序比较简单。独立式按键是指各按键相互独立地接通一条输入数据线,如图5-10所示。这是最简单的键盘结构,该电路为查询方式电路。

当任何一个键按下时,与之相连的输入数据线即可读入数据0,即低电平,而没有按下

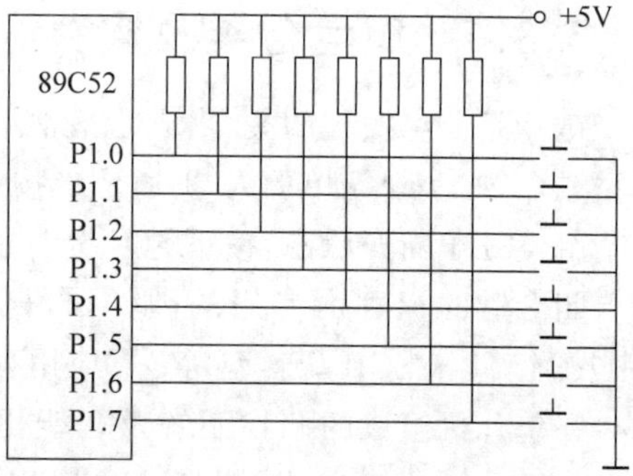

时读入 1,即高电平。要判别是否有键按下,用单片机的位处理指令十分方便。

这种键盘结构的优点是电路简单;缺点是当键数较多时,要占用较多的 I/O 线。

图 5-10 所示查询方式键盘的处理程序比较简单。实际应用中,P1 口内有上拉电阻,图中电阻可以省去。

【例 5-1】 设计一个独立式按键的键盘接口,并编写键扫描程序,电路原理图如图 5-10 所示,键号从上到下分别为 0~7。

C 语言程序如下:

```c
#include<reg52.h>
void key()                  //键盘识别函数
{
    unsigned char k;

    P1 = 0xff;              //输入时 P1 口置全 1
    k = P1;                 //读取按键状态
    if(k == 0xff)           //无键按下,返回
        return;
    delayms(20);            //有键按下,延时 20ms 去抖动,函数定义见例 2-2
    k = P1;
    if(k == 0xff)           //确认键按下,抖动引起,返回
        return;
    while(P1!= 0xff);       //等待键释放
    switch(k)
    {   case: 0xfe
        …                   //0 号键按下时执行程序段
        break;
        case: 0xfd
        …                   //1 号键按下时执行程序段
        break;
        …                   //2~6 号键程序省略,读者可自行添上
        case: 0x7f
        …                   //7 号键按下时执行程序段
        break;
    }
}
```

图 5-10 独立式键盘

汇编语言程序如下:

```
KEY:
    MOV    P1,#0FFH        ;P1 口为输入口
    MOV    A,P1            ;读取按键状态
```

```
        CPL     A                       ; 取正逻辑,高电平表示有键按下
        JZ      EKEY                    ; A = 0 表示无键按下,返回
        MOV     R7,#20                  ; 准备调用延时函数的入口参数
        LCALL   DELAYMS                 ; 延时 20ms 去抖,函数定义见例 3-23
        MOV     A,P1
        CPL     A
        JZ      EKEY                    ; 抖动引起,返回
        MOV     B,A                     ; 存键值
KEY1:
        MOV     A,P1                    ; 以下等待键释放
        CPL     A
        JNZ     KEY1                    ; 未释放,等待
        MOV     A,B                     ; 取键值送 A
        JB      ACC.0,PKEY0             ; K0 按下转 PKEY0
        JB      ACC.1,PKEY1             ; K1 按下转 PKEY1
        ...
        JB      ACC.7,PKEY7             ; K7 按下转 PKEY7
EKEY:   RET
PKEY 1:
        LCALL   K0                      ; K0 命令处理程序
        RET
PKEY 2:
        LCALL   K1                      ; K1 命令处理程序
        RET
        ...
PKEY 4:
        LCALL   K7                      ; K7 命令处理程序
        RET
```

由程序可以看出,各按键由软件设置了优先级,优先级顺序依次为 0~7。

5.3.3 行列式键盘及按键识别

行列式键盘适用于按键数目较多的场合,其结构排列成行列矩阵形式,如图 5-11 所示。按键的识别有行扫描法、行列对称查找法、行列反转法等方法。

行列式键盘的水平线(行线)与垂直线(列线)的交叉处各通过一个按键来连通。利用这种行列矩阵结构只需 M 条行线和 N 条列线,即可组成具有 $M \times N$ 个按键的键盘。

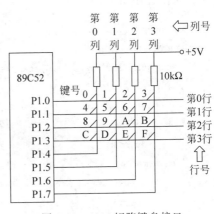

图 5-11 4×4 矩阵键盘接口

在这种行列矩阵式非编码键盘的单片机系统中,键盘处理程序首先判断是否有键按下,当确认有键按下后,再进一步就要识别是哪一个按键被按下。下面介绍两种常用的按键识别方法:逐行扫描法和行列对称查找法。

1. 行扫描法识别按键

1) 行扫描法原理

行扫描法按键识别的工作过程如下:

(1) 判断键盘中是否有键按下。
(2) 若有则延时去抖动。
(3) 逐行扫描,确定按下键所在的行。
(4) 对按下键的行逐列查找,确定按下键所在的列。
(5) 根据按下键的行、列值,确定按下键的键号(键的顺序编号)0,1,2,…,F。

关于判断键盘中是否有键按下的方法为(以图 5-11 所示的 4×4 键盘为例):由单片机 I/O 口向键盘行线输出扫描字 0000B,把全部行线置为低电平,然后读入列线的电平状态。如果无键按下,则读到列线的值全为高电平,即列线读入值全为 1;如果有按键按下,总会有一根列线被拉至低电平,即列线读入值不全为 1。

当确定有键按下后,需要找到所按下按键的行、列位置,行扫描法的原理为:依次向行线送低电平(如 1110B、1101B、1011B、0111B,第 0 行对应最右端位,第 3 行对应最左端位,从第 0 行向第 3 行依次扫描),然后读取列线状态。如果全为 1,则所按下的键不在此行,接着扫描下一行;如果不全为 1,则所按下的键必在此行,行扫描结束。

找到按键所在行之后,根据上面读取到的列线值,哪一列为 0,则所按下的键必在该列。

找到所按下按键的行、列位置后,对按键进行编码,即求得按键的键号。按图 5-11 所示的行列编号及键号,其键号与行、列号的关系为:

$$键号 = 列数 \times 行号 + 列号 \tag{5-1}$$

需要指出的是,按键的键号并不等于按键实际定义的功能,因此还要进行转换,可以借助查表或其他方法完成。如根据键号,在程序中执行相应的功能子程序,完成按键所定义的功能。

2) 行扫描法键盘识别程序

C 语言程序如下:

```
#include<reg52.h>
unsigned char key()              //键盘识别函数,有键按下返回键号 0~15,否则返回 0xff
{   unsigned char row,col = 0,scan,k = 0xff;    //定义行、列、行列扫描码、键号变量

    P1 = 0xf0;                   //各行全输出 0
    if(P1 == 0xf0)               //从 P1 口输入,判断输入值是否为 0xf0
        return k;                //无键按下,返回
    delayms(15);                 //延时 15ms 去抖动,函数定义见例 2-2
    if(P1 == 0xf0)               //再从 P1 口输入,判断输入值是否为 0xf0
        return k;                //抖动引起,返回
    scan = 0xfe;                 //准备行扫描码,从第 0 行开始
    for(row = 0; row<4; row++)   //逐行扫描
    {   P1 = scan;               //扫描值送 P1,某一行输出 0
        k = P1&0xf0;             //读 P1 口的值,低 4 位清 0、保留高 4 位的列值
        if(k!= 0xf0)             //如果各列值不全为 1,所按下键在该行
        {   scan = 0x10;         //准备列扫描码,从第 0 列开始
            for(col = 0; col<4; col++)  //查找按下键所在列,逐列扫描
            {   if((k&scan) == 0)       //如果当前列为 0,则已找到按下键的列号
```

```
                break;              //跳出列扫描循环
            scan<< = 1;             ///列扫描码左移1位,查找下一列
        }
        break;                      //跳出行扫描循环
    }
    scan = (scan<<1) + 1;           //行扫描码左移1位,查找下一行
}
k = 4 * row + col;                  //计算按下键的键号,等于行号 * 4 + 列号
P1 = 0xf0;
while(P1!= 0xf0);                   //等待键释放
return  k;                          //返回键号
}
```

汇编语言程序如下(返回值：在累加器 A 中,为键号)：

```
KEY:                            ; 有键按下返回键号 0～15,无键按下返回 0FFH
    LCALL   KEYPRESS            ; 调用查询是否有键按下子程序
    JZ      KEYEXIT             ; 无键按下,返回
    MOV     R7,#15              ; 准备调用延时函数的入口参数
    LCALL   DELAYMS             ; 延时 15ms 去抖动.函数定义见例 3-23
    LCALL   KEYPRESS
    JZ      KEYEXIT             ; 抖动引起,返回
KEYSTART:
    MOV     R0,#0               ; R0 作为行扫描计数器,开始为 0
    MOV     R3,#0FEH            ; R3 低 4 位为扫描字,高 4 位输入,为全 1
ROWSCAN:
    MOV     P1,R3               ; 输出行扫描字
    MOV     A,P1                ; 读列输入值
    MOV     R1,A                ; 暂存列输入值
    CPL     A
    ANL     A,#0F0H
    JNZ     COL                 ; 键在该行,转列处理 COL
    MOV     A,R3
    RL      A
    MOV     R3,A                ; 进行下一行扫描
    INC     R0
    CJNE    R0,#4,ROWSCAN       ; 4 次扫描未完成,转 ROWSCAN 否则返回
KEYEXIT:
    MOV     A,#0FFH             ; 无键按下时返回值 0FFH
    RET
COL:                            ; 列处理
    MOV     R2,#0               ; R2 作为列计数器,开始为 0
    MOV     R3,#10H             ; R3 为列扫描字暂存,高 4 位为扫描字
COLSCAN:
    MOV     A,R1                ; 取列输入值
    ANL     A,R3
    JZ      DCODEKEY            ; A = 0 则键在该列,转按键编码
    MOV     A,R3
    RL      A
```

```
        MOV     R3,A                    ;进行下一行扫描
        INC     R2
        CJNE    R2,#4,COLSCAN           ;4次扫描未完成,转COLSCAN否则返回
        SJMP    KEYEXIT
DCODEKEY:
        MOV     A,R0                    ;计算键号,行号送A
        RL      A
        RL      A
        ADD     A,R2                    ;行号×4+列号=键号,在A中
        PUSH    ACC                     ;键号进栈保存
WAITKEYUP:
        LCALL   KEYPRESS                ;等待键释放
        JNZ     WAITKEYUP
        POP     ACC                     ;键号出栈
        RET
KEYPRESS:
        MOV     P1,#0F0H                ;是否有键按下,有返回非0,无返回0
        MOV     A,P1
        XRL     A,#0F0H
        RET
```

2. 行列对称查找法识别按键

1) 行列对称查找法原理

行列对称查找法接口电路和扫描法的接口电路一样。需要注意的是,图5-11所使用的I/O口为P1口,内部有上拉电阻,因此列线的上拉电阻可以不用,如果使用P0口,则需要在行线和列线上都加上拉电阻。

行列对称查找法按键识别过程如下:

(1) 判断是否有键按下、延时去抖动、再判断是否有键按下(与行扫描法一样)。

(2) 从键盘端口的各个行线全部输出0而各列全输出1,然后从端口输入,得到列线值,其值只有对应按下键的列为0,其他列都是1,据此通过移位找到为0的列号。

(3) 从键盘端口的各个列线全部输出0而各行全输出1,然后从端口输入,得到行线值,其值只有对应按下键的行为0,其他行都是1,据此通过移位找到为0的行号。

(4) 计算按下键的键号,键号=列数×行号+列号。

2) 行列对称查找法识别按键程序

C语言程序如下:

```c
#include<reg52.h>
unsigned char key()                     //行列对称查找法键盘识别函数,有键按下返回0~15
{                                       //有键按下返回键号0~15,无键按下返回0xff
    unsigned char row = 0xff,col = 4,k = 0xff;   //定义行、列、返回值变量

    P1 = 0xf0;                          //行输出0,列输出1
    if(P1 == 0xf0)                      //读入的列值全为1则无键按下
        return k;                       //返回0xff
    delayms(15);                        //延时15ms去抖动,函数定义见例2-2
    if(P1 == 0xf0)                      //读入的列值全为1则无键按下
        return k;                       //抖动引起,返回0xff
```

```c
        k = P1;                    //读取列值,移到低4位
        do                         //查找列值中为0的列号
        {   col--;                 //查找的列数加1
            k <<= 1;               //列值左移1位,移出位送到进位标志位CY
        }while(CY);                //CY为1,未找到则循环;CY为0则找到,退出
        P1 = 0xff;P1 = 0x0f;       //列输出0,行输出1
        k = P1;                    //读取行值(在低4位,高4位为0)
        do                         //查找行值中为0的行号
        {   row++;                 //查找的行数加1
            k >>= 1;               //行值右移1位,移出位送到进位标志位CY
        }while(CY);                //CY为1,未找到则循环;CY为0则找到,退出
        k = row * 4 + col;         //计算键号
        while(P1!= 0x0f);          //查询键盘,等待按键释放
        return k;                  //返回按键号0~15
}
```

汇编语言程序如下(返回值:在累加器A中,为键号):

```
KEY:                              ; 有键按下返回键号0~15,无键按下返回0FFH
    LCALL   KEYPRESS              ; 调用查询是否有键按下子程序
    JZ      KEYEXIT               ; 无键按下,返回
    MOV     R7,#15                ; 准备调用延时子程序的入口参数
    LCALL   DELAYMS               ; 延时15ms去抖动.子程序见例3-23
    LCALL   KEYPRESS
    JNZ     KEYSTART              ; 有键按下转去处理
KEYEXIT:
    MOV     A,#0FFH               ; 无键按下返回0FFH
    RET
KEYSTART:
    MOV     A,P1                  ; 读取列值,在高4位,只有按下键对应列为0
    SWAP    A                     ; 列值交换到低4位
    MOV     R1,#0FFH              ; R1放查找的列号
KEYCOLLP:                         ; 查找为0的列号
    INC     R1                    ; 列号加1
    RRC     A                     ; 列值带进位右移1位,最低位移到进位位CY
    JC      KEYCOLLP              ; 进位位CY为1则未找到,继续查找
    MOV     P1,#0FH               ; P1口的各列输出0
    MOV     A,P1                  ; 读取行值,在低4位,只有按下键对应行为0
    MOV     R2,#0FFH              ; R2放查找的行号
KEYROWLP:                         ; 查找为0的行号
    INC     R2                    ; 行号加1
    RRC     A                     ; 行值带进位右移1位,最低位移到进位位CY
    JC      KEYROWLP              ; 进位位CY为1则未找到,继续查找
    MOV     A,R2                  ; R2中的行号给A
    RL      A                     ; 行号左移1位,相当于行号乘以2
    RL      A                     ; 行号再乘以2
    ADD     A,R1                  ; 再加上列号,A中是键号
    PUSH    ACC                   ; A中值进栈保存
WAITKEYUP:                        ; 查询按键是否释放
    LCALL   KEYPRESS              ; 等待按键释放
    JNZ     WAITKEYUP             ; 按键未释放,继续查询
```

```
        POP     ACC                 ;保存的键号出栈
        RET                         ;键盘扫描子程序返回
KEYPRESS:                           ;快速扫描,判断是否有键按下
        MOV     P1,#0F0H            ;是否有键按下,有返回非0,无返回0
        MOV     A,P1                ;读取列值
        XRL     A,#0F0H             ;读取值与输出值异或
        RET
```

5.3.4 中断方式扫描键盘

为了提高 CPU 的效率,可以采用中断扫描工作方式,即只有在键盘有键按下时才产生中断申请,CPU 响应中断,进入中断服务程序进行键盘扫描,并做相应处理。也可以采用定时扫描方式,即系统每隔一定时间进行键盘扫描,并做相应处理。

中断扫描工作方式的键盘接口如图 5-12 所示。该键盘直接由 89C52 P1 口的高、低 4 位构成 4×4 行列式键盘。键盘的行线与 P1 口的低 4 位相接,键盘的列线接到 P1 口的高 4 位。因此,P1.0~P1.3 作行输出线,P1.4~P1.7 作列输入线。对 P1.0~P1.3 各行输出 0,当有键按下时,$\overline{INT0}$ 端为低电平,向 CPU 发出中断请求,在中断服务程序调用上面的按键识别程序,得到按下键的键号。

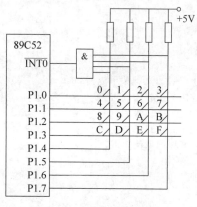

图 5-12 中断方式键盘接口

关于中断和中断服务程序,见第 6 章。

5.3.5 键盘应用举例

本例借用电话机键盘来介绍按键的处理。电话机键盘共有 12 个按键,0~9 为数字键,*和#为功能键。本例要求实现功能:数字键按下时得到相应的数字值,像计算器按键按下一样显示在数码管上,*键按下将数码管上显示的数字值退格处理,#键按下时将数码管上显示的数字值加倍显示。Proteus 模拟的硬件电路如图 5-13 所示,数码管使用共阳极的 7SEG-MPX8-CA-BLUE,键盘使用 KEYPAD-PHONE。

数码管的选择分析:对于选用的共阳极数码管,当 P0 口的某 1 位 P0.x 口输出 0 时,P0.x 引脚为低电平,外部电流流入使对应段点亮;当 P0.x 输出 1 时,P0x 引脚的电位不确定,但端口的驱动三极管是截止的,外部电流无法流入,对应段不亮。可见,使用共阳极数码管 P0 口不需要接上拉电阻,但使用共阴极数码管需要接上拉电阻。需要说明的是,在实际应用中,数码管的段和位都需要加驱动,P0 口就需要接上拉电阻了。

C 语言程序如下:

```c
#include<reg52.h>
#define BACK    10              //定义功能键键号
#define DOUBLE  11
unsigned char code LED[] = {0xc0,0xf9,0xa4,0xb0,0x99,0x92,0x82,0xf8,0x80,0x90,0xff};
                                //共阳极段码表
```

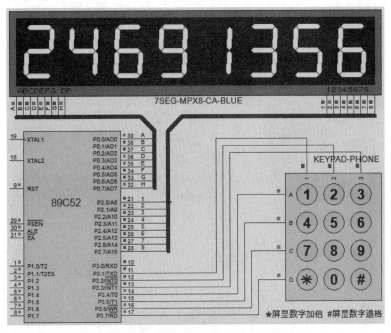

图 5-13　键盘应用举例硬件电路

```
unsigned char disBuf[8];
unsigned char code keyTable[ ] = {1,2,3,4,5,6,7,8,9,DOUBLE,0,BACK 0xff};
                            //键号对应按键功能表
void writeBuf(unsigned long disData)  //待显示数据写入显示缓冲区,disData<=99999999
{   unsigned char i = 7;
    do
    {   disBuf[i-- ] = disData % 10;
        disData/ = 10;
    }while(disData);
    while(i<7)
        disBuf[i-- ] = 10;          //高位 0 存入不显示字符
}
void display()                      //数码管扫描显示函数
{   unsigned char i;
    for(i = 0; i<8; i++)
    {   P2 = 0;                     //关闭显示,避免显示出现乱码
        P0 = LED[disBuf[i]];
        P2 = 1<<i;
        delayms(4);                 //延时 4ms,函数定义见例 2-2
    }   }
unsigned char key()                 //键盘识别函数,有键按下返回键功能码,无键按下返回 0xff
{   unsigned char row = 4,col = 0xff,k = 0xff;   //定义行、列、键号变量

    P3 = 0xf0;                      //列送 0,读行
```

```c
    if(P3 == 0xf0)
        return k;                    //无键按下,返回 0xff
    delayms(15);                     //延时 15ms 去抖动,函数定义见例 2-2
    if(P3 == 0xf0)
        return k;                    //抖动引起,返回 0xff
    k = P3;                          //读取行值,在高 4 位,低 4 位为 0
    do                               //查找行值中为 0 的行号
    {   row-- ;                      //查找的行数加 1
        k <<= 1;                     //行值左移 1 位,移出位送到进位标志位 CY
    }while(CY);                      //CY 为 1,未找到则循环; CY 为 0 则找到,退出
    P3 = 0xff;P3 = 0x0f;             //行送 0,读列
    k = P3; k >>= 1;                 /读取列值
    do                               //查找列值中为 0 的列号
    {   col++;                       //查找的列数加 1
        k >>= 1;                     //列值右移 1 位,移出位送到进位标志位 CY
    }while(CY);                      //CY 为 1,未找到则循环; CY 为 0 则找到,退出
    k = row * 3 + col;               //计算键号
    P3 = 0x0f;
    while(P3!= 0x0f)
        display();                   //等待按键释放
    return keyTable[k];              //返回实际按键功能码
}
void main()                          //主函数,循环调用显示函数、键盘函数,对按键做处理
{   unsigned char k;
    unsigned long value;
    bit numFlag = 0;                 //数字输入标志

    writeBuf(0);                     //显示缓冲区填 0
    while(1)
    {   display();
        k = key();
        if(k!= 0xff)                 //有键按下
        {   if(k<10)                 //数字键处理
            {   if(numFlag == 0)
                {   numFlag = 1;     //输入第 1 位数
                    value = 0;
                }
                value = value * 10 + k;
                if(value<= 99999999)
                    writeBuf(value);
                else value/ = 10;    //超过 8 位数则不接受输入
            }
            else if(k == BACK)       //退格键处理
```

```
        {   value/ = 10;
            writeBuf(value);
        }
        else if(k == DOUBLE)      //加倍键处理
        {   value * = 2;
            if(value<= 99999999)
                writeBuf(value);
            else value/ = 2;       //乘以 2 超过 8 位数则不再乘以 2
            numFlag = 0;
}   }   }   }
```

5.4 液晶显示器及控制

液晶显示器(LCD)具有功耗低、体积小、重量轻、超薄等许多其他显示器无法比拟的优点,近几年来被广泛用于单片机控制的智能仪器、仪表和低功耗电子产品中。LCD 可分为段位式 LCD、字符式 LCD 和点阵式 LCD。

不同型号的 LCD 接口方式区别较大,这里以 Proteus 仿真软件中 LM016L 为例,讲述字符式 LCD 的显示原理及接口。

LM016L 显示的内容为 16×2,即可以显示两行,每行 16 个字符,和字符型 LCD1602 完全一样。目前市面上字符液晶屏大多采用 HD44780 控制器,因此,基于 HD44780 写的控制程序可以很方便地应用于市面上大部分的字符型液晶显示器。本节不仅用到单片机的整个 8 位端口输入、输出,还会用到按位输入、输出。

5.4.1 LM016L 引脚信号

LM016L 的引脚信号见图 5-14,各引脚功能如下。

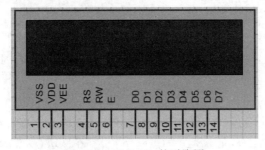

图 5-14 LM016L 的引脚图

VSS:电源地接入端。
VDD:5V 电源正极接入端。
VEE:对比度调整电压接入端。通过一个接 5V 电源和地的 10kΩ 的电位器调节。
RS:指令、数据寄存器选择信号,输入。1 表示选择数据寄存器,D0~D7 输入的应该为数据(显示字符的代码);0 表示选择指令寄存器,D0~D7 输入的应为指令。
R/W:读写控制信号,输入。1 表示从 LCD 读取状态信息(包括光标地址);0 表示向

LCD 写入指令(包括显示地址)或显示的数据。

E：使能信号，输入。读操作时高电平有效，写操作时下降沿有效。

D0～D7：双向 8 位数据线。

A：背光电源正极接入端。

K：背光电源负极接入端。

5.4.2 LM016L 操作指令

LM016L 液晶模块内部的控制器共有 11 条控制指令，如表 5-3 所示。

表 5-3 LM016L 控制命令表

指令编号	指令功能	操作信号		指令代码或参数							
		RS	R/W	D7	D6	D5	D4	D3	D2	D1	D0
1	清屏，光标回到 00H 位置	0	0	0	0	0	0	0	0	0	1
2	光标复位，回到 00H 位置	0	0	0	0	0	0	0	0	1	*
3	光标和显示模式	0	0	0	0	0	0	0	1	I/D	S
4	显示开关控制	0	0	0	0	0	0	1	D	C	B
5	光标或字符移位	0	0	0	0	0	1	S/C	R/L	*	*
6	设置总线宽、显示行、字点阵	0	0	0	0	1	DL	N	F	*	*
7	设置字符发生存储器地址	0	0	0	1	字符发生存储器 CGRAM 地址						
8	设置数据存储器地址	0	0	1	显示数据存储器 DDRAM 地址							
9	读忙标志和地址	0	1	BF	计数器地址							
10	写数据到 CGRAM 或 DDRAM	1	0	要写的数据内容								
11	从 CGRAM 或 DDRAM 读数据	1	1	读出的数据内容								

LM016L 液晶模块的读写、屏幕和光标的操作，都是通过指令编程来实现的。相关指令说明如下。

指令 3：光标和显示模式设置。I/D：光标移动方向，置 1 右移，清 0 左移。S：屏幕上所有文字左右移动控制，置 1 可移动，清 0 不可移动。

指令 4：显示开关控制。D：控制整体显示的开与关，置 1 开显示，清 0 关显示。C：控制光标的开与关，置 1 显示出光标，清 0 无光标。B：控制光标是否闪烁，置 1 光标闪烁，清 0 光标不闪烁。

指令 5：光标或字符移位。S/C：置 1 表示移动字符，清 0 表示移动光标。

指令 6：功能设置命令。DL：置 1 为 8 位总线，清 0 为 4 位总线。N：置 1 为双行显示，清 0 为单行显示。F：置 1 显示 5×10 的点阵字符，清 0 显示 5×7 的点阵字符。

指令 9：读忙信号和光标地址。BF：为忙标志位，为 1 表示忙，此时模块不能接收命令或者数据，为 0 表示不忙。低 7 位为读出的光标地址。

5.4.3 LM016L 存储器

HD44780 内置了 DDRAM、CGROM 和 CGRAM。

1) 显示数据存储器(DDRAM)

DDRAM 就是显示数据 RAM，用来寄存待显示的字符代码。见指令 8，使用 7 位表示，共 80H 个地址,LM016L 共有两行,每行 16 个字符,所以只使用了 32 个地址,其地址和屏幕的对应关系如表 5-4 所示。

表 5-4 DDRAM 地址和屏幕行列的对应关系

	显示位置	1	2	3	4	…	15	16
DDRAM	第一行	00H	01H	02H	03H	…	0EH	0FH
地址	第二行	40H	41H	42H	43H	…	4EH	4FH

在指令 8 中,D7 位为 1,所以要想在 DDRAM 的 00H 地址处显示数据(即第一行第一列),则必须将 00H 加上 80H,即 80H,若要在 DDRAM 的 41H(即第二行第二列)处显示数据,则必须将 41H 加上 80H 即 C1H,以此类推。

2) 常用字符点阵码存储器(CGROM)

CGROM 是液晶模块内部的字符发生存储器,LM016L 内部已经存储了 160 个不同的点阵字符图形,这些字符有阿拉伯数字、英文字母的大小写、常用的符号和日文假名等,每一个字符都有一个固定的代码,比如大写的英文字母"A"的代码是 01000001B(41H),显示时模块把地址 41H 中的点阵字符图形显示出来,我们就能看到字母"A"。因为 LM016L 识别的是 ASCII 码,所以可以用 ASCII 码直接赋值,在单片机编程中还可以用字符型常量或变量赋值,如'A'。当我们把字符的 ASCII 码送入 DDRAM 相应地址时,就在 LCD 的相应位置显示该字符。

3) 自定义字符点阵码存储器(CGRAM)

CGRAM 是用户自定义字符发生存储器,用来存放用户自定义字符的点阵信息,该存储器共有 6 位地址,64 个存储单元(不同厂家的产品数量不同),每个字符使用 8 个存储单元存放点阵,所以该区域可以存放 8 个字符的内容,和 CGROM 中字符的统一编码一样,字符码为 0～7。当把该编码送入 DDRAM 某个地址时,就在 LCD 的相应位置显示出自定义的字符。

设置自定义字符点阵码的方法是:先用指令 7 向 LCD 写入点阵码存于 CGRAM 的地址(由表 5-3 中的指令 7 可知,地址为 40H～7FH);然后以写数据的方式,向 LCD 写入存于 CGRAM 的字符点阵码(点阵字节取的方法是按行从上到下,左边为低位数)。

5.4.4 LM016L 基本操作函数

LM016L 显示器的基本操作函数如下:

```
//lcd.c 文件
#include<reg52.h>
#include<intrins.h>
#define   LCDDATA   P2                  //LM016L 的数据线
#define delay5us(n) {   unsigned char i; \
                    for(i = 0; i<n; i++)\
                     _nop_(); }         //延时 5n(μs)宏定义,12MHz 时钟时误差均为 + 2μs

sbit RS = P3^0;                         //LM016L 的数据/指令选择控制线
sbit RW = P3^1;                         //LM016L 的读写控制线
sbit EN = P3^2;                         //LM016L 的使能控制线
```

```c
    sbit BF = LCDDATA^7;                    //读LM016L状态线

    bit LcdBusy()                           //读LM016L忙状态函数
    {                                       //返回值
        RS = 0;                             //选择指令寄存器
        RW = 1;                             //选择写
        EN = 1;                             //使能
        BF = 1;                             //状态位设置为输入
        delay5us(4);
        F0 = BF;                            //读状态存于PSW.5位
        EN = 0;
        return F0;
    }
    void LcdWriteCommand(unsigned char com) //LM016L写命令函数
    {   while(LcdBusy());                   //LM016L忙时等待
        RS = 0;                             //选择指令寄存器
        RW = 0;                             //选择写
        LCDDATA = com;                      //把命令字送入数据口
        EN = 1;                             //使能线电平变化,命令送入LM016L的8位数据口
        delay5us(4);                        //延时,让LM016L准备接收数据
        EN = 0;
    }
    void LcdWriteData(unsigned char dat)    //LM016L写数据函数
    {   while(LcdBusy());
        RS = 1;                             //选择数据寄存器
        RW = 0;                             //选择写
        LCDDATA = dat;                      //把要显示的数据送入数据口
        EN = 1;                             //使能线电平变化,数据送入LM016L的8位数据口
        delay5us(4);                        //延时,让LM016L准备接收数据
        EN = 0;
    }
    void LcdInit()                          //1602初始化函数
    {
        LcdWriteCommand(0x38);              //8位数据,双行显示,5×7字形
        LcdWriteCommand(0x0c);              //开启显示屏,关光标,光标不闪烁
        LcdWriteCommand(0x06);              //显示地址递增,即每写一数据,显示位置后移一位
        LcdWriteCommand(0x01);              //清屏
        delayms(10);                        //延时,函数定义见例2-2
    }
```

5.4.5 LM016L应用编程

在LM016L上显示字符和数字,显示结果如图5-15所示。C语言程序如下:

```c
//main.c文件
#include<reg52.h>
extern void LcdInit();                              //LCD操作函数定义见上面lcd.c文件
extern void LcdWriteCommand(unsigned char com);
extern void LcdWriteData(unsigned char dat);
unsigned char * disBuf=" I love MCU  0123456789ABCDEF";
void main()                                         //主函数
```

```
{   unsigned char i;
    LcdInit();
    LcdWriteCommand(0x80);              //在LCD第一行上显示
    for(i = 0; i<16; i++)
        LcdWriteData(disBuf[i]);        //显示前16个字符
    delayms(10);                         //延时10ms,否则不显示.函数定义见例2-2
    LcdWriteCommand(0xc0);              //在LCD第二行上显示
    for(; i<32; i++)                     //显示后16个字符
        LcdWriteData(disBuf[i]);
    while(1);
}
```

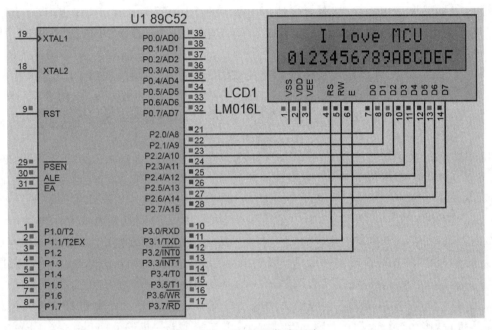

图 5-15　LCD 应用仿真电路

思考题与习题

(1) 对于 MCS-51 单片机,读端口锁存器和"读引脚"有何不同？各使用哪些指令？

(2) MCS-51 单片机的 P0～P3 口结构有何不同？用作通用 I/O 口输入数据时应注意什么？

(3) P0 口用作通用 I/O 口输出数据时应注意什么？

(4) 简述多位 LED 数码管动态显示的方法。

(5) 为什么要消除键盘的机械抖动？消除抖动有哪些方法？

(6) 简述行扫描法识别行列式键盘按键的方法。

(7) 简述行列快速扫描法识别行列式键盘按键的方法。

(8) 参照图 1-34,使用 Proteus 画电路,用单片机的 P0 口控制 8 个 LED,在 Keil C 下创建项目 xiti5-8,对 1.5.3 节中的程序做修改,使点亮两个 LED 循环右移显示,对程序编译链接产生可执行文件 xiti5-8.hex，装载单片机，模拟运行并观察，如果不显示或不正确，分析原因并做修改，使其正确显示。

（9）使用 89C52 单片机的 P3 口接 8 个按钮，按钮的另一端接地，单片机的 P0 口接 8 个 LED 的阴极，另一端接电阻、电源，编写程序，读取按钮的状态，从 P0 口输出显示，使用 Proteus 绘制电路、仿真运行，观察运行情况。

（10）把 89C52 单片机的 P0、P2 口连接起来，编写程序，从 P2 口输出数据（连续的 ASCII 码），从 P0 输入数据。把 F1 位（PSW.1）作为数据的标志，对 P2 口来说，发送数据之前先要查询 F1 是否为 0，为 0 表明发送的数据已经读取，可再次发送，发送之后，对 F1 置 1；对 P0 来说，查询 F1 是否为 1，为 1 表明有数据发送过来，可以读取，读取之后，对 F1 清 0。间隔 1s 查询 1 次，为 P2、P0 交替查询（对 P2 仅查询 F1 是否为 0，对 P0 仅查询 F1 是否为 1）。为了观察传送的数据，可以在 P3 口接 8 个 LED，LED 的阳极接 P3 口，阴极接地。使用 Proteus 绘制电路、仿真运行，观察运行情况。

（11）用甲乙两个单片机实现通过 I/O 传输数据的功能。把它们的 P2 口连接，甲发送、乙接收数据，并且把它们的 P30、P31、P32 连接，分别作为发送了数据、接收到数据、请求发送数据的联络信号（前者由甲发出，后两个由乙发出），低电平有效。双方联络与数据传输过程如下：

对于甲方，当查询到自己的 P32 为低（有效电平），则通过 P2 口输出 1 个连续的 ASCII 码，并且从 P30 发送出低电平信号；当查询到 P31 为低电平，则得知乙已经读取了 P2 口的数据，从 P30 发送出高电平的无效信号。对于乙方，当查询到 P30 为低电平，则从自己的 P2 口读入数据，然后从 P31 发送出低电平信号，表示已经读取了数据，同时从 P32 发送出高电平的无效信号，表示撤销请求发送信号；当查询到 P30 为高电平，则从 P31 发送出高电平的无效信号，至此，表明一次数据传输结束。每间隔 1s，乙方从 P32 发送出低电平信号，请求甲方发送数据（这就是数据流控制，在实际中的实际间隔由程序控制）。

编写甲乙两个单片机的不同程序，在 Proteus 下绘制电路，把两个程序分别下载到对应的单片机中，仿真运行。为了观察运行情况，可以在两个单片机的 P0 口接 8 个 LED，分别显示出发送和接收的数据。

（12）对于第（11）题的联络信号，去掉中间那个"收到数据"的应答信号 P31，只要发送了数据信号 P30、请求发送数据信号 P32，其他都一样。编写两个单片机的程序，然后使用 Proteus 绘制电路、仿真运行，观察运行情况。

（13）仿照第（12）题，再加一个 P37 仲裁信号线，实现两个单片机之间的双向数据传输。当某个单片机需要发送数据时先查询 P37 的状态（先输出 1 再读入），如果为低，则等待，自己处于接收方，按照接收方使用 P30、P32 信号，接收数据；如果查询到 P37 为高，则从 P37 引脚输出 0 使仲裁线变低，自己变为发送方，按照发送方使用 P30、P32 信号，发送数据。可以用 P36 引脚对地接一按钮，改变原来收发双方的角色。使用 Proteus 绘制电路、仿真运行，观察运行情况。这种情况两个单片机程序是一样的，主需要编写一个程序。

（14）设计一个 89C52 单片机应用系统，使用 6 位共阴极数码管显示器，其段和位分别由 P0 口和 P2 口控制，各段用上拉电阻做限流，各位用 74LS245 驱动，并编写能够显示 0～9、A～F 的十六进制数的函数。使用 Proteus 绘制电路、仿真运行。

（15）设计一个 89C52 单片机应用系统，使用 6 位共阳极数码管显示器，其段和位分别由 P0 口和 P2 口控制,各位用 74LS245 驱动,并编写能够显示 0~9、A~F 的十六进制数的函数。使用 Proteus 绘制电路、仿真运行。

(16) 某个 89C52 单片机应用系统的 P1 口连接一个 3 行 5 列的矩阵式键盘,用行扫描法编写识别按键的函数,无键按下返回 0xff,有键按下返回按下键的键号(0~14)。

(17) 某个 89C52 单片机应用系统的 P1 口连接一个 3 行 5 列的矩阵式键盘,用行列快速扫描法编写识别按键的函数,无键按下返回 0xff,有键按下返回按下键的键号(0~14)。

(18) 某个 89C52 单片机应用系统的 P1 口连接一个 m 行 n 列的矩阵式键盘,用行扫描法编写一个通用的识别按键的函数,无键按下返回 0xff,有键按下返回按下键的键号($0 \sim m \times n - 1$)。

(19) 某个 89C52 单片机应用系统的 P1 口连接一个 m 行 n 列的矩阵式键盘,用行列快速扫描法编写一个通用的识别按键的函数,无键按下返回 0xff,有键按下返回按下键的键号($0 \sim m \times n - 1$)。

(20) 某个 89C52 单片机应用系统的按键较多,P2、P3 口分别连接一个 m 行、n 列的矩阵式键盘,用行列快速扫描法编写一个通用的识别按键的函数,无键按下返回 0xff,有键按下返回按下键的键号($0 \sim m \times n - 1$)。设 $4 < (m, n) < 8$,并且 P2、P3 口都是从最低位开始连续使用。

(21) 使用 Proteus 设计一个 89C52 单片机应用系统,系统包含键盘和数码管显示电路,用 P1 口控制 16 个按键,用 P0 和 P2 口分别控制 6 位数码管的段和位,各段用上拉电阻做限流,各位用 74LS245 驱动。用 Keil C 编写程序,实现扫描识别键盘按键、扫描显示数码管的功能,并且把按下的键的键号显示在数码管上,每按下一次键,显示的数左移 1 位。

(22) 修改第(21)题的应用,将显示改为字符式 LCD 显示,其他要求不变。

(23) 将 5.3.5 节中的例子改为使用 LM016L 液晶显示器显示,其他要求不变,用 Keil C 编写程序,用 Proteus 仿真。

第 6 章 单片机中断系统

CHAPTER 6

本章主要介绍单片机中断系统的结构和原理,以及外部中断和外部中断的应用。中断系统是单片机的重要组成部分,在实时控制、故障处理、数据传输等方面都有非常重要的作用。

6.1 中断系统概述

6.1.1 中断的基本概念

当 CPU 正在执行某段程序的时候,突然发生的某一事件要求 CPU 立刻处理,CPU 暂时停止当前执行的程序,转去处理突发事件,处理完该事件后,再返回到被暂时停止的程序继续执行,这个过程就叫作中断。中断的过程如图 6-1 所示。

引发中断的事件叫作中断源。中断源向 CPU 发出的处理请求叫中断请求或中断申请。

CPU 暂时中止正在处理的事情,转去处理突发事件的过程,称为 CPU 的中断响应过程。

实现中断功能的部件称为中断系统,又称中断机构。

CPU 响应中断后,处理中断事件的程序称中断服务程序。

在 CPU 暂时中止执行的程序中,因中断将要执行而未执行的指令的地址称为中断断点,简称断点。

CPU 执行完中断服务程序后,回到断点的过程称为中断返回。

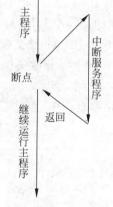

图 6-1 中断过程

6.1.2 中断的功能

中断的主要功能有以下三方面。

1. CPU 与外设同步工作

在有中断系统的计算机中,当需要传输数据时,CPU 无须查询外设状态,外设准备就绪后主动向 CPU 发出中断请求。CPU 传输数据后继续运行主程序,同时外设处理数据。这样就实现了 CPU 和外设的同步工作,提高了 CPU 效率。

2. 实时处理

利用中断系统，单片机可以对现场采集到的数据立刻进行处理，对被控对象做出及时响应。

3. 故障处理

计算机系统在运行过程中，如果出现了故障，故障源可以通过中断系统立刻向 CPU 发出中断请求。CPU 根据预先设定好的中断服务程序对故障进行处理而不必停机，从而提高了计算机系统的可靠性。

6.2 中断系统结构与原理

6.2.1 中断系统结构

MCS-51 单片机（简称 51 单片机）的中断系统由中断源、中断触发选择（外中断）、中断标志、中断允许控制、中断优先级控制、中断优先级查询等部分构成。

典型 51 单片机有 5 个中断和 6 个中断源，5 个中断分别是两个外部中断、定时器/计数器 0 溢出中断、定时器/计数器 1 溢出中断以及串行口中断。串行口中断包含了串行口发送中断和串行口接收中断两个中断源，共 6 个中断源。

增强型 51 单片机增加了定时器 2 和它的中断。定时器/计数器 2 有两个中断源，一个是定时器/计数器 2 溢出中断，第一个是定时器/计数器 2 外部引脚触发中断，所以增强型 51 单片机共有 8 个中断源。

增强型 51 单片机的中断系统结构如图 6-2 所示。

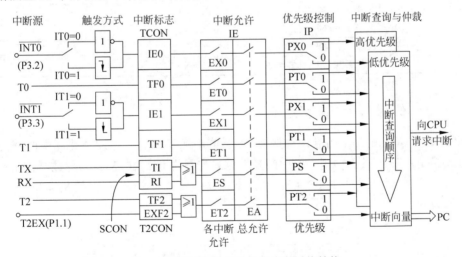

图 6-2 增强型 51 单片机的中断系统结构

6.2.2 中断系统原理

中断源产生中断请求后，中断请求经过中断触发、中断标志、中断允许控制、中断优先级控制、中断优先级查询等电路，最终被 CPU 响应。中断请求从中断源到 CPU 响应的传递过程中所经过的线路叫作中断通道。

串行口的发送中断 TX 和接收中断 RX 之一或者同时产生,在设置中断标志后,就合并到一个中断通道中了,叫作串行口中断。同样,定时器/计数器 2 的两个中断源之一或者同时产生,也合并到一个中断通道中了,叫作定时器/计数器 2 中断。

中断标志是中断请求产生后设置的供 CPU 查询的标志,中断标志被储存在几个寄存器中。我们可以通过查询这几个寄存器,看看有没有中断发生。但是有中断标志,CPU 不一定会去响应,中断响应会受到中断允许和中断优先级等条件的制约。最终某一时刻,只会有一个中断被 CPU 响应。

为了方便区分,每一个中断都有一个唯一的编号。这个编号叫作中断号。在 51 单片机 C 语言编程中,这个编号用来区分中断服务程序。同时这个编号还代表着自然优先级的高低。在 51 单片机的程序存储器中,每一个中断的中断服务程序的入口地址是固定不变的。因为当某一个中断被响应时,硬件会自动把对应的中断入口地址给 CPU,CPU 会跳转到这个地址去执行,执行的是中断服务程序。中断入口地址也叫作中断向量。

中断号、中断服务程序的入口地址和中断通道是一一对应的。中断号、中断服务程序的入口地址、中断通道、中断源和中断请求标志的对应关系如表 6-1 所示。

表 6-1 增强型单片机中断通道、中断源、中断请求标志和中断入口地址关系表

中断(通道)名称	中断源	中断请求标志	中断号	中断入口地址
外部中断 0	$\overline{INT0}$(P3.2)引脚触发	IE0	0	0003H
定时器/计数器 0	T0 计数溢出	TF0	1	000BH
外部中断 1	$\overline{INT1}$(P3.3)引脚触发	IE1	2	0013H
定时器/计数器 1	T1 计数溢出	TF1	3	001BH
串行口	接收到一帧数据	RI	4	0023H
	发送完一帧数据	TI		
定时器/计数器 2	T2 计数溢出	TF2	5	002BH
	T2EX(P1.1)引脚触发	EXF2		

6.2.3 外部中断触发方式

MCS-51 单片机的外中断有两种触发方式,电平触发和边沿触发。外部中断 0 的中断触发方式控制位 IT0,外部中断 1 的中断触发方式控制位 IT1,在定时器/计数器控制寄存器 TCON 中。TCON 的格式如图 6-3 所示,该寄存器的地址为 88H,可以按位读写操作,复位后的初值为 00H。

TCON	D7	D6	D5	D4	D3	D2	D1	D0
(88H)	TF1	TR1	TF0	TR0	IE1	IT1	IE0	IT0

图 6-3 定时器/计数器 0、1 控制寄存器 TCON 的格式

IT0 如果被设置为 0,则外部中断 0 的触发方式为低电平触发。中断系统在每一个机器周期 S5P2 期间采样外部中断 0 请求输入引脚 $\overline{INT0}$(P3.2)的电平。如果采样为低电平,则认为有中断请求,使外部中断 0 请求标志 IE0 置 1;如果采样为高电平,则认为没有中断请求,硬件自动使 IE0 清 0。鉴于外中断电平触发这种特点,为了使每次中断请求都能够正确

地进行一次处理,要求 P3.2 引脚的中断请求信号至少持续 3 个机器周期以上,使其请求得到 CPU 响应,并在中断服务程序执行完之前撤销。

IT0 如果被设置为 1,则选择外部中断 0 为边沿触发方式。中断系统在每一个机器周期 S5P2 期间采样外部中断 0 请求引脚 P3.2 的电平。若在相继的两个机器周期采样到电平从高到低,则认为有中断请求,对 IE0 置 1。在这种方式下,IE0 会一直保持 1、直到该中断被 CPU 响应后,由硬件自动清 0。建议采用该触发方式请求中断。

IT1 与 IT0 类同。

6.2.4 中断请求标志

1. 外部中断请求标志

两个外部中断请求标志 IE0、IE1 在定时器/计数器控制寄存器 TCON 中,如图 6-3 所示。

IE0:外部中断 0 的中断请求标志位。为 1 则向 CPU 请求中断,为 0 认为没有中断请求。由硬件置位和清 0。

在低电平触发中断时,IE0 的值与 P3.2 引脚的电平直接相关,P3.2 为低则 IE0 置 1,P3.2 为高则 IE0 清 0。在下降沿触发中断时,当 P3.2 引脚出现下降沿时 IE0 置 1,外中断 0 被 CPU 响应后,IE0 由硬件自动清 0。

IE1:外部中断 1 的中断请求标志位。含义与 IE0 类同。

IE0、IE1 也可以软件清 0。

2. 定时器/计数器 T0、T1 中断请求标志

定时器/计数器 T0、T1 的中断请求标志 TF0、TF1,在定时器/计数器控制寄存器 TCON 中,如图 6-3 所示。

TF0:定时器/计数器 0 的计数溢出中断请求标志位。当定时器/计数器 T0 计数溢出时,TF0 由硬件置 1,向 CPU 请求中断,CPU 响应中断后,TF0 由硬件清 0。

TF1:定时器/计数器 1 的计数溢出中断请求标志位。含义与 TF0 类同。

TF0、TF1 也可以软件清 0。

TR0、TR1:为定时器/计数器 T0、T1 的运行控制位,将在第 7 章中讲解。

3. 串行口中断请求标志

串行口的中断请求标志,在串行口控制寄存器 SCON 中,SCON 的功能是设置工作方式、控制接收与发送等。SCON 的格式如图 6-4 所示,其地址为 98H,可以按位操作,复位后的初值为 00H。SCON 的 D0、D1 位为中断请求标志位,位名为 RI、TI,为读写状态位。

SCON	D7	D6	D5	D4	D3	D2	D1	D0
(98H)	SM0	SM1	SM2	REN	TB8	RB8	TI	RI

图 6-4 串行口控制寄存器 SCON 的格式

RI:为接收中断请求标志位。当串行口接收到一帧数据后,RI 被置 1,请求中断,CPU 响应中断后,不会被硬件清 0,需要软件清 0。

TI:为发送中断请求标志位。当串行口发送完一帧数据后,TI 被置 1,请求中断,CPU 响应中断后,不会被硬件清 0,需要软件清 0。

发送和接收两个中断源共用一个串行口中断通道,从图 6-2 在中断结构来看,只要 RI、TI 有一个有请求,就会产生串行口中断,在中断服务程序中,需要通过查询 RI、TI 的状态确定中断源,进行相应的处理,因此,RI、TI 不能硬件自动清 0,只能够在中断服务程序中软件清 0。

SCON 中其他位的功能在第 8 章中讲解。

4. 定时器/计数器 T2 中断请求标志

定时器/计数器 T2 的中断请求标志在 T2 控制寄存器 T2CON 中,T2CON 的功能是设置 T2 的工作方式、显示运行状态等。T2CON 的格式如图 6-5 所示,其地址为 88H,可以按位操作,复位后的初值为 00H。D7、D6 位为 T2 的中断请求标志位,位名为 TF2、EXF2,为读写状态位。

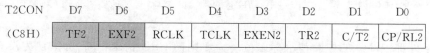

图 6-5　定时器/计数器 2 控制寄存器 T2CON 的格式

TF2:T2 计数溢出中断请求标志位。当 T2 计数溢出时,TF2 由硬件置 1,向 CPU 请求中断,CPU 响应中断后,TF2 不会被硬件清 0,需要在程序中以软件方式清 0。

EXF2:定时器/计数器 2 的外部触发中断请求标志位。T2 以自动重装或外部捕获方式定时、计数,当 T2EX(P1.1)引脚出现负跳变时,EXF2 由硬件置 1,向 CPU 请求中断,CPU 响应中断后,EXF2 不会被硬件清 0,需要在程序中以软件方式清 0。

T2 计数溢出和外部触发两个中断源共用一个 T2 中断通道,与串行口中断通道情况类似,TF2、EXF2 不能硬件自动清 0,只能够在中断服务程序中软件清 0。

T2CON 其他位的功能在第 7 章中讲解。

6.3　中断系统控制

6.3.1　中断允许控制

中断允许寄存器 IE,对各个中断进行允许控制,也叫作中断屏蔽寄存器。IE 格式如图 6-6 所示,其地址为 A8H,可以按位读写操作。复位后的初值为 0×000000B,不允许所有中断。

图 6-6　中断允许寄存器 IE 的格式

由图 6-2 可知,MCS-51 单片机的中断允许采用两级控制,第一级是各个中断通道独立的允许控制,第二级是所有通道的同步允许总控制。对任一通道,只有两级同时处于中断允许状态时,其中断请求才能得到 CPU 响应;相反,对任一通道,只要有某一级处于不允许状态,其中断请求就不能得到响应。

EA:中断允许总控制位。EA 设置为 1,开放所有中断通道,EA 设置为 0,屏蔽所有中断通道。

D6 位：未定义，一般设置为 0。

ET2：定时器/计数器 T2 的中断允许位。ET2 设置为 1 允许 T2 中断，ET2 设置为 0 则屏蔽 T2 中断。以下各位都一样，设置为 1 允许中断，设置为 0 屏蔽中断，不再逐一叙述。

ES：串行口中断允许位。

ET1：定时器/计数器 T1 中断允许位。

EX1：外部中断 1 中断允许位。

ET0：定时器/计数器 T0 中断允许位。

EX0：外部中断 0 中断允许位。

【例 6-1】 假设允许 INT0、INT1、T0、T1 中断，试设置 IE 的值。

解：特殊功能寄存器 IE 可以位寻址和字节寻址，所以有多个方法。

（1）C 语言程序。

按字节操作：

```
IE = 0x8f;
```

按位操作：

```
EX0 = 1;            //允许外部中断 0 中断
ET0 = 1;            //允许定时器/计数器 0 中断
EX1 = 1;            //允许外部中断 1 中断
ET1 = 1;            //允许定时器/计数器 1 中断
EA = 1;             //开总中断控制位
```

（2）汇编语言程序。

按字节操作：

```
MOV  IE,#8FH
```

按位操作：

```
SETB  EX0         ;允许外部中断 0 中断
SETB  ET0         ;允许定时器/计数器 0 中断
SETB  EX1         ;允许外部中断 1 中断
SETB  ET1         ;允许定时器/计数器 1 中断
SETB  EA          ;开总中断控制位
```

6.3.2 中断优先级控制

当系统中有多个中断源时，有时会出现几个中断源同时请求中断的情况，因此，应根据任务的轻重缓急，需要给每个中断源指定优先次序，即称优先级，CPU 按照它们的优先级顺序响应。

1. 中断优先级控制寄存器

MCS-51 单片机的每个中断都可以设置为两个优先级，高优先级或低优先级。通过对优先级控制寄存器 IP 设置，可以让中断处于不同的优先级。IP 的格式如图 6-7 所示，其地址为 B8H，可以按位读写操作，复位后的初值为××000000B，可以按 00H 处理。

IP	D7	D6	D5	D4	D3	D2	D1	D0
(B8H)	—	—	PT2	PS	PT1	PX1	PT0	PX0

图 6-7 中断优先级控制寄存器 IP 的格式

PT2：定时器/计数器 T2 的中断优先级控制位。PT2 设置 1 则 T2 为高优先级，PT2 设置 0 则 T2 为低优先级。

后面各位均是如此，设置 1 为高优先级，设置 0 为低优先级，不再一一赘述。

PS：串行口的中断优先级控制位。

PT1：定时器/计数器 1 的中断优先级控制位。

PX1：外部中断 1 的中断优先级控制位。

PT0：定时器/计数器 0 的中断优先级控制位。

PX0：外部中断 0 的中断优先级控制位。

由于 MCS-51 单片机复位后 IP 的状态是 00H，所有的中断全部为低优先级，这时，只需对高优先级的中断优先级控制位设置为 1 就可以了。

2．中断优先级规则

MCS-51 单片机中断优先级规则分两种情况。

1) 不同优先级中断之间的优先规则

不同优先级中断同时请求，先响应高级中断请求。

不同优先级中断不同时请求，高级中断请求能够中断低级中断服务程序，产生中断嵌套。

2) 相同优先级中断之间的优先规则

同级中断间不会产生中断嵌套。相同优先级中断同时请求时，按中断查询次序依次响应，其次序为：

$$\overline{INT0} \to T0 \to \overline{INT1} \to T1 \to 串行口 \to T2$$

这个次序也叫作自然优先级。

当 CPU 正在处理一个低优先级中断时，又出现了高优先级的中断请求，这个时候 CPU 就暂时中止执行低优先级的中断服务程序，转去执行高优先级的中断服务程序，待高优先级中断服务程序执行完毕，回到被中止的低优先级中断程序继续执行，此过程称为中断嵌套。

MCS-51 单片机中断嵌套的处理过程如图 6-8 所示。

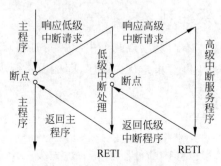

图 6-8 中断嵌套的处理过程

【例 6-2】 编写程序段,设置单片机的两个外部中断和串行口中断为高优先级,三个定时器的中断为低优先级。

(1) C 语言程序。

按字节操作:

IP = 0x15;

按位操作:

PX0 = 1;   //设置外中断 0 为高优先级中断
PX1 = 1;   //设置外中断 1 为高优先级中断
PS = 1;   //设置串行口中断为高优先级

(2) 汇编语言程序。

按字节操作:

MOV   IP,#15H

按位操作:

SETB   PX0   ;设置外中断 0 为高优先级中断
SETB   PX1   ;设置外中断 1 为高优先级中断
SETB   PS   ;设置串行口中断为高优先级

以上均未对用低优先级中断设置,认为它们的优先级控制位都是 0(单片机复位后)。

6.4 中断响应与处理

在 MCS-51 单片机内部,中断系统在每个机器周期的 S5P2 节拍顺序采样中断源,并在下一个周期的 S6 期间,CPU 按自然优先级次序依次查询中断标志。如果有中断标志位为 1,接下来的机器周期的 S1 期间按优先级顺序进行中断处理。

中断处理过程一般可以分为 3 个阶段:中断响应、中断处理、中断返回。

6.4.1 中断响应

为保证正在执行的程序不会因为随机出现的中断响应而被破坏或出错,又能正确保护和恢复现场,必须对中断响应提出要求。

1. 中断响应的条件

(1) 中断源有中断请求。
(2) 相应通道中断允许置位。
(3) 总中断允许置位。
(4) CPU 不是正在执行一个同级或高优先级的中断服务程序。
(5) 当前的指令已经执行完。
(6) 如果 CPU 正在执行中断返回指令 RETI,或者对寄存器 IE、IP 进行读/写操作,则执行完上述指令之后,需要再执行完一条非中断相关指令才能响应中断请求。这是为了保证子程序或中断服务程序的正确返回,以及 IE、IP 特殊功能寄存器的正确和稳定配置。

上述 6 个条件只要有 1 个条件不满足,都不会响应中断请求,要等待上述条件全部满足后再做处理。

2. 中断响应的过程

在满足中断响应的所有条件后,CPU 会在两个机器周期内,由硬件自动生成 LCALL 指令,将断点地址(PC 的当前值)压入堆栈保护,把对应的中断入口地址送给 PC。与此同时,单片机还会清除定时器/计数器 T0、T1 中断、下降沿触发的外中断的请求标志。定时器/计数器 T2 和串行口 RI、TI 的请求标志位,需要在中断服务子程序中安排清除指令手工清除,否则会产生二次中断的情况。

3. 中断响应的时间

中断响应时间是指中断系统检测到中断请求信号,到 CPU 转入中断服务程序入口所需要的时间。单片机响应中断的最短时间为 3 个机器周期:

(1)中断系统在每个机器周期的 S5P2 节拍对中断请求信号进行采样、锁存,在下一个机器周期 CPU 按优先级顺序查询。

(2)中断请求满足中断响应的条件,CPU 自动生成长调用指令 LCALL,该指令是一个双周期指令,转向相应的中断矢量地址。

如果出现下列情况,则需要更多时间:

(1)遇到正在执行中断返回指令 RETI,或者对寄存器 IE、IP 进行读/写的指令,需要等待系统执行完当前指令和紧接的下一条指令才能响应中断。在这种情况下,中断的响应时间延长为 5~8 个机器周期。

(2)如果 CPU 当前正在执行一个中断服务程序,新中断的优先级没有当前的中断高,则新中断的中断请求被挂起。在这种情况下,响应的时间就无法计算了。

6.4.2 中断处理

1. 中断处理

中断处理的过程就是执行中断服务程序的过程。从中断入口地址开始执行,直到返回指令(RETI)为止。此过程一般包括三部分内容,一是保护现场,二是处理中断,即中断服务,三是恢复现场。如图 6-9 所示是中断处理的流程。

从图中可以看出,CPU 执行中断服务程序的过程和子程序处理过程类似,都包含保护现场、程序执行和恢复现场三个阶段,但是它们还是有本质的区别的。

(1)子程序的访问是在主程序中设定好的,中断是随机的。

(2)子程序的执行需要有调用指令,中断是自动调用的。

(3)中断是可以屏蔽的,子程序一旦调用就要执行。

(4)中断服务程序有固定的入口地址,子程序不需要。

(5)汇编指令中,子程序的返回是 RET 指令,而中断服务的返回是 RETI 指令。

保护现场和恢复现场是指对主程序和中断服务程序都用到的一些寄存器和内存地址在中断处理前压入堆栈,中断处理后再弹出,以避免数据错误。在用汇编语言编程时要考虑这个问题,C 语言编程时不必考虑。

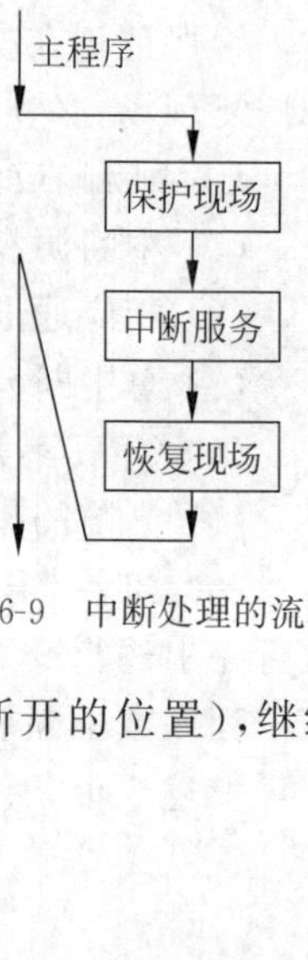

图 6-9 中断处理的流程

2. 中断返回

中断返回是指中断服务完成后,CPU 返回到原程序的断点(即原来断开的位置),继续执行原来的程序。

6.5 外部中断应用举例

6.5.1 中断应用程序结构

1. 汇编语言的程序结构

含有中断程序的程序结构如下：

(1) 程序入口。系统复位后，程序计数器 PC 的值为 0000H，意味着 0000H 必须有程序。0000H 即为程序入口。在有中断服务程序的程序结构中，要在此处设置一条长跳转指令 LJMP，跳向主程序。而真正的主程序可以安排在程序存储器其他的位置。

(2) 中断服务程序入口。中断服务程序的入口地址是固定的。通常在中断服务程序入口地址处设置一条长跳转指令 LJMP，跳向对应的中断服务程序。

(3) 主程序。在有中断服务程序的程序中，主程序要包括中断系统的初始化程序和对应中断的初始化程序。在主程序的最后通常放置一段循环程序或一条死循环指令，此循环程序或指令可以什么都不做，只是维持单片机运行，等待中断发生。具体工作由中断服务程序完成。循环程序内也可完成键盘扫描和显示等循环型的工作。

(4) 中断服务程序。中断服务程序完成具体的中断处理工作。通常要包括保护现场和恢复现场的工作。

包含有中断服务程序的汇编语言程序结构如下：

```
;复位入口、各个中断入口
            ORG     0000H
            LJMP    MAIN            ;复位入口,也是程序入口
            ORG     0003H
            LJMP    INT_EX0         ;外中断 0 中断入口
            ORG     000BH
            LJMP    INT_T0          ;T0 中断入口
            ...
;主程序
            ORG     0030H           ;主程序定位
    MAIN:
            MOV     SP,#0DFH        ;设置堆栈指针,把堆栈放在片内 RAM 高端
            SETB    IT0             ;初始化中断系统,设置外部中断 0 下降沿触发
            SETB    PX0             ;设置外部中断 0 高优先级
            SETB    EX0             ;外部中断 0 允许
            ...                     ;定时器/计数器 0 初始化
            SETB    ET0             ;定时器/计数器 0 中断允许
            SETB    EA              ;总中断允许
            ...
    LP:
            LCALL   DISPLAY         ;调用显示子程序
            ...
            SJMP    LP              ;循环,等待中断发生

;显示子程序
```

```
DISPLAY:
        PUSH    Ri              ;保护现场(实际不能用 Ri,用地址.下同)
        …
        POP     Ri              ;恢复现场(实际不能用 Ri,用地址.下同)
        RET                     ;显示子程序返回

;外部中断 0 服务子程序
    INT_EX0:
        PUSH    A               ;保护现场
        PUSH    R0              ;保护现场
        …
        POP     R0              ;恢复现场
        POP     A
        RETI                    ;外部中断 0 返回
;T0 中断服务子程序
    INT_T0:
        PUSH    Ri              ;保护现场
        PUSH    Rj
        …
        POP     Rj              ;恢复现场
        POP     Ri
        RETI                    ;T0 中断返回
        …
        END                     ;程序结束
```

2. C 语言的程序结构

如果用 C 语言编写程序,不需要考虑程序入口问题、中断入口与跳转问题,这些问题均由编译系统安排好。含有中断程序的程序结构如下:

(1) main()函数。与汇编的主程序类似,要完成中断系统的初始化。要有一个循环,等待中断发生。main()函数是程序的入口,复位后首先执行该函数。

(2) 中断处理函数。中断处理函数在定义时,要有 interrupt n 说明中断号。在 C 语言的中断处理函数中,不用进行保护现场和恢复现场的工作。因为编译系统会完成这些工作。

C 语言的程序结构如下:

```c
#include<reg52.h>                //定义特殊功能寄存器的头文件
    …
void display(void)               //数码管显示函数
{
    …                            //函数具体程序
}
void main(void)
{
    IT0 = 1;                     //中断系统初始化
    PX0 = 1;
    EX0 = 1;
    EA = 1;
    …
```

```
    while(1)                               //循环,等待中断发生
    {   display();                         //调用扫描显示函数
       …
    }
}
void   int_ex0(void) interrupt   0         //外中断 0 服务函数,带有 interrupt 0
{
    …                                      //具体中断服务
}
void   int_t0(void) interrupt   1          //T0 中断服务函数,带有 interrupt 1
{
    …                                      //具体中断服务
}
```

3．中断系统的初始化步骤

中断系统的初始化,主要是对 MCS-51 系列单片机内部相关的中断特殊寄存器进行初始化编程,以允许对应的中断源的中断和设置中断优先级等。具体步骤如下。

(1) 根据需要确定各中断源的优先级别,设置中断优先级寄存器 IP 中相应的位。

(2) 如果是外部中断,根据需要确定外部中断的触发方式;若是定时器中断,先要设置定时工作方式和初值;若是串行口中断,先要设置工作方式和波特率等。

(3) 设置总中断控制位 EA,设置中断源对应的中断允许控制位。

4．中断服务程序的注意事项

1) 使用汇编语言编程时的保护现场和恢复现场

保护现场和恢复现场要遵循栈"先进后出"的原则,先进栈的后出栈,后进栈的先出栈,保存和恢复的数据的字节数也要一致,即 PUSH 和 POP 成对出现。

2) 关中断和开中断

实际应用中,为了防止在保护现场和恢复现场时有高级的中断进行中断嵌套,破坏正在操作的过程。往往在保护现场和恢复现场前关中断,在保护现场和恢复现场后开中断,允许中断嵌套。如果不允许中断嵌套,可以在保护现场前软件关闭 CPU 中断或屏蔽更高级中断,在中断处理完成后再开放中断。

3) 中断请求的撤销

CPU 响应某中断请求后,在中断返回前,应该撤销该中断请求,否则会引起又一次中断。不同中断源中断请求的撤销方法是不一样的。

定时器/计数器 0、1 溢出中断请求的撤销:CPU 在响应中断后,硬件会自动清除中断请求标志 TF0 或 TF1。但定时器/计数器 2,其中断请求标志位 TF2 和 EXF2 不会自动清 0,必须软件清 0。

串行口中断请求的撤销:在 CPU 响应中断后,硬件不能清除中断请求标志 TI 和 RI,而要由软件来清除相应的标志。

外部中断请求的撤销:外部中断为边沿触发方式时,CPU 响应中断后,硬件会自动清除中断请求标志 IE0 或 IE1。

外部中断为电平触发方式时,CPU 响应中断后,应立即撤销引脚上的低电平,否则会触

发多次中断。

6.5.2 应用举例

【例 6-3】 如图 6-10 所示,将 P0 口的 P0.0～P0.3 作为输入位输入 4 个开关的状态,P2.0～P2.3 作为输出显示开关状态。要求利用 STC89C52 外部中断 0 将开关所设的数据读入单片机内,并依次通过 P2.0～P2.3 输出,驱动发光二极管,以检查 P0.0～P0.3 输入的电平情况(若输入为低电平则相应的 LED 亮)。要求采用中断边沿触发方式,每中断一次,完成一次读/写操作。

分析:P0.0～P0.3 连接开关,当开关断开时,对应口线输入高电平;当开关闭合时,对应口线输入低电平。另 P2.0～P2.3 的任何一位输出为 0 时,相应的发光二极管就会发光。当 $\overline{INT0}$ 所接的按钮按下时,将产生一个下降沿信号。通过 $\overline{INT0}$ 发出中断请求。在中断服务程序里读 P0 口数据,并把数据从 P2 口输出。

C 语言程序如下:

```c
#include<reg52.h>
void  main()
{
    IT0 = 1;              //选择边沿触发方式
    EX0 = 1;              //允许外部中断 0
    EA = 1;               //总中断允许
    while (1);            //等待中断
}
void  int0_serv(void) interrupt 0   //外部中断 0 的中断服务程序
{
    P0 = 0x0f;            //设置 P0.0～P0.3 作输入
    P2 = P0;              // P0 的值输出到 P2 驱动 LED 发光
}
```

汇编语言程序如下:

```
        ORG     0000H
        LJMP    MAIN            ;转向主程序
        ORG     0003H           ;外部中断 0 入口地址
        LJMP    INT0_SERV       ;转向中断服务程序
        ORG     0030H           ;主程序入口
MAIN:
        MOV     SP, #0DFH       ;设置堆栈指针,把堆栈放在片内 RAM 高端
        SETB    IT0             ;选择边沿触发方式
        SETB    EX0             ;允许外部中断 0
        SETB    EA              ;总中断允许
        SJMP    $               ;等待中断
INT0_SERV:                      ;外中断 0 中断服务程序
        MOV     P0, #0FH
        MOV     P2, P0          ;输出驱动 LED 发光
        RETI                    ;中断返回
        END
```

严格来说,对按钮触发中断需要延时去抖动,否则,按一次按钮会产生很多次中断。

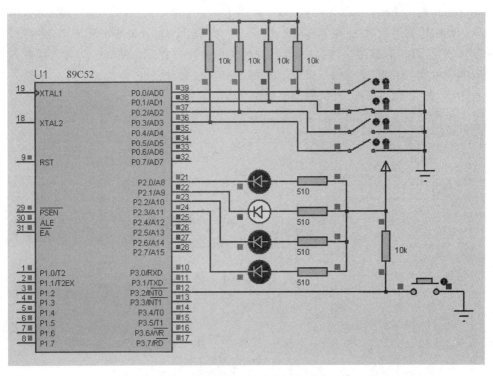

图 6-10　外部中断 0 方式读开关状态电路

【例 6-4】　单片机外中断扩展——4 路故障声光报警系统。

设计与分析：使用 4 输入的正与门扩展外部中断。电路设计如图 6-11 所示,用 4 个开

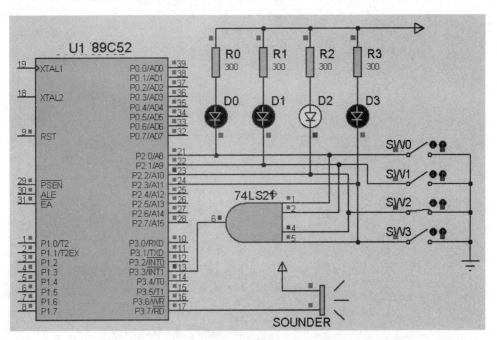

图 6-11　外部中断 1 模拟多路故障检测

关模拟 4 路故障源,当所有开关都断开时,74LS21 与门的 4 输入均为高电平(P2.0~P2.3 输出高电平),则 74LS21 输出为高电平,不产生 $\overline{INT1}$ 中断,并且 4 个 LED 都不亮,表示没有故障;当有开关闭合时(一个或多个),$\overline{INT1}$ 输入低电平,触发外中断 1 中断,并且相应的发光二极管亮,表示有故障。当有故障时,在外中断 1 服务程序中使蜂鸣器发出报警声。中断由低电平触发,直到故障消失,相应的发光二极管熄灭,报警声停止;并且主函数会查询到中断标志,查找 P2.0~P2.3 引脚的故障源并做处理。

C 语言程序如下:

```c
#include<reg52.h>
sbit sound = P3^7;
sbit P2_0 = P2^0;
sbit P2_1 = P2^1;
sbit P2_2 = P2^2;
sbit P2_3 = P2^3;
void  main()
{
    IT1 = 0;                     //选择低电平触发方式
    EX1 = 1;                     //允许外部中断 1
    EA = 1;
    P2 = 0x0f;                   //低 4 位输出 1,引脚拉高使能正确中断,并做输入准备
    while (1)                    //查询中断(故障)源,处理中断(故障)
    {   if(IE1 == 1)             //查询外中断 1 标志,为 1,发生了中断
        {   if(P2_0 == 0)        //查询是否设备 0 故障
                handler0();      //调用设备 0 故障处理函数(处理后开关断开)
            if(P2_1 == 0)        //查询是否设备 1 故障
                handler1();      //调用设备 1 故障处理函数(此处无具体内容,均如此)
            if(P2_2 == 0)        //查询是否设备 2 故障
                handler2();      //调用设备 2 故障处理函数
            if(P2_3 == 0)        //查询是否设备 3 故障
                handler3();      //调用设备 3 故障处理函数
            while(IE1 == 1);
}   }   }

void int1_serv() interrupt 2     //外部中断 1 中断服务程序
{
    sound = ~sound;              //输出方波到蜂鸣器发声,声音频率约 1000Hz
    delay5us(100);               //延时 0.5ms,其宏定义见 5.4.4 节
}
```

汇编程序如下:

```
        ORG    0000H
        LJMP   MAIN              ; 程序入口
        ORG    0013H             ; 外部中断 1 入口地址
        LJMP   INT1SERV          ; 转向中断服务程序
MAIN:                            ; 主程序入口
        MOV    SP, #0DFH         ; 设置堆栈指针
        CLR    IT1               ; 选择低电平触发方式
        SETB   EX1               ; 允许外部中断 1
```

```
        SETB    EA
        MOV     P2,#0FH              ; P2 低四位输入
MAINLP:                              ; 主程序循环体开始
        JNB     IE1,$
        JB      P2.0,MAINNT1
        LCALL   HANDLER0
MAINNT1:
        JB      P2.1,MAINNT2
        LCALL   HANDLER1
MAINNT2:
        JB      P2.2,MAINNT3
        LCALL   HANDLER2
MAINNT3:
        JB      P2.3,MAINNT4
        LCALL   HANDLER3
MAINNT4:
        JB      IE1,$
        SJMP    MAINLP
INT1SERV:                            ; 中断处理子程序入口
        CPL     P3.7                 ; 输出方波到蜂鸣器
        MOV     R7,#250              ; 发声延时 500$\mu$s,声音频率约 1000Hz
        DJNZ    R7,$
        RETI                         ; 中断返回
        END
```

还可以用 8 输入的与非门扩展 8 个外中断,另外,可以用定时器 2 的外部触发扩展外中断等。

思考题与习题

(1) 什么是中断？什么是中断源？什么是中断系统？

(2) 中断有哪些功能？

(3) MCS-51 增强型单片机有哪些中断(通道)？中断号各是什么？中断入口地址各是多少？

(4) 外部中断触发方式有几种？它们的特点是什么？

(5) MCS-51 增强型单片机各中断(通道)有哪些中断源？中断标志各是什么？各中断标志是怎样产生的,又是如何清零的？

(6) 什么是中断优先级？什么是中断嵌套？处理中断优先级的原则是什么？

(7) 单片机在什么情况下可以响应中断？中断响应的过程是怎样的？

(8) 中断响应过程中,为什么通常要保护现场？如何保护断点和现场？

(9) 在汇编语言中应如何安排中断服务程序？

(10) 中断系统的初始化一般包括哪些内容？

(11) 中断服务程序与普通子程序有什么区别？

(12) RETI 指令的功能是什么？为什么不用 RET 指令作为中断服务程序的返回指令？

(13) 使用 89C52 单片机,编写一段对中断系统初始化的程序,使之允许 $\overline{INT0}$、T1、串

行口中断,且使串行口中断为高优先级。

(14) 如图 6-12 所示,两个按钮 S0 和 S1 分别接在 89C52 单片机的 P3.2 和 P3.3 引脚,两个发光二极管 LED0 和 LED1 的阴极分别接在 P0.0 和 P0.1 引脚。参见图 5-12,用 Proteus 绘制电路图,并用 Keil C 编写程序,当 S0 和 S1 键按下时以下降沿方式触发,分别产生 $\overline{INT0}$ 和 $\overline{INT1}$(高优先级)中断,在中断服务程序中分别使 LED0 和 LED1 亮 5s。对程序编译后下载到单片机中,然后模拟运行进行实验:

① 分别按下 S0 和 S1 按钮(间隔较大,大于 5s),观察 LED0 和 LED1 亮的情况。

② 先后按下 S0 和 S1 或先后按下 S1 和 S0 按钮,观察 LED1 和 LED2 亮的情况,分析优先次序及是否发生了中断嵌套。

③ 同时按下 S0 和 S1 按钮,观察 LED0 和 LED1 亮的情况,分析优先次序。

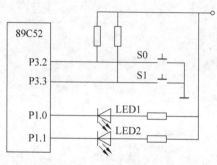

图 6-12 习题 14 图

第7章 单片机定时器/计数器

CHAPTER 7

定时器/计数器是单片机中最重要的部件之一,用于定时启动设备工作,记录设备工作的时间,检测事件发生的次数,产生时间与计时、产生时钟信号与声音、产生脉宽调制(PWM)信号等。本章主要讨论单片机定时器/计数器的结构、原理、工作模式以及应用。

7.1 单片机定时器/计数器的结构

在 MCS-51 单片机中,定时器和计数器是一体的。它们的核心是具有加 1 功能的 16 位计数器。定时器/计数器有两个计数脉冲源,一个是外部输入的计数脉冲,另一个是来自内部时钟。对外部计数脉冲进行计数时,作计数器。对内部时钟进行计数时,就是定时器。

基本型的 MCS-51 单片机内部有两个 16 位的定时器/计数器。增强型的 52 单片机系列有三个。

89C52 单片机是增强型,内部有三个 16 位可编程的定时器/计数器。为了表述方便,我们称为定时器 T0、定时器 T1 和定时器 T2,其原理结构如图 7-1 所示。基本型 MCS-51 单片机没有定时器 T2。

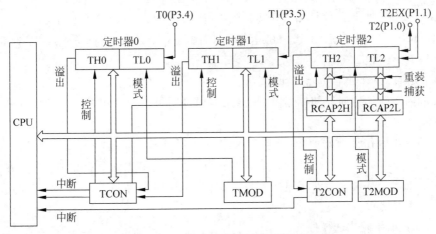

图 7-1 89C52 单片机的定时器/计数器结构

定时器 T0、T1 的计数器是由两个具有加 1 功能的 8 位寄存器 TLx、THx 组成的,其中 TL0、TL1 是低 8 位,TH0、TH1 是高 8 位。可通过工作模式寄存器 TMOD 编程为 13 位、8

位、16 位计数模式,并由控制寄存器 TCON 控制运行和标示工作状态。

定时器 T2 的计数器也是由两个具有加 1 功能的 8 位寄存器 TL2、TH2 组成的。定时器 T2 还有独立的模式寄存器 T2MOD 和控制寄存器 T2CON。另外,T2 还有捕获功能,有捕获和重装寄存器 RCAP2L、RCAP2H。

定时器 T0、T1 分别有一个外部计数脉冲输入引脚。这两个引脚也用 T0、T1 表示。定时器 T2 则有两个外部引脚:一个外部计数脉冲输入引脚 T2,另一个外部触发引脚 T2EX。

7.2 定时器/计数器 T0、T1

定时器 T0、T1 的工作模式寄存器 TMOD 和控制寄存器 TCON 是共用的,我们放在一起来讲述。

7.2.1 T0、T1 的特殊功能寄存器

1. 工作模式寄存器

TMOD 用于设定 T0、T1 的工作模式。TMOD 的高 4 位用于设置 T1 的工作模式,低 4 位用于设置 T0 的工作模式,其格式如图 7-2 所示。

图 7-2 定时器模式寄存器 TMOD

此寄存器不可位寻址,只能使用字节寻址指令,复位值为 00H。

GATE:外部门控制位。

当 GATE=0 时,禁止外部信号控制定时器,由软件控制定时器运行。此时,对 TCON 中的 TR1(TR0)位置 1,启动运行;TR1(TR0)清 0,停止运行。

当 GATE=1 时,外部信号和软件共同控制定时器。此时,当外部中断引脚 P3.3(P3.2)为高电平且 TR1(TR0)置 1,启动 T1(T0)运行;当引脚 P3.3(P3.2)为低电平或 TR1(TR0)清 0 时停止 T1(T0)运行。

$C/\overline{T}$:定时器/计数器功能选择位。

当 $C/\overline{T}$=0 时作定时器使用,计数脉冲来自内部时钟。每个机器周期(12 个振荡周期)自动加 1。

当 $C/\overline{T}$=1 时作计数器使用,计数脉冲来自外部引脚。计数器在每一个机器周期对计数脉冲检测一次,如果在前一周期检测到高电平,后一周期检测到低电平,即负跳变(下降沿),计数器加 1。因为两个机器周期完成一次检测,所以最小计数周期是 2 倍的机器周期(24 倍的振荡周期)。

M1、M0:工作模式选择位。

定时器 T0 有 4 种工作模式,定时器 T1 有 3 种工作模式。选择情况如表 7-1 所示。T1 不能工作在模式 3,如果 T1 设置为模式 3,将停止工作。

表 7-1　定时器/计数器的工作模式选择

M1	M0	工作模式	功　　能
0	0	模式 0	13 位定时器/计数器(低 5 位、高 8 位)
0	1	模式 1	16 位定时器/计数器
1	0	模式 2	8 位自动重装定时器/计数器
1	1	模式 3	定时器 0：TL0 为 8 位定时器或计数器，TH0 为 8 位定时器 定时器 1：无此模式

2. 控制寄存器

TCON 寄存器具有运行控制及中断标志功能。此寄存器可以位寻址，位地址从字节地址 88H 开始，88H～8FH。复位后 TCON=00H。其格式如图 7-3 所示。

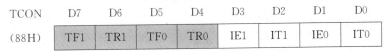

图 7-3　定时器的中断控制寄存器

TF1：T1 的溢出标志位。

当 T1 计满溢出时，由硬件对 TF1 置 1，请求中断。CPU 响应请求进入中断服务程序后，TF1 被硬件清 0。TF1 也可以用软件清 0，如 T1 工作于查询方式。

TR1：T1 的运行控制位。

当 GATE=0 时，若 TR1=1，启动定时器 1；TR1=0，则停止定时器 1。

当 GATE=1 时，TR1=1 且 $\overline{INT1}$(P3.3)引脚为高电平，T1 运行；TR1=0 或 $\overline{INT1}$ 为低电平，停止 T1。

TF0：定时器 0 溢出标志位。其功能与 TF1 类同。

TR0：定时器 0 运行控制位。其功能与 TR1 类同。

IE1、IT1、IE0、IT0：外部中断请求标志及触发方式选择位，第 6 章已经讲过。

7.2.2　T0、T1 的工作模式

定时器 T0、T1 的前三种工作模式，原理是一样的，只有 T0 有模式 3。下面以 T0 为例进行介绍，T1 类同。

1. 模式 0

模式 0 是 13 位定时器/计数器，如图 7-4 所示。

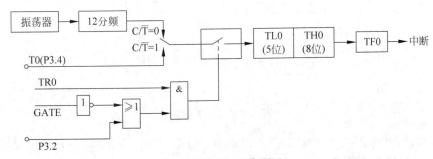

图 7-4　模式 0 工作原理

模式 0 由 TL0 的低 5 位和 TH0 中的 8 位组成的 13 位计数器(TL0 中的高 3 位无效)。若 TL0 中的低 5 位有进位,直接进位到 TH0 中的最低位。

模式 0 这种 13 位计数,是为了与早期的产品 MCS-48 单片机兼容,现在一般不使用这种工作模式。并且在宏晶的系列单片机中,有不少新型号如 STC8AxKxxSxA12 系列单片机,把模式 0 的功能改成了 16 位初值自动重装的定时器/计数器,功能非常强大,使用也很方便。

2. 模式 1

模式 1 是 16 位定时器/计数器,如图 7-5 所示。

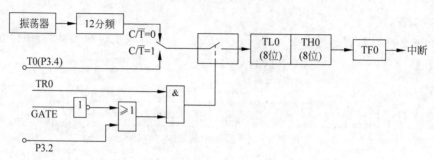

图 7-5　模式 1 工作原理

当 $C/\overline{T}=0$ 时,振荡器产生的时钟脉冲经过 12 分频作为计数脉冲。

当 $C/\overline{T}=1$ 时,计数脉冲来自外部引脚。

运行控制由 TR0、GATE 和外部中断引脚 $\overline{INT0}$(P3.2)共同决定。若要定时器运行,TR0 必须置 1。此时,如果 GATE=0,则运行控制与 P3.2 引脚无关。如果 GATE=1,则由 TR0 和 P3.2 引脚共同控制。

模式 1 由 TL0 和 TH0 组成 16 位计数器。计数初值的低 8 位写入 TL0,高 8 位写入 TH0。计数溢出时,TF0 置 1,则产生溢出中断请求。

模式 1 是常用的工作模式。模式 1 定时时间的计算公式如下:

$$定时时间 = 计数值 \times 机器周期 = (2^{16} - 定时初值) \times 振荡周期 \times 12 \quad (7-1)$$

最大定时时间(初值为 0 时)为: $2^{16} \times 振荡周期 \times 12$。

3. 模式 2

模式 2 是 8 位初值自动重装模式,如图 7-6 所示。

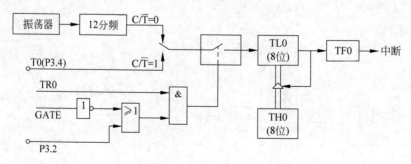

图 7-6　模式 2 工作原理

计数初值同时写入 TL0 和 TH0。TL0 用于计数,TH0 用于保存初值。计数溢出时,TF0 置 1,产生溢出中断请求。同时打开三态门,把 TH0 中的初值装载到 TL0 中。自动开始下一轮重复计数。

相对于模式 1，模式 2 初值自动重装非常方便，是一种首选工作模式，但计数范围较小。

模式 2 定时时间的计算公式如下：

$$定时时间 = (2^8 - 定时初值) \times 振荡周期 \times 12 \tag{7-2}$$

最大定时时间为：$256 \times 振荡周期 \times 12$

4．模式 3

模式 3 只有 T0 才有，为两个 8 位计数模式，如图 7-7 所示。

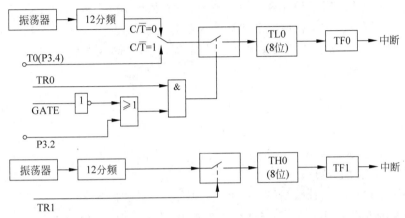

图 7-7　模式 3 工作原理

在模式 3 下，T0 被分为两个 8 位计数器。其中，TL0 可作为定时器或计数器使用，占用 T0 的全部控制位：GATE、$C/\overline{T}$、TR0 和 TF0；而 TH0 只能做定时器，对机器周期进行计数，这时它占用定时器/计数器 1 的 TR1 和 TF1。

此时对于定时器 T1，不能作为定时器或计数器，只能作为串行口的波特率发生器使用，如图 7-8 所示。此时将 T1 设置为模式 2 定时方式，8 位自动重装模式。此时的 T1 运行不受启停控制，始终处于运行状态，其溢出脉冲经分频后作为串行口移位时钟。

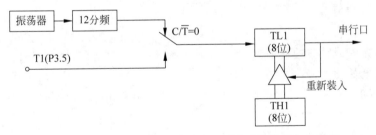

图 7-8　T0 模式 3 时 T1 作为串行口波特率发生器工作原理

7.2.3　T0、T1 的使用方法

1．选择定时和计数功能

如果需要对单片机外部输入的脉冲进行计量，选择计数功能，如统计产品数量、轮子转动周数、液滴的数目等。

如果需要时间控制选择定时功能,如定时启停机器、定时开关阀门、产生方波、产生某种频率的声音等。

2. 选择工作模式

对于工作模式的选择,首选模式 2,不需要软件重新赋初值,并且定时或计数更准确,其次模式 1。但模式 2 计数范围小,不能满足所有情况,所以需要先计算计数值 N,再确定合适的工作模式。

1) 计算计数值 N

(1) 计数情况下。需要计的数 N 往往是给定的,如计 100 个数、200 个数等。

(2) 定时情况下。在这种情况下往往给出的是定时的时间,根据定时器每个机器周期计 1 个数的规律,则计数值 N 与定时时间 t、机器周期 T_{MC}、晶振频率 f_{osc} 的关系如下:

$$t = N \times T_{MC}, \quad T_{MC} = 12/f_{osc}$$

所以

$$N = t/T_{MC} = t \times f_{osc}/12 \tag{7-3a}$$

2) 确定工作模式

如果 N>256,则选择模式 1;否则选择模式 2,或者选择模式 3。

3. 计数初值 X 的计算

$$计数初值 X = 最大计数值 - 计数值 N \tag{7-3b}$$

计数初值和工作模式有关,即与计数位数有关,模式 1 是 16 位定时器/计数器,最大计数值为 65536(2^{16});模式 2、3 是 8 位定时器/计数器,最大计数值为 256(2^8)。

对于使用定时器/计数器编程,必须先明确或计算计数值 N、确定工作模式、计算计数初值 X,然后才能够动手编写程序。

4. 什么情况下选择模式 3

模式 3 是在系统既需要波特率发生器,又需要多个定时器/计数器,而且计数值都比较小(N≤256)的情况下使用。

5. 使用 T0、T1 编程的方法步骤

(1) 计算计数值 N。

(2) 确定工作模式。

(3) 计算定时或计数的初值 X。

(4) 编写初始化程序:

设置 TMOD,设置 TLx 和 THx,需要时开 T0、T1 中断和总中断,设置 TRx 启动运行。

(5) 编写 T0、T1 的中断服务程序。

前 3 项为编写初始化程序的准备,称为初始化准备。

【例 7-1】 对 89C52 单片机编程,使用定时器/计数器 T0 以模式 1 定时,以中断方式从 P1.0 引脚产生周期为 1000μs 的方波,设单片机的振荡频率为 12MHz。

分析:产生周期性的方波,只需定时半个周期,计数溢出后对输出引脚取反即可。因此,对于产生周期为 1000μs 的方波,需要对 T0 设置为定时功能,定时时间 t 为 500μs,每次中断后,对输出引脚 P1.0 的输出取反,就可以在 P1.0 引脚产生所需要的方波。

根据定时器/计数器使用的方法步骤,初始化准备如下:

计算计数值 N:N = t/T_{MC} = t × $f_{osc}/12$ = (500×10^{-6})×(12×10^6)/12 = 500

选择模式 1,因为 N>256

计算初值 X：$X = 2^{16} - 500 = 65036 = 0FE0CH$，即 $TH0 = 0FEH, TL0 = 0CH$

C 语言程序如下：

```c
#include<reg52.h>
sbit  P1_0 = P1^0;
void main()
{
    TMOD = 0x01;            //设置 T0 作定时器,工作在模式 1
    TL0 = 0x0c;
    TH0 = 0xfe;             //设置定时器的初值
    ET0 = 1;                //开 T0 中断
    EA = 1;                 //开 CPU 中断
    TR0 = 1;                //启动定时器 T0
    while(1);               //等待中断
}
void time0_serv(void)   interrupt  1    //中断服务程序
{
    TL0 = 0x0c;
    TH0 = 0xfe;             //定时器重赋初值
    P1_0 = ~P1_0;           //P1.0 取反,输出方波
}
```

汇编语言程序如下：

```
        ORG     0000H
        LJMP    MAIN
        ORG     000BH           ; T0 的中断入口地址
        LJMP    TIME0
MAIN:
        MOV     SP, #0DFH       ; 设置堆栈指针,把堆栈放在片内 RAM 高端
        MOV     TMOD, #01H      ; T0 做定时器,工作于模式 1
        MOV     TL0, #0CH       ; 设置定时器的初值
        MOV     TH0, #0FEH
        SETB    ET0             ; 定时器 T0 开中断
        SETB    EA              ; CPU 开中断
        SETB    TR0             ; 启动定时器 T0 开始定时
        SJMP    $               ; 等待定时器溢出中断
TIME0:                          ; 中断服务子程序
        MOV     TL0, #0CH       ; 重装定时初值
        MOV     TH0, #0FEH
        CPL     P1.0            ; P1.0 取反,输出方波
        RETI                    ; 中断返回
        END
```

【例 7-2】 设单片机的振荡频率为 12MHz,用 T1 编程实现从 P1.0 输出频率为 2kHz 的方波。

分析：要求输出方波频率为 2kHz,则周期为 $500\mu s$,只须对 P1.0 每 $250\mu s$ 取反一次即可,即定时时间 t 为 $250\mu s$。

根据定时器/计数器使用的方法步骤,初始化准备如下：

计算计数值 N：$N = t/T_{MC} = t \times f_{osc}/12 = (250 \times 10^{-6}) \times (12 \times 10^{6})/12 = 250$

选择模式 2,因为 N<256

计算初值 X：$X = 2^8 - 250 = 6$

1) 采用中断方式处理

C 语言程序如下。

```c
#include<reg52.h>
sbit P1_0 = P1^0;
void main()
{
    TMOD = 0x20;        //选择定时器 T1 的工作模式
    TL1 = 0x06;
    TH1 = 0x06;         //为定时器赋初值
    ET1 = 1;            //开定时器 1 中断
    EA = 1;             //开 CPU 中断
    TR1 = 1;            //启动定时器 1
    while(1);           //等待中断
}
void time1_serv(void) interrupt 3    //中断服务程序
{
    P1_0 = ~P1_0;
}
```

汇编语言程序如下：

```
        ORG    0000H
        LJMP   MAIN
        ORG    001BH           //中断服务程序
        CPL    P1.0
        RETI
        ORG    0030H           ;主程序
MAIN:
        MOV    TMOD,#20H       ;选择定时器 T1 的工作模式
        MOV    TL1,#06H        ;为定时器赋初值
        MOV    TH1,#06H
        SETB   ET1             ;允许定时器 1 中断
        SETB   EA              ;允许 CPU 中断
        SETB   TR1             ;启动定时器 1
        SJMP   $               ;等待中断
        END
```

2) 采用查询方式处理

C 语言程序如下：

```c
#include<reg52.h>
sbit P1_0 = P1^0;
void main()
{
    TMOD = 0x20;
    TL1 = 0x06;
    TH1 = 0x06;
    TR1 = 1;
    while (1)
    {
```

```c
        if(TF1)                    //查询计数溢出
        {   TF1 = 0;
            P1_0 = ~P1_0;
        }   }   }
```

汇编语言程序如下：

```
        ORG     0000H
MAIN:
        MOV     TMOD,#20H
        MOV     TL1,#06H
        MOV     TH1,#06H
        SETBT   R1
LOOP:
        JNB     TF1,NEXT1       ;查询计数溢出
        CLR     TF1
        CPL     P1.0
NEXT1:
        SJMP    LOOP
        END
```

在实际应用中，基本上都是用定时器的中断方式产生方波，一般不会选择查询方式，本题的查询方式只是说明定时器溢出标志的查询方法。

7.3 定时器/计数器 T2

在 MCS-51 增强型单片机中增加了定时器/计数器 T2，T2 具有 16 位自动重装、捕获、可编程时钟输出和串行口波特率发生器功能。

7.3.1 T2 的特殊功能寄存器

1. T2 控制寄存器

T2 控制寄存器 T2CON 的地址为 C8H，可以按位寻址。复位后初值为 00H。其格式如图 7-9 所示，各位含义如下。

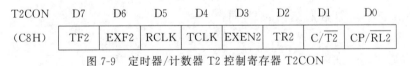

图 7-9 定时器/计数器 T2 控制寄存器 T2CON

TF2：定时器/计数器 T2 的计数溢出中断标志位。

T2 计数溢出时，由硬件置位，请求中断，但必须由软件清 0。

当 RCLK 和 TCLK 其中至少有一位是 1，T2 作为串行口的波特率发生器时，T2 溢出不会使 TF2 置位。

EXF2：定时器/计数器 T2 外部触发中断标志位。

当 EXEN2=1，且在 T2EX(P1.1)引脚出现负跳变引起捕获或重装载时，EXF2 由硬件置位，请求中断，如果 CPU 响应中断，执行 T2 中断服务程序，该位不会硬件清 0，必须由软件清 0。

当 EXEN2=0 时，T2EX 不能引发中断。

RCLK：串行口接收时钟允许位。

TCLK：串行口发送时钟允许位。

RCLK=1时，用T2溢出脉冲做串行口方式1或方式3的接收时钟。

TCLK=1时，用T2溢出脉冲做串行口方式1或方式3的发送时钟。

当RCLK和TCLK其中至少有一位是1，T2为定时器功能，作为串行口的波特率发生器，并且16位初值（在RCAP2L、RCAP2H中）会自动重装。

EXEN2：定时器/计数器T2外部触发允许位。

当EXEN2=1时，如果T2未用作波特率发生器，则在T2EX(P1.1)引脚上产生负跳变时，将触发"捕获"或"重装"操作；当EXEN2=0时，T2EX引脚上的电平变化无效。

TR2：定时器/计数器T2启停控制位。

当TR2=1时，启动T2运行；TR2=0时，停止T2运行。

C/$\overline{T2}$：T2定时或计数功能选择位。

当C/$\overline{T2}$=1时，T2作计数器使用，对外部事件计数（下降沿触发），至少两个机器周期完成一次计数；当C/$\overline{T2}$=0时，T2作定时器使用，由内部时钟触发计数。

CP/$\overline{RL2}$：捕获和重装方式选择位。

如果设置CP/$\overline{RL2}$=1、EXEN2=1，当T2EX(P1.1)引脚有负跳变时，引发捕获操作；如果设置CP/$\overline{RL2}$=0、EXEN2=1，当T2EX引脚有负跳变或者T2计数溢出时，引发自动重装操作。

2. T2模式寄存器

T2模式寄存器T2MOD用于定时器/计数器T2的输出和计数方向控制，不可位寻址，复位后为×××××00B。其格式如图7-10所示。

图7-10 定时器/计数器T2模式寄存器T2MOD

T2MOD的高6位：保留位，未定义。

T2OE：定时器/计数器T2输出允许控制位。

当T2OE=1时，允许T2(P1.0)引脚输出时钟信号。

DCEN：定时器/计数器T2计数方向控制位。

当DCEN=0时，T2设置成向上（递增）计数。

当DCEN=1时，允许T2向上（递增）或向下（递减）计数，这时T2EX引脚控制计数方向。当T2EX输入逻辑"1"时，向上计数；当T2EX输入逻辑"0"时，则向下计数。

3. T2计数寄存器

TL2和TH2是定时器/计数器T2的低8位和高8位计数寄存器，与TL0、TH0类似，不再赘述。

4. 捕获和自动重装寄存器

RCAP2L和RCAP2H是T2的低8位、高8位捕获和自动重装寄存器，组合在一起组成16位的寄存器。不能按位寻址，复位值为0。

RCAP2L和RCAP2H在T2自动重装定时、计数情况下，存放的是计数初值，在捕获情况下，存放的是捕获的计数值。

7.3.2　T2 的工作方式

T2 有四种工作方式：定时或计数(16 位自动重装)方式、捕获方式、可编程时钟输出方式以及波特率发生器方式，如表 7-2 所示。

表 7-2　定时器/计数器 T2 的工作方式与设置

工作方式	T2CON				T2MOD
	RCLK	TCLK	C/$\overline{\text{T2}}$	CP/$\overline{\text{RL2}}$	T2OE
自动重装(定时或计数)	0	0	0 或 1	0	0
捕获(定时或计数时)	0	0	0 或 1	1	0
自动重装时钟输出(T2EX 可作外中断)	0/1	0/1	0	0	1
波特率发生器(T2EX 可作外中断)	至少一个为 1		0	0	0

1. 自动重装方式

当 CP/$\overline{\text{RL2}}$=0 且不用作波特率发生器时，T2 工作在 16 位自动重装方式，如图 7-11 所示。

自动重装方式下，T2 可通过 C/$\overline{\text{T2}}$ 来选择作为计数器或者定时器，并通过设置 DCEN 来确定计数方向为加 1 计数或者是减 1 计数。

1) 常用的递增计数

当 DCEN=0 时，T2 为常用的递增加 1 方式计数。当 TL2、TH2 计数到 0FFFFH 并溢出后，置位中断请求标志 TF2 并发出中断请求，同时将寄存器 RCAP2L 和 RCAP2H 中的 16 位计数初值自动重装到 TL2 和 TH2 中，进行新一轮的计数。

在该情况下，如果设置 EXEN2=1，则在 T2EX 引脚上产生负跳变时，将触发"重装"操作，并使 EXF2 置位触发中断；如果设置 EXEN2=0，则 T2EX 引脚上的电平变化无效。

2) 外部控制递增或递减计数

当 DCEN=1 时，T2 通过外部引脚 T2EX(P1.1)确定为递增还是递减计数。如果 T2EX 引脚为高电平，T2 加 1 计数，当计数到 0FFFFH 并溢出后，置位 TF2 并向 CPU 发出中断请求，同时将 RCAP2L 和 RCAP2H 中的 16 位初值，自动重装到 TL2 和 TH2 中，进行新一轮的计数。若 T2EX 引脚为低，T2 减 1 计数，当计数到 0 并溢出后，置位 TF2 并向 CPU 发出中断请求，同时将满数值 0FFFFH 自动重装到 TL2 和 TH2 中，进行新一轮的计数。

在这种情况下，无论是递增或者递减计数，只要 T2 溢出，都会对 EXF2 置 1，但不向 CPU 产生中断请求，EXF2 相当于 TL2、TH2 的进位或借位标志。

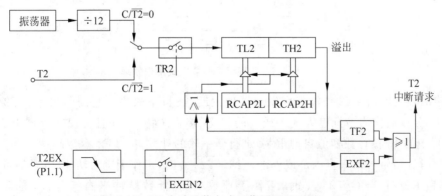

图 7-11　T2 自动重装方式工作原理(DCEN=0)

2. 捕获方式

当 $CP/\overline{RL2}=1$ 且不用作波特率发生器时，T2 工作于捕获方式，如图 7-12 所示。

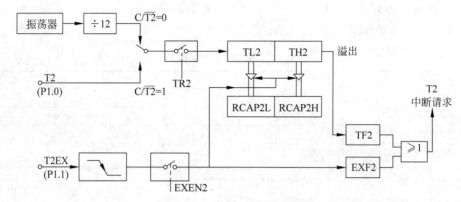

图 7-12 T2 捕获方式工作原理

T2 工作在捕获方式时，如果 EXEN2=1，当外部引脚 T2EX 输入电平发生负跳变时，就会将寄存器 TL2 和 TH2 的当前值"捕获"进寄存器 RCAP2L 和 RCAP2H 中，并将 EXF2 置位触发中断。若 EXEN2=0，T2EX 引脚上的电平变化无效，在这种情况下，T2 就是一个初值能够自动重装的定时器或计数器。

由图 7-12 可知，在捕获方式下，T2 可以用作定时器（设置 $C/\overline{T2}=0$），也可以用作计数器（设置 $C/\overline{T2}=1$）。

3. 波特率发生器方式

当寄存器 T2CON 中的 $C/\overline{T2}=0$、RCLK 和 TCLK 中至少一位为 1 时，定时器/计数器 T2 作串行口的波特率发生器。此时，外部引脚 T2EX 对 T2 无效，可作为外部中断独立使用，如图 7-13 所示。

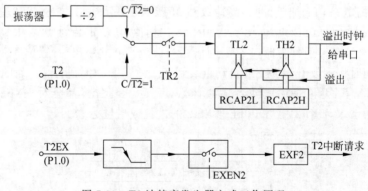

图 7-13 T2 波特率发生器方式工作原理

当定时器/计数器 T2 作波特率发生器使用时，波特率取决于它的溢出率。T2 的溢出信号经 16 分频后作为串行口方式 1 或 3 的发送/接收波特率，并且会使寄存器 RCAP2H、RCAP2L 中的 16 位计数初值自动重装，进行新一轮的计数，但 TF2 不会置位。

计数时钟信号可以来自内部或外部，当 $C/\overline{T2}=0$ 时，工作于定时功能，计数脉冲来自内部，频率为 $f_{osc}/2$；当 $C/\overline{T2}=1$ 时，工作于计数功能，计数脉冲来自于外部，通常会选择

C/$\overline{T2}$=0。接收和发送的波特率可以不一样。

当 T2 提供给串行口方式 1 或方式 3 的波特率为：
$$波特率 = f_{osc}/(32 \times (65536 - (RCAP2H, RCAP2L))) \tag{7-4}$$

4. 时钟输出方式

当 T2OE=1 且 C/$\overline{T2}$=0 时，T2 引脚会输出一个占空比为 50% 的时钟信号（方波）。与波特率发生器类似，这时外部引脚 T2EX 对定时器 T2 无效，可作为外部中断独立使用，如图 7-14 所示。

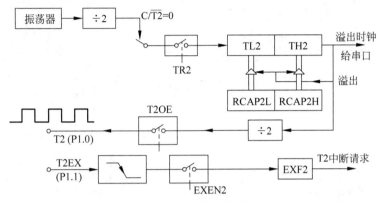

图 7-14 T2 时钟输出方式工作原理

T2 工作于时钟输出方式时，其计数溢出信号经 2 分频后由 T2 引脚输出，并且会使寄存器 RCAP2L、RCAP2H 中的 16 位计数初值自动重装，进行新一轮的计数，但 TF2 不会置位。T2 可同时工作于时钟输出方式和波特率发生器方式，此时溢出率一样。

T2 输出的时钟信号频率为：
$$f_{out} = f_{osc}/(4 \times (65536 - (RCAP2H, RCAP2L))) \tag{7-5}$$

说明：

① 从图 7-14 的 T2 时钟输出方式结构来看，在计数溢出输出部分，与 T2 波特率发生器结构一样，都可以给串行口提供溢出时钟，当波特率时钟与输出时钟的初值相同时，或者某一个要求不严格时，可以同时使用这两种功能，再设置 RCLK 和 TCLK 中至少一位为 1。

② 从图 7-14 的 T2 时钟输出方式结构来看，信号源只有内部时钟，但 C/$\overline{T2}$ 必须设置为 0，否则会引起 P1.0 引脚上的输出与输入混乱。

在工作期间若要对 RCAP2H、RCAP2L、TH2、TL2 进行读写，需要对 TR2 清 0，使 T2 停下来。

【例 7-3】 对单片机编程，使用 T2 时钟输出方式，从 P1.0 输出周期为 1ms 的方波。设单片机的振荡频率为 12MHz。

分析：T2 的时钟输出方式可直接输出方波。输出方波周期为 1ms，则频率 f_{out} 为 1kHz。根据式(7-5)可知，计数初值 $x = 65536 - f_{osc}/(4 \times f_{out}) = 62536$。

C 语言程序如下：

```
#include<reg52.h>
sfr T2MOD = 0xc9;
void main()
```

```c
{
    C_T2 = 0;                      //设置 T2 作定时器使用
    CP_RL2 = 0;                    //设置 T2 初值自动重装
    T2MOD = 0x02;                  //设置 T2 输出时钟
    TL2 = 62536 % 256;             //为定时器赋初值
    TH2 = 62536/256;
    RCAP2L = 62536 % 256;          //重装寄存器赋初值
    RCAP2H = 62536/256;
    TR2 = 1;                       //启动 T2
    while(1);                      //T2 在此处循环,保持运行状态
}
```

汇编语言程序如下：

```
T2MOD   EQU   0C9H              ; 定义 T2 模式寄存器
TL2     EQU   0CCH              ; 定义 T2 计数低 8 位寄存器
TH2     EQU   0CDH
RCAP2L  EQU   0CAH              ; 定义重装低 8 位寄存器
RCAP2H  EQU   0CBH
CP_RL2  BIT   0C8H              ; 定义 T2 捕获/重装控制位
C_T2    BIT   0C9H              ; 定义 T2 计数/定时控制位
TR2     BIT   0CAH              ; 定义 T2 运行控制位
MAIN:
        CLR   C_T2              ; 设置 T2 作定时器
        CLR   CP_RL2            ; 设置 T2 初值自动重装
        MOV   T2MOD,#02H        ; 设置 T2 输出时钟
        MOV   TL2,#48H          ; 为定时器赋初值
        MOV   TH2,#0F4H
        MOV   RCAP2L,#48H       ; 重装寄存器赋初值
        MOV   RCAP2H,#0F4H
        SETB  TR2               ; 启动 T2
        SJMP  $                 ; T2 在此处循环,保持运行状态
        END
```

7.4 定时器应用举例

【例 7-4】 对 89C52 单片机的定时器 T0 编程,设计一产生时分秒的时钟。设晶振频率为 12MHz。

设置 T0 为定时功能,定时 10ms 产生中断,中断 100 次为 1s,秒加 1,有了秒时间后,按照时钟的时分秒规律,对保存时分秒的变量进行相应的累加,便产生了时分秒时间。

分析：本例用 8 位共阴极蓝色数码管 7SEG-MPX8-CC-BLUE 显示出时间,其电路和模拟运行如图 7-15 所示。图中的排电阻 RESPACK-7 为 P0 口的上拉电阻,并且起着数码管各段的驱动限流作用,可以设 200Ω 左右,数码管的各位在实际中也需要驱动,如使用 74LS245,在 Proteus 中模拟可以省略。

根据定时器/计数器使用的方法步骤,初始化准备如下：

这里定时时间 t 为 10ms＝10000μs

计算计数值 N：N = t / T_{MC} = t × f_{osc}/12 = (10000×10^{-6})×(12×10^6)/12 = 10000
选择模式 1，因为 N>256
计算初值 X：X = 2^{16} − N = 65536 − 10000 = 55536

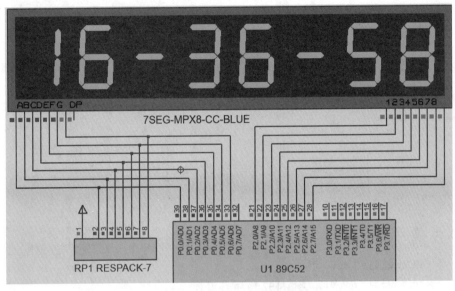

图 7-15 用 8 位数码显示的单片机时钟电路及仿真运行

C 语言程序如下：

```
#include<reg52.h>
unsigned char code ledcode[ ] = {0x3f,6,0x5b,0x4f,0x66,0x6d,0x7d,7,0x7f,0x6f,0x40};
                                        //共阴数码管 0~9 及 - 显示代码
#define codport   P0             //显示段码(显示代码)输出口
#define bitport   P2             //显示位码输出口
unsigned char data hou = 16,min = 35,sec = 30,num = 0;  //定义时、分、秒、T0 中断次数变量
unsigned char data disbuf[ ] = {1,6,10,3,5,10,3,0};
                                        //定义显示各位数的数组,10 为显示"-"

void display()                   //数码管扫描显示函数
{
    unsigned char i,scan = 0xfe;  //scan 为输出的控制显示位的位码,也叫作扫描码

    for(i = 0; i<8; i++)
    {
        codport = 0;              //显示新内容前先清屏,否则在 Proteus 中会显示乱码
        codport = ledcode[disbuf[i]];  //要显示的数送段码口
        bitport = scan;           //位码口低电平对应位有效,点亮
        scan = (scan<<1) + 1;     //指向下一个数位
        delayms(3);               //延时 3ms,函数定义见例 2-2
    }
}
```

```c
}

void time0() interrupt 1                //定时器0中断服务函数
{
    TL0 = 55536 % 256;                  //给T0赋初值
    TH0 = 55536/256;
    num++;                              //中断次数加1
    if(num>99)
    {   num = 0; sec++;                 //中断次数清0、秒加1
        if(sec>59)
        {   sec = 0; min++;             //秒清0、分加1
            if(min>59)
            {   min = 0; hou++;         //分清0、时加1
                if(hou>23)
                    hou = 0;
            }
        }
        disbuf[0] = hou/10;             //把时分秒的十位、个位分离存于显示数组
        disbuf[1] = hou%10;
        disbuf[3] = min/10; disbuf[4] = min%10;
        disbuf[6] = sec/10; disbuf[7] = sec%10;
    }
}

void main()                             //主函数
{
    TMOD = 0x01;                        //设置T0以模式1定时
    TL0 = 55536 % 256;                  //设置T0定时10ms初值
    TH0 = 55536/256;
    ET0 = 1;                            //开T0中断
    EA = 1;                             //开总中断
    TR0 = 1;                            //定时器T0开运行
    while(1)                            //循环,并随时处理T0中断
        display();                      //调用数码管进行扫描显示
}
```

汇编语言程序如下:

```
; 定义变量
    DISBUF    EQU    20H             ; 定义显示缓冲区20H~27H
    HOUR      EQU    28H             ; 时
    MINUTE    EQU    29H             ; 分
    SECOND    EQU    2AH             ; 秒
    COUNTER   EQU    2BH             ; 定义百分之一秒
    SCAN      EQU    2CH             ; 数码管扫描码
; 复位入口、各个中断入口
    ORG       0000H                  ; 汇编程序入口
```

```
        LJMP      MAIN
        ORG       000BH                    ; 中断服务程序入口
        LJMP      T0SERV
        ORG       0030H                    ; 主程序
; 主程序
    MAIN:
        MOV       SP, #0DFH                ; 设置堆栈指针,将其放在片内RAM高端
        MOV       HOUR, #16                ; 设置初始时间
        MOV       SECOND, #35
        MOV       MINUTE, #30
        MOV       COUNTER, #100
        LCALL     WRITEBUF                 ; 把当前时间各位分离,写入显示缓冲区
        MOV       22H, #10                 ; 写"-"代码
        MOV       25H, #10
        MOV       TMOD, #01H               ; 设置定时器T0以模式1定时
        MOV       DPTR, #55536             ; 设置定时器T0初值,定时10ms(12MHz时钟)
        MOV       TL0, DPL
        MOV       TH0, DPH
        SETB      ET0                      ; 开T0中断
        SETB      EA
        SETB      TR0                      ; 启动T0运行
    LOOP:
        LCALL     DISPLAY                  ; 调用显示函数
        SJMP      LOOP                     ; 循环,会有T0中断发生,产生计时
; 中断服务子程序
    T0SERV:
        MOV       DPTR, #55536             ; 重装计数值
        MOV       TL0, DPL
        MOV       TH0, DPH
        DJNZ      COUNTER, T0NT2           ; 百分之一秒加1
        MOV       COUNTER, #100
        INC       SECOND                   ; 秒加1
        MOV       A, SECOND
        CJNE      A, #60, T0NT1
        MOV       SECOND, #0
        INC       MINUTE                   ; 分加1
        MOV       A, MINUTE
        CJNE      A, #60, T0NT1
        MOV       MINUTE, #0
        INC       HOUR                     ; 时加1
        MOV       A, HOUR
        CJNE      A, #24, T0NT1
        MOV       HOUR, #0
    T0NT1:
        LCALL     WRITEBUF
    T0NT2:
        RETI
; 数码管显示子程序
    DISPLAY:                               ; 显示子程序
        MOV       R5, #8
        MOV       R0, #DISBUF              ; 加载显示缓冲区
```

```
        MOV     DPTR,#LED              ;加载字形码
        MOV     SCAN,#0FEH
     DISNT:
        MOV     P0,#0
        MOV     A,@R0
        MOVC    A,@A+DPTR
        MOV     P0,A
        MOV     P2,SCAN
        MOV     A,SCAN
        RL      A
        MOV     SCAN,A
        INC     R0
        MOV     R7,#3                  ;准备延时子程序的入口参数
        LCALL   DELAYXMS               ;延时3ms,子程序定义见例3-23
        DJNZ    R5,DISNT
        RET
;写显示缓冲区子程序
     WRITEBUF:                         ;时分秒各位分离写入显示缓冲区
        MOV     A,HOUR                 ;时分为两位
        MOV     B,#10
        DIV     AB
        MOV     DISBUF,A
        MOV     DISBUF+1,B
        MOV     A,MINUTE               ;分分为两位
        MOV     B,#10
        DIV     AB
        MOV     DISBUF+3,A
        MOV     DISBUF+4,B
        MOV     A,SECOND               ;秒分为两位
        MOV     B,#10
        DIV     AB
        MOV     DISBUF+6,A
        MOV     DISBUF+7,B
        RET
;数码管段码数表
     LED:
        DB 3FH,06H,5BH,4FH,66H,6DH,7DH,07H,7FH,6FH,40H;字形码(段码)
        END
```

【例7-5】 某89C52单片机应用系统的晶振频率为12MHz,通过编程实现如下的计数器和频率计功能:

(1) 从T1的计数输入引脚输入时钟信号进行计数,读取、显示计数值,实现计数器功能。

(2) 用T0定时合适的时间,中断后读取T1的计数值,计算出脉冲信号的频率,并显示,实现频率计功能。

(3) 设计一个按钮,选择计数器和频率计功能,并且用数码管的最高位标示功能,其余位显示测量值。

分析:在显示测量值没有特别要求的情况下,T0定时100ms读取T1计数值、计算频率、显示数值是最合适的。但是,对于单片机12MHz的晶振频率,最大的定时时间仅

65.536ms，所以，用 T0 定时 50ms 就算是合适的。

T0 每中断一次，读取 T1 的计数器值，如果是计数器功能，将计数值送显示数字显示。简单起见，不考虑计数器计满溢出从 0 开始，所以，最大的计数值是 65535。如果是频率计功能，1s 读一次 T1 计数值，其值就是频率，只能称为平均频率(1s 的平均频率)，对于定时 50ms，前后两次的计数值差乘以 20 就是频率，并且可以算是瞬时频率(严格来讲是 50ms 内的平均频率)。

对于 12MHz 的晶振频率，理论上 T1 最大的测量频率值是 500000Hz，即为 500kHz。实验时，激励信号给 T1 的频率小于 65kHz(未计 T1 的溢出)，其值在数码管上显示不超过 5 位，因为最高位作功能标示。最高位用 C 和 F，分别标示计数器和频率计功能。

在 Proteus 下画的电路及仿真运行如图 7-16 所示，图中状态为频率计功能，图中所截取的小数码管为计数器功能。图中的频率计上面的数字做了处理，因为它的红色数码管截图后分辨不出数字。

图 7-16 定时器/计数器 T1 作频率计

C 语言程序如下：

```c
#include<reg52.h>
#define bitport   P2                    //显示位码输出口
#define codport   P0                    //显示段码(显示代码)输出口
sbit P3_7 = P3^7;                       //定义按钮引脚
unsigned char code ledcode[] = {0x3f,6,0x5b,0x4f,0x66,0x6d,0x7d,7,0x7f,0x6f,0,0x39,0x71};
//共阴数码管 0~9 的显示段码,0 为不显示,0x39、0x71 是显示 C、F 的段码
unsigned char data disbuf[6] = {10,0,0,0,0,0};  //显示数组
bit  countFlag = 1;                     //计数器、频率计标志,1 为计数器,0 为频率计
void display()                          //数码管显示函数
{
```

```c
        unsigned char i,scan = 0xfe;
        for(i = 0; i<6; i++)
        {
            codport = 0;                        //数码管清屏,没有此语句可能会有乱码
            codport = ledcode[disbuf[i]];       //段选码输出
            bitport = scan;                     //位选码输出
            scan = (scan<<1) + 1;               //指向下一个数位
            delayms(3);                         //延时 3ms,函数定义见例 2-2
        }
    }
    void writeBuf(unsigned int dd)              //将 dd 各位分离存于显示数组 disbuf 各元素
    {   unsigned char data i = 5;

        do                                      //将 count 各位分离存于显示数组各元素
        {   disbuf[i--] = dd %10;
            dd = dd/10;
        }while(dd&i);
        while(i)
            disbuf[i--] = 10;                   //使高位的 0 不显示
    }

    void time0() interrupt 1                    //定时器 0 中断,定时时间 50ms
    {
        static unsigned int data count0 = 0;    //上次计数值
        unsignedint data dd;
        TL0 = 15536 % 256;
        TH0 = 15536/256;                        //定时器 0 重装初值
        dd = TH1 * 256 + TL1;                   //读计数器 1
        if(countFlag)                           //计数器功能
            writeBuf(dd);                       //显示当前计数值
        else                                    //是频率计功能,计算频率
        {   if(dd>= count0)
                count0 = dd - count0;           //计算 50ms 所计的数,未溢出
            else
                count0 = 65536 - count0 + dd;   //计算 50ms 所计的数,有溢出
            writeBuf(count0 * 20);              //显示频率值
        }
        count0 = dd;                            //保存本次读出的计数值
    }
    void main()                                 //主函数
    {
        TMOD = 0x51;                            //设置 T0 模式 1、16 位定时,T1 模式 1、16 位计数
        TH0 = 15536/256;                        //定时器 0 初值,定时 50ms
```

```c
        TL0 = 15536 % 256;
        TH1 = 0x00;
        TL1 = 0x00;
        ET0 = 1; EA = 1;                       //开 T0 中断,开总中断
        TR0 = 1; TR1 = 1;                      //启动 T0、T1 运行
        while(1)
        {   display();
            if(P3_7 == 0)                      //判断按钮是否被按下
            {   display();                     //延时去抖动
                if(P3_7 == 0)                  //判断按钮是否被按下
                {
                    countFlag = ~countFlag;
                    if(countFlag == 1)         //countFlag 为 1 使用计数器功能
                        disbuf[0] = 11;        //最高位显示 C
                    else                       //countFlag 为 0 使用频率计功能
                        disbuf[0] = 12;        //最高位显示 F
                    while(P3_7 == 0)           //等待释放按钮
                        display();
}   }   }   }
```

汇编语言程序如下。为简单起见,1 秒钟显示一次计数值或频率值。

```
; 定义变量
        DISBUF      EQU    20H              ; 定义显示缓冲区 20H~25H
        COUNTER     EQU    28H              ; 定义定时器 T0 中断次数变量及存储地址
        SCAN        EQU    2CH              ; 数码管扫描码
; 复位入口、各个中断入口
        ORG     0000H
        LJMP    MAIN
        ORG     000BH                        ; 主程序入口
        LJMP    T0SERV                       ; T0 中断程序入口
        ORG     0030H
; 主程序
  MAIN:                                      ; 主程序
        MOV     SP,#0DFH                     ; 设置堆栈指针
        MOV     R0,#DISBUF                   ; 显示缓冲区初始化
        MOV     R7,#6
  MLP1: MOV     @R0,#10
        INC     R0
        DJNZ    R7,MLP1
        MOV     DISBUF,#12                   ; 显示频率计功能
        MOV     COUNTER,#20
        MOV     TL1,#0                       ; T1 初始化
        MOV     TH1,#0
        MOV     TMOD,#51H                    ; 设置 T0 模式 1、16 位定时,T1 模式 1、16 位计数
        MOV     DPTR,#15536                  ; T0 赋初值
        MOV     TH0,DPH
        MOV     TL0,DPL
```

```
        SETB    F0                  ; F0 为 1 使用计数器功能,F0 为 0 使用频率计功能
        SETB    EA                  ; 开中断
        SETB    ET0
        SETB    TR0                 ; 定时器开运行
        SETB    TR1
    MLP2:
        LCALL   DISPLAY             ; 数码管扫描显示
        LCALL   BUTTON              ; 检测按键
        SJMP    MLP2
; 定时器 0 中断服务子程序
    T0SERV:                         ; 中断服务程序
        MOV     TL0, #176           ; 重新给定时器 0 赋初值
        MOV     TH0, #60
        JB      F0, T0NT1           ; 计数则转
        DJNZ    COUNTER, T0NT2      ; 中断次数加 1
        MOV     COUNTER, #20
    T0NT1:
        MOV     DPL, TL1
        MOV     DPH, TH1
        JB      F0, T0NT2           ; 计数则转
        MOV     TL1, #0             ; T1 赋初值
        MOV     TH1, #0
    T0NT2:
        LCALL   HEXTOBCD            ; 调用十六进制转 BCD 码函数,并写入 DISBUF
        RETI
; 检测按钮子程序
    BUTTON:
        JB      P3.7, BUTNT2
        LCALL   DISPLAY             ; 数码管显示,起延时去抖动作用
        JB      P3.7, BUTNT2
    BUTNT1:
        LCALL   DISPLAY             ; 数码管显示,起延时作用
        JNB     P3.7, BUTNT1        ; 等待按钮释放
        CPL     F0                  ; 切换频率计、计数器功能
        MOV     DISBUF+1, #10       ; 初始化显示缓冲区,清屏
        MOV     DISBUF+2, #10
        MOV     DISBUF+3, #10
        MOV     DISBUF+4, #10
        MOV     DISBUF+5, #0
        MOV     COUNTER, #20        ; 中断次数赋初值
        MOV     TH1, #0
        MOV     TL1, #0
        MOV     DISBUF, #11         ; F0 = 1 显示 C,表示计数器
        JB      F0, BUTNT2          ; 检测功能标志
        MOV     DISBUF, #12         ; 显示 F,表示频率计
    BUTNT2:
        RET
; 十六进制转 BCD 码,并写入 DISBUF 子程序
    HEXTOBCD:                       ; 入口参数: DPTR 中为计数值
        SETB    RS0                 ; 使用第一组工作寄存器
        CLR     A
```

```
            MOV     R5,A
            MOV     R3,A
            MOV     R1,A
            MOV     R6,#16
HEXNT1:
            MOV     A,DPL
            RLC     A
            MOV     DPL,A
            MOV     A,DPH
            RLC     A
            MOV     DPH,A
            MOV     A,R1
            ADDC    A,R1
            DA      A
            MOV     R1,A
            MOV     A,R3
            ADDC    A,R3
            DA      A
            MOV     R3,A
            MOV     A,R5
            ADDC    A,R5
            DA      A
            MOV     R5,A
            DJNZ    R6,HEXNT1
            MOV     A,R1
            SWAP    A
            ANL     A,#0FH
            MOV     R2,A
            MOV     A,R1
            ANL     A,#0FH
            MOV     R1,A
            MOV     A,R3
            SWAP    A
            ANL     A,#0FH
            MOV     R4,A
            MOV     A,R3
            ANL     A,#0FH
            MOV     R3,A
            MOV     DISBUF+1,R5     ;BCD 码送显示缓冲区
            MOV     DISBUF+2,R4
            MOV     DISBUF+3,R3
            MOV     DISBUF+4,R2
            MOV     DISBUF+5,R1
            CLR     RS0             ;恢复使用第 0 组工作寄存器
            RET
;数码管显示子程序
    DISPLAY:                        ;显示函数
            MOV     R5,#6
            MOV     R0,#20H         ;加载显示缓冲区地址
            MOV     DPTR,#LED       ;加载字形码地址
            MOV     SCAN,#0FEH      ;字位扫描码
```

```
        DISNT1:
            MOV    P0,#0
            MOV    A,@R0
            MOVC   A,@A+DPTR
            MOV    P0,A
            MOV    P2,SCAN
            MOV    A,SCAN
            RL     A
            MOV    SCAN,A
            INC    R0
            MOV    R7,#3              ;R7 为 DELAYMS 的入口参数
            LCALL  DELAYMS            ;延时 3ms,子程序定义见例 3-23
            DJNZ   R5,DISNT1
            RET
        ;数码管段码数表
        LED:
            DB    3FH,06H,5BH,4FH,66H,6DH,7DH,07H,7FH,6FH,00H,39H,71H    ;显示代码
            END
```

【例 7-6】 用 89C52 单片机设计一个程序,测量脉冲信号的宽度。设单片机晶振频率为 12MHz。

分析:用 T0 或 T1 的定时功能,外部门引脚接被测量脉冲信号控制定时器运行,可以测量正脉冲的宽度。测量方法如图 7-17 所示,用 T0,设置 GATE 位为 1,在 P3.2 引脚为低电平时设置 TR0=1,当 GATE 信号为高时自动启动计数,当 GATE 信号变低时自动结束计数,这时设置 TR0=0,读取计数值便可计算出脉冲宽度,单位为 μs,机器周期为 $1\mu s$。

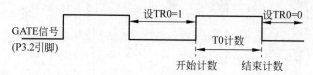

图 7-17 用定时器外部门控制测量脉冲宽度

C 语言程序如下:

```c
#include<reg52.h>
sbit P3_2 = P3^2;

unsigned int test( )
{
    TMOD = 0x09;              //设置 T0 以模式 1 定时,用外部门
    TL0 = 0x00;               //设置初值为 0
    TH0 = 0x00;
    while(P3_2);              //引脚为高等待变低,测量下一个正脉冲
    TR0 = 1;                  //打开 T0 内部控制开关,由外部门控制运行
    while(!P3_2);             //检测脉冲是否来到
    while(P3_2);              //检测脉冲是否结束
    TR0 = 0;                  //脉冲已经结束,关闭 T0 内部控制开关
    return (TH0 * 256 + TL0); //返回计数值
}
```

汇编语言程序如下：

```
TEST: MOV   TMOD,#09H        ; 设置 T0 以模式 1 定时,用外部门
      MOV   TL0,#00H         ; 设置初值为 0
      MOV   TH0,#00H
      JB    P3.2,$           ; 引脚为高等待变低,测量下一个正脉冲
      SETB  TR0              ; 打开 T0 内部控制开关,由外部门控制运行
      JNB   P3.2,$           ; 检测脉冲是否来到
      JB    P3.2,$           ; 检测脉冲是否结束
      CLR   TR0              ; 脉冲已经结束,关闭 T0 内部控制开关
      MOV   R7,TL0           ; 计数器 TL0 的值送 R7
      MOV   R6,TH0           ; 计数器 TH0 的值送 R6
      RET
```

如果被测脉冲较宽,可以使用 T0 中断,在中断服务程序中记录中断的次数,每中断一次,计数值多 65536,这样就可以测量任意宽度的脉冲。

【例 7-7】 设某单片机系统使用定时器较多,T1 作串行口的波特率发生器,T2 作时钟信号输出产生多种较复杂的报警声；另外需要对某个产品进行计数,每计 120 件使阴极接在 P3.7 引脚的 LED 亮 2s,并且发出报警声音响 2s。试编写程序,实现对产品的计数和声光报警,不用考虑串行通信和声音的具体产生程序。设单片机的晶振频率 $f_{osc}=6MHz$。

解：(1) 关于定时器及工作模式的选择。T1、T2 都已经被使用,仅剩下 T0,还需要计数和定时,可以考虑把 T0 设置为模式 3,TL0 计数,TH0 定时。由于计数仅 120,虽然要求定时 2s,但可以用多次中断能够满足要求。

(2) 关于声光报警的实现。当 TL0 计数 120 后产生中断,在中断服务程序中开声、光,开 TH0 运行开始计时。设置 TR2=1 便有声音信号输出,对 P3.7 输出 0 便使相应的 LED 点亮。设置 TH0 计数 250,由于机器周期为 $2\mu s$,则定时 2s 需要中断的次数为

$$2000000/(250\times 2)=4000$$

TH0 中断 4000 次后,设置 TR2=0 关闭声音信号输出,对 P3.7 输出 1 使 LED 熄灭。

TL0 的计数初值为 $256-120=136$；TH0 的定时初值为 $256-250=6$。

C 语言程序如下：

```c
#include<reg52.h>
unsigned int num = 0;              //定义 TH0 中断次数变量
sbit P3_7 = P3^7;                  //定义控制 LED 发光控制引脚

void  main( )                      //主函数
{
    …                              //其他设备初始化
    TMOD = 0x27;                   //设置 T0 以模式 3 计数,设置 T1 以模式 2 定时
    TL0 = 136;                     //设置 TL0 初值,计数
    TH0 = 6;                       //设置 TH0 初值,定时
    ET0 = 1;                       //开 T0 中断
    ET1 = 1;                       //开 T1 中断
    EA = 1;                        //开总中断
```

```c
        TR0 = 1;                    //启动 T0 运行
        while(1);                   //停留于此,保存程序运行状态
}

void TL0_int(void)    interrupt 1   //TL0(T0)中断服务程序
{
    TL0 = 136;                      //定时器重赋初值
    P3_7 = 0;                       //开 LED
    TR1 = 1;                        //启动定时器 TH0
    TR2 = 1;                        //启动 T2 产生声音信号
}

void TH0_int(void)    interrupt 3   //TH0(T1)中断服务程序
{
    TH0 = 6;                        //定时器重赋初值
    num++;                          //中断次数加 1
    If(num>3999)
    {
        P3_7 = 1;                   //关 LED
        TR1 = 0;                    //关闭 TH0
        TR2 = 0;                    //关声音
        num = 0;                    //中断次数设置为 0
    }
}
```

汇编语言程序如下：

```
; 定义特殊功能寄存器
        T2MOD   EQU   0C9H          ;定义 T2 模式寄存器
        TL2     EQU   0CCH          ;定义 T2 计数低 8 位寄存器
        TH2     EQU   0CDH
        RCAP2L  EQU   0CAH          ;定义重装低 8 位寄存器
        RCAP2H  EQU   0CBH
        TR2     BIT   0CAH          ;定义 T2 运行控制位
; 复位入口、各个中断入口
        ORG     0000H
        LJMP    MAIN
        ORG     000BH
        LJMP    TL0_INT
        ORG     001BH
        LJMP    TH0_INT
; 主程序
    MAIN:
        MOV     SP,#0DFH            ;设置堆栈指针
        ...
        MOV     TMOD,#27H           ;设置 T0 以模式 3 计数,设置 T1 以模式 2 定时
        MOV     TL0,#136            ;设置 TL0 初值,计数
```

```
            MOV     TH0,#6              ; 设置 TH0 初值,定时
            SETB    ET0                 ; T0 中断
            SETB    ET1                 ; 1 中断
            SETB    EA                  ; 总中断
            SETB    TR0                 ; 启动 T0 计数
            MOV     DPTR,#0             ; 作 TH0 中断计数
            SJMP    $
; TL0 中断服务程序
    TL0_INT:
            MOV     TL0,#136            ; 重新设置定时初值
            CLR     P3.7                ; 开 LED
            SETB    TR1                 ; 启动 TH0(T1)定时,开始计时 2s
            SETB    TR2                 ; 启动 T2 产生声音信号
            RETI                        ; 中断返回
; T1 中断服务程序
    TH0_INT:
            PUSH    ACC
            MOV     TH0,#6              ; 重新设置定时初值
            INC     DPTR                ; 中断次数加 1
            MOV     A,#0A0H             ; 判断中断次数是否到 4000(=0FA0H)
            CJNE    A,DPL,TH0_NT1       ; 低 8 位(=0A0H)不同跳转
            MOV     A,#0FH
            CJNE    A,DPH,TH0_NT1       ; 高 8 位(=0FH)不同跳转
            SETB    P3.7                ; 关 LED
            CLR     TR1                 ; 关闭 TH0,停止计时
            CLR     TR2                 ; 关声音
            MOV     DPTR,#0             ; TH0 中断次数设置为 0
    TH0_NT1:
            POP     ACC
            RETI                        ; 中断返回
```

思考题与习题

（1）89C52 单片机内部有几个定时器/计数器？分别有几种工作方式？

（2）单片机的定时器/计时器用作定时功能,其定时时间和哪些因素有关？作计数器时,对外界计数频率有何限制？

（3）单片机的 T0、T1 四种工作模式各有什么特点？

（4）根据 T0 模式 1 结构图,分析门控位 GATE 取不同值时,启动定时器的过程。

（5）简述定时器/计数器的溢出标志位 TF0 或 TF1 置 1/清 0 的过程。

（6）设 89C52 单片机的 $f_{osc}=6MHz$,计算 T0 处于不同工作方式时,最大定时时间是多少？

（7）设 89C52 单片机的 $f_{osc}=12MHz$,用 T0 定时 $150\mu s$,计算需要计数的值,并分别计算采用模式 1 和模式 2 时的定时初值。选择何种模式工作合适？

（8）对 89C52 单片机的定时器/计数器 T1 编程,使其同时产生两种不同频率的方波,从 P3.6 输出频率为 200Hz 的方波,从 P3.7 输出频率为 100Hz 的方波。设晶振频

率12MHz。

（9）对89C52单片机的定时器/计数器T0编程，使其从P3.0输出频率为5kHz、占空比为2：5的方波。设晶振频率12MHz。

（10）使用89C52单片机设计一款可控制输出频率分别为0.5kHz、1kHz、2kHz、4kHz的方波发生器。设晶振频率为12MHz。提示：例如可以使用P1.0～P1.3引脚上的按钮选择输出频率，方波从P1.7输出。

（11）在Proteus下画电路图，使用89C52单片机的P0、P2口和定时器/计数器T0，设计一个可模拟发出从低音sou(5)到高音sou(5)的15个按键的电子琴，产生声音的方波信号从P1.0引脚输出。用Keil C编程实现其功能，将其编译后的代码下载到单片机中运行，单击按钮演奏音乐。需要发音的C调各音频率为：220、247、247、262、294、330、349、392、440、494、523、588、660、698、784。

（12）将第（11）题中的T0换成T2，用T2的时钟输出功能，并修改程序，实现相同功能。

（13）在例7-4的基础上添加调整时、分功能。其方法为：在单片机的P3口加上4个按钮，在程序中加上调时功能，4个按钮分别对应调整时十位、时个位、分十位、分个位，每按一次键，对应位加1。

（14）用Proteus设计一倒计时的计时器，由89C52单片机作主控制器，最小计时单位为秒，最大计时范围为12小时，用设置（设置开始时间）、启动、停止、清0按钮控制运行。

（15）用T2的时钟输出方式产生频率为500Hz的方波输出，设晶振频率12MHz。

第 8 章 单片机串行口

CHAPTER 8

串行口是单片机片内的重要设备之一,是组成单片机集散系统或单片机与微机信息交互的重要通信部件。本章主要讲述串行通信基础知识、89C52 单片机串行口结构、工作方式、常见的通信接口方式,以及串行口的应用。

8.1 串行通信基础知识

8.1.1 数据通信

计算机与外界的信息交换称为通信。基本的通信方法有并行通信和串行通信两种。

1. 并行通信

单位信息(通常指 1 字节)的各位数据同时传送的通信方法称为并行通信。89C52 单片机的并行通信依靠并行 I/O 接口实现。如图 8-1 所示,CPU 在执行如 MOV P1,♯DATA 的指令时,将 8 位数据写入 P1 口,并经 P1 口的 8 个引脚将 8 位数据并行输出到外部设备。同样,CPU 也可以执行如 MOV A,P1 的指令,将外部设备送到 P1 口引脚上的 8 位数据并行地读入累加器 A。并行通信的最大优点是信息传输速度快,缺点是单位信息有多少位就需要多少根传送信号线。因此,并行通信在短距离通信时有明显的优势,适用于近距离的通信,对长距离通信来说,由于需要传送信号线太多,采用并行通信就不经济了。

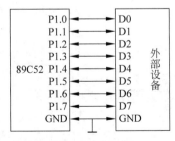

图 8-1 并行通信示意图

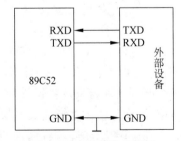

图 8-2 串行通信示意图

2. 串行通信

单位信息的各位数据被分时一位一位依次顺序传送的通信方式称为串行通信,如图 8-2

所示。串行通信可通过串行接口来实现。串行通信的突出优点是：仅需要一对传输线传输信息，对远距离通信来说，就大大降低了线路成本。其缺点是：传送速度比并行传输慢，假设并行传送 n 位数据所需要时间为 T，则串行传送的时间至少需要 $n \times T$，实际上总是大于 $n \times T$。通信技术中，输出又称为发送（Transmiting），输入又称为接收（Receiving），串行通信速度慢，但使用传输线少，适应长距离通信。

8.1.2 异步通信和同步通信

串行通信有两种基本通信方式，即异步通信和同步通信。

1. 异步通信

异步通信中，传送的数据可以是一个字符代码或一个字节数据，数据以帧的形式一帧一帧传送。一帧数据由四部分组成：起始位、数据位、奇偶校验位和停止位。异步通信起始位用"0"表示数据传送的开始，然后从数据低位到高位逐位传送数据，接下来是奇偶校验位（可以省略不用），最后为停止位，用"1"表示一帧数据结束，如图 8-3 所示。

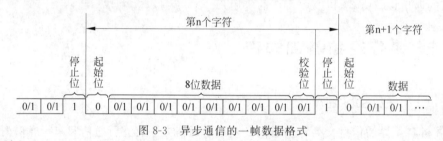

图 8-3 异步通信的一帧数据格式

起始位信号只占用一位，用来通知接收设备一个待接收的数据开始到达，线路上在不传送数据时，应保持为 1。接收端不断检测线路的状态，若在连续收到 1 以后，又收到一个 0，就知道发来一个新数据，开始接收。字符的起始位还可被用作同步接收端的时钟，以保证以后的接收能正确进行。

起始位后面是数据位，它可以是 5 位、6 位、7 位或 8 位，一般情况下是 8 位（D0～D7）。奇偶校验位（D8）只占用一位，在数据传送中也可以规定不用奇偶校验位，这一位可以省去。或者把它用作地址数据帧标志（在多机通信中），来确定这一帧中的数据所代表信息的性质，如规定 D8＝1 表示该帧信息传送的是地址，D8＝0 表示传送的是数据。

停止位用来表示一个传送字符的结束，它一定是高电平，停止位可以是 1 位、1.5 位或 2 位，接收端接收到停止位后，就知道这一字符已传送完毕。同时，也为接收下一字符作准备，只要再次接收到 0，就是新的数据的起始位。若停止位后不是紧接着接收下一个字符，则使线路电平保持高电平，两帧信息之间可以无间隔，也可以有间隔，且间隔时间可以任意改变，间隔用空闲位"1"来填充。图 8-3 表示一个字符紧接一个字符传送的情况，上一个字符的停止位和下一个字符的起始位是紧邻的。若一个字符传输结束后，暂时没有字符传送，即两个字符间有空闲，则在停止位之后插入空闲位，空闲位与停止位相同，即空闲位为 1，线路处于等待状态。存在空闲位是异步通信的特征之一。

例如：ASCII 编码，字符数据为 7 位，传送时，加一个奇偶校验位、一个起始位、一个停止位，则一帧共 10 位。

2. 同步通信

在同步通信中,每一数据块发送开始时,先发送一个或两个同步字符,使发送与接收取得同步,然后再顺序发送数据。数据块的各个字符间取消起始位和停止位,所以通信速度得以提高,如图 8-4 所示。同步通信时,如果发送的数据块之间有间隔时间,则发送同步字符填充。

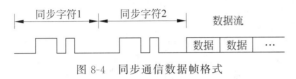

图 8-4 同步通信数据帧格式

同步字符可以由用户约定,也可以用 ASCII 码中规定的 SYNC 同步代码,即 16H。同步字符的插入可以是单同步字符方式或双同步字符方式,图 8-4 为双同步字符方式。在同步传送时,要求用时钟来实现发送端与接收端之间的同步。为了保证接收正确无误,发送方除了传送数据外,还要同时传送时钟信号。同步传送可以提高传输速率,但对硬件要求比较高。

89C52 串行 I/O 接口的基本工作过程是按异步通信方式进行的:发送时,将 CPU 送来的并行数据转换成一定帧格式的串行数据,从引脚 TXD 上按规定的波特率逐位输出,接收时,监视引脚 RXD,一旦出现起始位"0",就将外设送来的一定格式的串行数据接收并转换成并行数据,等传 CPU 读入。

8.1.3 波特率

在串行通信中,对数据传送速度有一定要求。在一帧信息中,每一位的传送时间(位宽)是固定的,用位传送时间 Td 表示。Td 的倒数称为波特率(Baud Rate),波特率表示每秒传送的位数,单位为 b/s(记作波特),也经常表示为 bps。

例如:数据传送速率为每秒 10 个字符,若每个字符的一帧为 11 位,则传送波特率为:

$$11 \text{ 位/字符} \times 10 \text{ 字符/秒} = 110 \text{ b/s}$$

而位传送时间 Td=9.1ms。

异步通信的传送速率一般在 50~19200b/s,常用于计算机到终端和打印机之间的通信、直通电报以及无线通信的数据传送等。

8.1.4 通信方向

根据信息的传送方向,串行通信通常有三种:单工、半双工和全双工。

如果用一对传输线只允许单方向传送数据,这种传送方式称为单工传送方式,如图 8-5(a)所示。如果用一对传输线允许向两个方向中的任一方向传送数据,但两个方向上的数据传送不能同时进行,这种传送方式称为半双工(Half Duplex)传送方式,如图 8-5(b)所示。如果用两对传输线连接在发送器和接收器上,每对传输线只负担一个方向的数据传送,发送和接收能同时进行,这种传送方式称为全双工(Full Duplex)传送方式,如图 8-5(c)所示,它要求两端的通信设备都具有完整和独立的发送和接收能力。

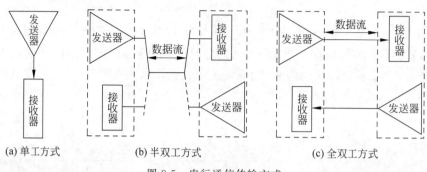

图 8-5 串行通信传输方式

8.1.5 串行通信接口种类

根据串行通信格式及约定(如同步方式、通信速率、数据块格式等)不同,形成了许多串行通信接口标准,如常见 UART(串行异步通信接口)、USB(通用串行总线接口)、IIC 总线、SPI 总线、485 总线、CAN 总线接口等。

8.2 串行口结构及控制

8.2.1 单片机串行口结构

89C52 单片机的串行口电路结构示意图如图 8-6 所示,图中为单片机串行口工作在方式 1、方式 3 并且使用 T1 作为波特率发生器的内部结构。89C52 通过引脚 RXD(P3.0,串行数据接收端)和引脚 TXD(P3.1,串行数据发送端)与外界进行通信,单片机内部的全双工串行接口部分,包含有串行发送器和接收器,有两个物理上独立的缓冲器,即发送缓冲器和接收缓冲器 SBUF。发送缓冲器只能写入发送的数据,但不能读出;接收缓冲器只能读出接收的数据,但不能写入。因此,在逻辑上两者占用同一个地址,分别通过读写操作完成;在物理结构上两者相互独立,可同时收、发数据,实现全双工传送。

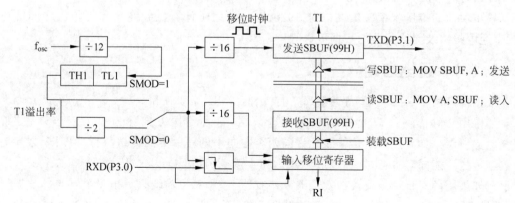

图 8-6 串行口方式 1、3 内部结构示意图

串行发送与接收的速率与移位时钟同步。89C52 可用定时器 T1 或 T2 作为串行通信的波特率发生器,图中使用 T1,T1 溢出率经 2 分频或不分频(取决于电源控制寄存器

PCON 的最高位 SMOD)后又经 16 分频作为串行发送或接收的移位脉冲。移位脉冲的速率即是波特率。

从图 8-6 中可以看出,接收器是双缓冲结构,在前一个字节从接收缓冲器 SBUF 读出之前,第二个字节即开始接收(串行输入至移位寄存器),但是,在第二个字节接收完毕而前一个字节 CPU 未读取时,会丢失前一个字节。

串行口的接收和发送,都是通过对特殊功能寄存器 SBUF 进行读/写操作实现的。当由 RXD 接收到一帧数据时,由输入移位寄存器向接收缓冲器 SBUF 装载,同时使接收中断标志 RI=1,这时向 SBUF 发"读"命令时(执行"MOV A,SBUF"指令),即可读取接收缓冲器 SBUF 的内容。当向 SBUF 发"写"命令时(执行"MOV SBUF,A"指令),即是向发送缓冲器 SBUF 装载并开始由 TXD 引脚向外发送一帧数据,发送完便使发送中断标志位 TI=1。

8.2.2 串行口特殊功能寄存器

1. 控制状态寄存器 SCON

特殊功能寄存器 SCON 是串行口的控制状态寄存器,用于定义串行通信口的工作方式和反映串行口状态,其字节地址为 98H,复位值为 0000 0000B,可位寻址格式如图 8-7 所示。

SCON	D7	D6	D5	D4	D3	D2	D1	D0
(98H)	SM0	SM1	SM2	REN	TB8	RB8	TI	RI

图 8-7 串行口控制寄存器 SCON

SM0 和 SM1(SCON.7、SCON.6):串行口工作方式选择位。不同组合用于确定串行口的 4 种工作方式,见表 8-1。

表 8-1 SM0、SM1 组合及工作方式

SM0	SM1	工作方式	功能说明	波特率
0	0	方式 0	同步移位寄存器	$f_{osc}/12$
0	1	方式 1	8 位数据 UART	可变(T1 溢出率/32 或/16)
1	0	方式 2	9 位数据 UART	$f_{osc}/64$ 或 $f_{osc}/32$
1	1	方式 3	9 位数据 UART	可变(T1 溢出率/32 或/16)

SM2(SCON.5):多机通信控制位,在方式 2 或 3 中使用。

若置 SM2=1,则允许多机通信。多机通信协议规定,第 8 位数据(D8)为 1,说明本帧数据为地址帧;若第 8 位为 0,则本帧为数据帧。当一片 89C52(主机)与多片 89C52(从机)通信时,所有从机的 SM2 位都置 1。主机首先发送的一帧数据为地址,即某从机机号,其中第 8 位为 1,所有的从机接收到数据后,将其中第 8 位装入 RB8 中。各个从机根据收到的第 8 位数据(RB8 中)的值来决定从机可否再接收主机的信息。若(RB8)=0,说明是数据帧,则使接收中断标志位 RI=0,信息丢失;若(RB8)=1,说明是地址帧,数据装入 SBUF 并置 RI=1,中断所有从机,被寻址的目标从机清除 SM2,以接收主机发来的一帧数据。其他从机仍然保持 SM2=1。

若 SM2=0,即不属于多机通信情况,则接收一帧数据后,不管第 8 位数据是 0 还是 1,都置 RI,接收到的数据装入 SBUF 中。

根据 SM2 这个功能,可实现多个 89C52 应用系统的串行通信。

在方式 1 时,若 SM2＝1,则只有接收到有效停止位时,RI 才置 1,以便接收下一帧数据。在方式 0 时,SM2 必须是 0。

REN(SCON.4):允许接收控制位,由软件置 1 或清 0。

当 REN＝1 时,允许接收,相当于串行接收的开关;

当 REN＝0 时,禁止接收。

在串行通信接收控制过程中,如果满足 RI＝0 和 REN＝1(允许接收)的条件,就允许接收,一帧数据就装载入接收 SBUF 中。

TB8(SCON.3):发送数据的第 8 位(D8)装入 TB8 中。在方式 2 或方式 3 中,根据发送数据的需要由软件置位或复位。在许多通信协议中可用作奇偶校验位,也可在多机通信中作为发送地址帧或数据帧的标志位。在多机通信中,TB8＝1,说明该帧数据为地址字节;TB8＝0,说明该帧数据为数据字节。在方式 0 或方式 1 中,该位未用。

RB8(SCON.2):接收数据的第 8 位。在方式 2 或方式 3 中,接收到的第 8 位数据放在 RB8 位。它或是约定的奇/偶校验位,或是约定的地址/数据标识位。在方式 2 和方式 3 多机通信中,若 SM2＝1,如果 RB8＝1,则说明收到的数据为地址帧。

在方式 1 中,若 SM2＝0(即不是多机通信情况),则 RB8 中存放的是已接收到的停止位。在方式 0 中,该位未用。

TI(SCON.1):发送中断标志,在一帧数据发送完时被置位。在方式 0 串行发送第 8 位结束或其他方式串行发送到停止位的开始时由硬件置位,可用软件查询。它同时也申请中断。TI 置位意味着向 CPU 提供"发送缓冲器 SBUF 已空"的信息,CPU 可以准备发送下一帧数据。串行口发送中断被响应后,TI 不会自动清 0,必须由软件清 0。

RI(SCON.0):接收中断标志,在接收到一帧有效数据后由硬件置位。在方式 0 中,第 8 位数据发送结束时,由硬件置位;在其他 3 种方式中,当接收到停止位中间时由硬件置位。

RI＝1,申请中断,表示一帧数据接收结束,并已装入接收 SBUF 中,要求 CPU 取走数据。CPU 响应中断,取走数据。RI 也必须由软件清 0,清除中断申请,并准备接收下一帧数据。

串行发送中断标志 TI 和接收中断标志 RI 是同一个中断源,CPU 事先不知道是发送中断标志 TI 还是接收中断标志 RI 产生的中断请求,所以,在全双工通信时,必须由软件来判别。

2. 波特率倍频控制位 SMOD

电源控制寄存器 PCON 中只有 SMOD 位与串行口工作有关,如图 8-8 所示。

PCON	D7	D6	D5	D4	D3	D2	D1	D0
(87H)	SMOD	—	—	—	GF1	GF0	PD	IDL

图 8-8 电源控制寄存器 PCON

SMOD(PCON.7):波特率倍增位。当串行口工作于方式 1、方式 2 和方式 3 时,波特率和 2^{SMOD} 成正比,即当 SMOD＝1 时,串行口波特率加倍。复位值为 0000 0000B。PCON 寄存器不能进行位寻址。

其他位与串行口工作无关,详见第 2 章。设置波特率加倍时,可采用这样的指令 ORL PCON,♯80H,C 语言表示 PCON|＝0x80。

8.2.3 波特率设计

在串行通信中,收发双方对发送或接收的数据速率有一定的约定,通过软件对单片机串行口编程可约定 4 种工作方式。其中,方式 0 和方式 2 的波特率是固定的,方式 1 和方式 3 的波特率是由定时器 T1 的溢出率来决定的。在增强型单片机中,也可以使用 T2 作波特率发生器。

串行口的 4 种工作方式对应着 3 种波特率,由于输入的移位时钟来源不同,各种方式的波特率计算公式也不同。

1. 方式 0 的波特率

方式 0 时,发送或接收一位数据的移位时钟脉冲由 S6(即第 6 个状态周期,第 12 个节拍)给出,即每个机器周期产生一个移位时钟,发送或接收一位数据。因此,波特率固定为振荡频率的 1/12。并不受 PCON 寄存器中 SMOD 位的影响。

$$\text{方式 0 的波特率} = f_{osc}/12 \tag{8-1}$$

2. 方式 2 的波特率

串行口方式 2 波特率的产生与方式 0 不同,即输入的时钟源不同。控制接收与发送的移位时钟由振荡频率 f_{osc} 的第二节拍 P2 时钟($f_{osc}/2$)给出,所以,方式 2 波特率取决于 PCON 中 SMOD 位的值:当 SMOD=0 时,波特率为 f_{osc} 的 1/64;当 SMOD=1 时,则波特率为 f_{osc} 的 1/32。即

$$\text{方式 2 的波特率} = \frac{2^{SMOD}}{64} \times f_{osc} \tag{8-2}$$

3. 方式 1 和方式 3 的波特率

1) T1 作波特率发生器

对于基本型单片机,方式 1 和方式 3 的波特率由定时器 T1 的溢出率决定;对于增强型单片机,复位后,寄存器 T2CON 的位 TCLK=0 和 RCLK=0,方式 1 和方式 3 的移位时钟脉冲由定时器 T1 的溢出率决定。串行口方式 1 和方式 3 的波特率由定时器 T1 的溢出率与 SMOD 值同时决定。即

$$\text{串行口方式 1、方式 3 的波特率} = \frac{2^{SMOD}}{32} \times (\text{T1 溢出率})$$

式中:T1 溢出率取决于 T1 的计数速率(计数速率 = $f_{osc}/12$)和 T1 预置的值,于是

$$\text{串行口方式 1、方式 3 的波特率} = \frac{2^{SMOD}}{32} \times \frac{f_{osc}}{12}/(2^n - \text{初值})$$

T1 工作于模式 0 时,n=13;T1 工作于模式 1 时,n=16;T1 工作于模式 2 时,n=8。在最典型应用中,定时器 T1 选用定时器模式 2(自动重装初值定时器),TMOD 的高半字节为 0010B,设定时器的初值为 X,它的波特率由下式给出:

$$\text{串行口方式 1、方式 3 的波特率} = \frac{2^{SMOD}}{32} \times \frac{f_{osc}}{12}/(256 - X) \tag{8-3}$$

于是,可以得出 T1 模式 2 的初始值 X:

$$X = 256 - \frac{f_{osc} \times (SMOD+1)}{384 \times \text{波特率}} \tag{8-4}$$

表 8-2 列出了串行口常用波特率及其初值。

表 8-2 T1 作串行口的波特率发生器的相关参数

标准波特率 (b/s)	实际波特率 (b/s)	f_{osc}(MHz)	SMOD	定时器 T1		
				$C/\overline{T}$	模式	初值
	62500	12	1	0	2	FFH
	31250	12	1	0	2	FEH
	20833	12	1	0	2	FDH
	12500	12	1	0	2	FBH
	6250	12	1	0	2	F6H
57600	57600	11.0592	1	0	2	FFH
28800	28800	11.0592	1	0	2	FEH
19200	19200	11.0592	1	0	2	FDH
9600	9600	11.0592	0	0	2	FDH
4800	4800	11.0592	0	0	2	FAH

2) T2 作波特率发生器

在增强型单片机中,除了可以使用 T1 作为波特率发生器外,还可以使用 T2 作为波特率发生器。当寄存器 T2CON 的位 TCLK=1 和(或)RCLK=1 时,允许串行口从 T2 获得发送和(或)接收的波特率。

定时器 2 的波特率发生器模式,与自动重装模式相似,当 TH2 溢出时,波特率发生器模式使 T2 寄存器重新装载来自寄存器 RCAP2H 和 RCAP2L 的 16 位的值,寄存器 RCAP2H 和 RCAP2L 的值由软件预置。波特率由下面的 T2 溢出率决定:

$$串行口方式 1、方式 3 的波特率 = T2 溢出率/16$$

定时器 2 作波特率发生器时,它的操作不同于定时器。作定时器时,它会在每个机器周期递增;作波特率发生器时,它会在每个状态周期递增。这样,波特率公式如下:

$$串行口方式 1、方式 3 的波特率 = \frac{振荡频率}{32 \times (65536 - (RCAP2H, RCAP2L))} \tag{8-5}$$

此处:(RCAP2H,RCAP2L)=RCAP2H 和 RCAP2L 的内容,为 16 位无符号整数。波特率与 SMOD 无关。

表 8-3 列出了常用的波特率和如何使用定时器 T2 得到这些波特率,当晶振采用 12MHz 时,9.6kb/s 以上的波特率误差较大,表中给出 19.2kb/s 在 T2 相邻两个取值时实际波特率。

表 8-3 T2 作串行口的波特率发生器的相关参数

标准波特率 (b/s)	实际波特率 (b/s)	f_{osc}(MHz)	定时器 T2	
			RCAP2H	RCAP2L
115200	115200	11.0592	FF	FD
57600	57600	11.0592	FF	FA
38400	38400	11.0592	FF	F7
28800	28800	11.0592	FF	F4
19200	19200	11.0592	FF	EE
9600	9600	11.0592	FF	DC

续表

标准波特率 (b/s)	实际波特率 (b/s)	f_{osc}(MHz)	定时器 T2	
			RCAP2H	RCAP2L
4800	4800	11.0592	FF	B8
19200	19737	12	FF	ED
	18750	12	FF	EC
9600	9615	12	FF	D9
4800	4808	12	FF	B2
2400	2404	12	FF	64

【例 8-1】 89C52 单片机时钟振荡频率为 11.0592MHz,选用定时器 T1 工作模式 2 作为波特率发生器,波特率为 2400b/s,求初值。

解:设置波特率控制位(SMOD)=0,由式(8-4)可得

$$X = 256 - \frac{11.0592 \times 10^6 \times (0+1)}{384 \times 2400} = 244 = F4H$$

所以,(TH1)=(TL1)=F4H。

系统晶体振荡频率选择 11.0592MHz 就是为了使初值为整数,从而产生精确的波特率。如果串行通信选用很低的波特率,则可将定时器 T1 置于模式 0 或模式 1,即 13 位或 16 位定时方式;但在这种情况下,T1 溢出时,须用中断服务程序重装初值。中断响应时间和执行指令时间会使波特率产生一定的误差,可用改变初值的办法加以调整。

8.3 串行口工作方式

8.3.1 串行口方式 0

方式 0 为同步移位寄存器输入/输出方式,常用于扩展 I/O 口。串行数据通过 RXD 输入或输出,而 TXD 用于输出移位时钟,作为外接部件的同步信号。图 8-9(a)为发送电路,图 8-10(a)为接收电路。

这种方式不适用于两个 89C52 之间的直接数据通信,但可以通过外接移位寄存器来实现单片机的接口扩展。例如,74HC164 可用于扩展并行输出口,74HC165 可用于扩展并行输入口。在这种方式下,收/发的数据为 8 位,低位在前,无起始位、奇偶校验位及停止位,波特率是固定的。

1. 方式 0 发送

在方式 0 发送过程中,当执行一条将数据写入发送缓冲器 SBUF(99H)的指令时,串行口把 SBUF 中 8 位数据以 $f_{osc}/12$ 的波特率从 RXD(P3.0)脚输出,发送完毕置中断标志 TI=1。方式 0 发送时序如图 8-9(b)所示。写 SBUF 指令在 S6P1 处产生一个正脉冲,在下一个机器周期的 S6P2 处,数据的最低位输出到 RXD(P3.0)脚上;再在下一个机器周期的 S3、S4 和 S5 输出移位时钟为低电平时,在 S6 及下一个机器周期的 S1 和 S2 为高电平,就这样将 8 位数据由低位至高位一位一位顺序通过 RXD 线输出,并在 TXD 脚上输出 $f_{osc}/12$ 的移位时钟。在"写 SBUF"有效后的第 10 个机器周期的 S1P1 将发送中断标志 TI 置位。

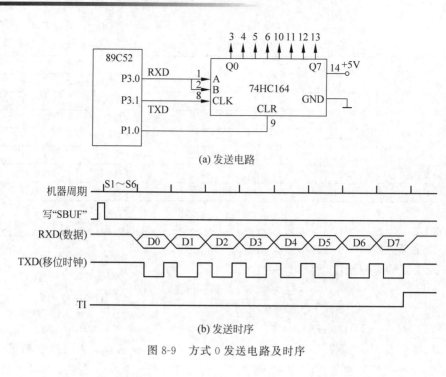

(a) 发送电路

(b) 发送时序

图 8-9 方式 0 发送电路及时序

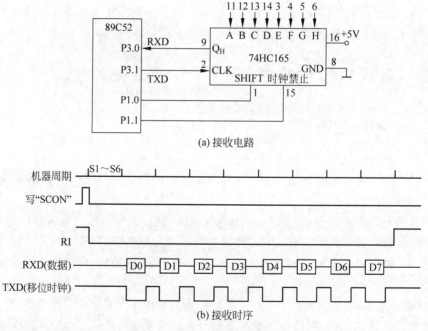

(a) 接收电路

(b) 接收时序

图 8-10 方式 0 接收电路及时序

图 8-9 中 74HC164 是 CMOS"串入/并出"移位寄存器。

2. 方式 0 接收

在方式 0 接收时,用软件置 REN=1(同时,RI=0),即开始接收。接收时序如图 8-10(b)所示。当使 SCON 中的 REN=1(RI=0)时,产生一个正的脉冲,在下一个机器周期的 S3P1～S5P2,从 TXD(P3.1)脚上输出低电平的移位时钟,在此机器周期的 S5P2 对 P3.0 脚采样,并在本机器周期的 S6P2 通过串行口内的输入移位寄存器将采样值移位接收。在同一个机器周期的 S6P1 到下一个机器周期的 S2P2,输出移位时钟为高电平。于是,将数据字节从低位至高位接收下来并装入 SBUF。在启动接收过程(即写 SCON,清 RI 位),将 SCON 中的 RI 清 0 之后的第 10 个机器周期的 S1P1 将 RI 置位。这一帧数据接收完毕,可进行下一帧接收。图 8-10(a)中,74HC165 是 CMOS"并入/串出"移位寄存器,Q_H 端为 74HC165 的串行输出端,经 P3.0 输入至 89C52。

8.3.2 串行口方式 1

方式 1 真正用于串行发送或接收,为 10 位通用异步接口。TXD 与 RXD 分别用于发送与接收数据。收发一帧数据的格式为 1 位起始位、8 位数据位(低位在前)、1 位停止位,共 10 位。在接收时,停止位进入 SCON 的 RB8,此方式的传送波特率可调。

串行口方式 1 的发送与接收时序如图 8-11(a)和(b)所示。

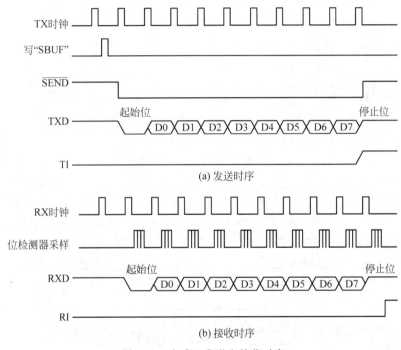

图 8-11 方式 1 发送和接收时序

1. 方式 1 发送

方式 1 发送时,数据从引脚 TXD(P3.1)端输出。当 CPU 执行数据写入发送缓冲器 SBUF 的命令时,就启动了发送器开始发送。发送时的定时信号,也就是发送移位时钟(TX 时钟,其频率为发送的波特率),在该时钟的作用下,每一个脉冲从 TXD(P3.1)引脚输出一个数据位;8 位数据位全部发送完后,置位 TI,并申请中断置 TXD 为 1 作为停止位,再经一个时钟周期,$\overline{SEND}$ 失效。

2. 方式 1 接收

方式 1 接收时,数据从引脚 RXD(P3.0)输入。接收是在 SCON 寄存器中 REN 位置 1 的前提下,并检测到起始位(RXD 上出现 1→0 的跳变,即起始位)而开始的。

接收时,定时信号有两种(如图8-11(b)所示):一种是接收移位时钟(RX时钟),它的频率和传送波特率相同,也是由定时器T1的溢出信号经过16分频或32分频而得到的;另一种是位检测器采样时钟,它的频率是RX时钟的16倍,也即在一位数据期间有16个采样脉冲进行采样。

为了接收准确无误,在正式接收数据之前,还必须判定这个1→0跳变是否是由干扰引起的。为此,在该位中间的第7个时钟、第8个时钟及第9个时钟连续对RXD采样3次,取其中两次相同的值进行判断。这样能较好地消除干扰的影响。当确认是真正的起始位(0)后,就开始接收一帧数据。当一帧数据接收完毕后,必须同时满足以下两个条件,这次接收才真正有效。

- RI=0,即上一帧数据接收完成时,RI=1发出的中断请求已被响应,SBUF中数据已被取走。由软件使RI=0,以便提供"接收SBUF已空"的信息。
- SM2=0或收到的停止位为1(方式1时,停止位进入RB8),则将接收到的数据装入串行口的SBUF和RB8(RB8装入停止位),并置位RI;如果不满足,接收到的数据不能装入SBUF,这意味着该帧数据将会丢失。

值得注意的是,在整个接收过程中,保证REN=1是一个先决条件。只有当REN=1时,才能对RXD进行检测和进行移位接收数据。

8.3.3 串行口方式2和方式3

串行口工作在方式2和方式3均为每帧11位异步通信格式,由TXD和RXD发送与接收,两种方式操作是完全一样的,不同的只是特波率。每帧11位,即1位起始位、8位数据位(低位在前)、1位可编程的第9数据位和1位停止位。发送时,第9数据位TB8可以设置为1或0,也可将奇偶位装入TB8,从而进行奇偶校验;接收时,第9数据位进入SCON的RB8。方式2和方式3的发送与接收时序如图8-12所示,其操作与方式1类似。

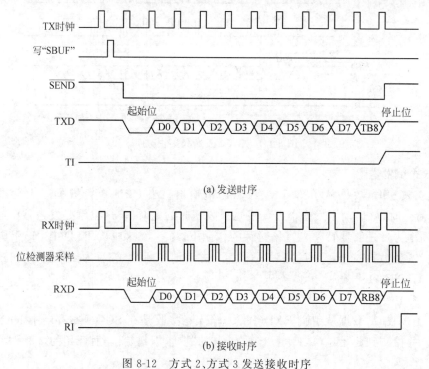

图8-12 方式2、方式3发送接收时序

发送前,先根据通信协议由软件设置 TB8(如作奇偶校验位或地址/数据标志位),然后将要发送的数据写入 SBUF,即可启动发送过程。串行口能自动把 TB8 取出,并装入第 8 位数据位的位置,再逐一发送出去。发送完毕,使 TI=1。

接收时,使 SCON 中的 REN=1,允许接收。当检测到 RXD(P3.0)端有 1→0 的跳变(起始位)时,开始接收 9 位数据,送入移位寄存器(9 位)。当满足 RI=0 且 SM2=0,或接收到的第 8 位数据为 1 时,前 8 位数据送入 SBUF,附加的第 8 位数据送入 SCON 中的 RB8,置 RI 为 1;否则,此次接收无效,也不置位 RI。

8.4 串行口接口技术

PC 配置的异步通信适配器,采用的是 RS-232 标准串行接口,利用它可以很方便地完成 PC 与其他带有串行接口的 MCU 进行数据通信。在工业控制和智能仪器仪表行业中,广泛采用 RS-422/485 标准通信接口进行远距离通信和组网,本节介绍 RS-232 和 RS-485 的基础知识和接口电路。

8.4.1 RS-232 接口

RS-232 接口符合美国电子工业联盟(EIA)制定的串行数据通信的接口标准,原始编号全称是 EIA-RS-232(简称 232 或 RS232),它被广泛用于计算机串行接口外设连接。

RS-232 设计之初是用来连接调制解调器做传输之用,也因此它的脚位意义通常和调制解调器传输有关。RS-232 的设备可以分为数据终端设备(DTE)和数据通信设备(DCE)两类,这种分类定义了不同的线路用来发送和接收信号。一般来说,计算机和终端设备有 DTE 连接器,调制解调器和打印机有 DCE 连接器。

RS-232 指定了 20 个不同的信号连接,使用 DB-25 连接器,很多设备只是用了其中的一小部分管脚,于是 9 管脚的 DB-9 型连接器被广泛使用在绝大多数 PC 和其他许多设备上。这里只介绍 DB-9 型连接器的引脚结构和功能,见表 8-4 和图 8-13。

表 8-4 DB-9 连接器引脚功能

引脚序号	引脚名称	功能
1	DCD	载波检测
2	RXD	接收数据
3	TXD	发送数据
4	DTR	数据终端准备好
5	SGND	信号地线
6	DSR	数据准备好
7	RTS	请求发送
8	CTS	清除发送
9	RI	振铃提示

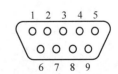

图 8-13 DB-9 连接器引脚

PC 与 89C52 单片机最简单的连接是零调制 3 线经济型,即 TXD、RXD 和 SGND 信号,这是进行全双工通信所必须的最少数目的线路。

由于89C52单片机输入、输出电平为TTL电平,而PC配置的是RS-232C标准串行接口,二者的电气规范不一致,TTL电平用+5V表示数字1,用0V表示数字0;而RS-232C标准电平用-3~-15V表示数字1,用+3~+15V表示数字0。因此,要实现PC与单片机的数据通信,必须进行电平转换。现在多采用MAX232芯片实现89C52单片机与PC通信的信号转换。

1. 接口芯片MAX232简介

MAX232芯片是MAXIM公司生产的、包含两路接收器和驱动器的IC芯片,适用于各种EIA-232C(早期称为RS-232C)和V.28/V.24的通信接口。

MAX232芯片内部有一个电源电压变换器,可以把输入的+5V电源电压变换成为RS-232C输出电平所需的±10V电压。所以,采用此芯片接口的串行通信系统只需单一的+5V电源就可以了。对于没有±12V电源的场合,其适应性更强。加之其价格适中,硬件接口简单,所以被广泛采用。

MAX232芯片的引脚结构如图8-14所示。其典型工作电路如图8-15所示。

图8-14 MAX232芯片的引脚

图8-15中上半部分电容C_1、C_2、C_3、C_4及V_+、V_-是电源变换电路部分。

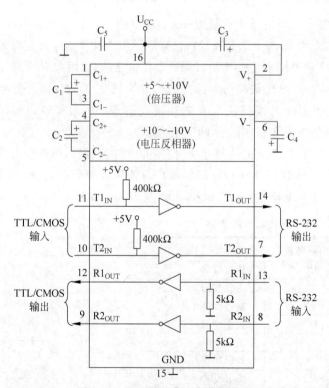

图8-15 MAX232典型工作电路图

在实际应用中,器件对电源噪声很敏感。因此,V_{CC}必须要对地加去耦电容C_5,其值为$0.1\mu F$。电容C_1、C_2、C_3和C_4取同样数值的钽电解电容$1.0\mu F/16V$,用以提高抗干扰能力。在连接时必须尽量靠近器件。

MAX233 是与 MAX232 功能相同的芯片,不需要外接电容,使用起来更方便,但 MAX233 的价格要略高一点。

下半部分为发送和接收部分。实际应用中,$T1_{IN}$ 和 $T2_{IN}$ 可直接接 TTL/CMOS 电平的 89C52 单片机的串行发送端 TXD;$R1_{OUT}$ 和 $R2_{OUT}$ 可直接接 TTL/CMOS 电平的 89C52 单片机的串行接收端 RXD;$T1_{OUT}$ 和 $T2_{OUT}$ 可直接接 PC 的 RS-232 串口的接收端 RXD;$R1_{IN}$ 和 $R2_{IN}$ 直接接 PC 的 RS-232 串口的发送端 TXD。

2. 单片机与 PC 串行通信接口电路

现从 MAX232 芯片中两路发送接收中任选一路作为接口,电路如图 8-16 所示。

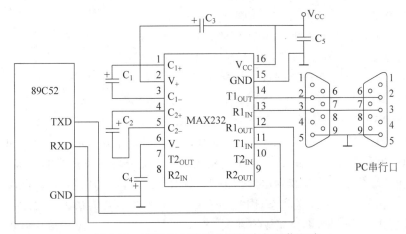

图 8-16 采用 MAX232 接口的串行通信电路

应注意其发送、接收的引脚要对应。在 PC 的 9 针串行口中,2 脚为 RXD,3 脚为 TXD,5 脚为接地脚。如果是 $T1_{IN}$ 接单片机的发送端 TXD,则 PC 的 RS-232 的接收端 RXD 一定要对应接 $T1_{OUT}$ 引脚。同时,$R1_{OUT}$ 接单片机的 RXD 引脚,PC 的 RS-232 的发送端 TXD 对应接 $R1_{IN}$ 引脚。

8.4.2 RS-422/485 接口

现在世界仪表市场基本被智能仪表所垄断,这归结于企业信息化的需要,而企业在仪表选型时其中的一个必要条件就是要具有联网通信接口。最初是数据模拟信号输出简单过程量,后来仪表接口是 RS-232 接口,这种接口可以实现点对点的通信方式,但这种方式不能实现联网功能,随后出现的 RS-422/485 解决了这个问题。RS-422 为全双工工作方式,收发可以同时进行,需要两对双绞线;RS-485 只能半双工工作,收发不能同时进行,但它只需要一对双绞线。下面讲述 RS-485 的特性和接口电路。

1. RS-485 特性

区别于 RS-232,RS-485 的特性包括:

(1) RS-485 的电气特性。数字 1 以两线间的电压差为 +2~+6V 表示;数字 0 以两线间的电压差为 -2~-6V 表示。

(2) RS-485 的数据最高传输速率为 10Mb/s。

(3) RS-485 接口是采用平衡驱动器和差分接收器的组合,抗共模干扰能力增强,即抗噪声干扰性好。

(4) RS-485 接口的最大传输距离标准值为 4000 英尺(约 1219 米),实际上可达 3000 米。另外,RS-232 接口在总线上只允许连接一个收发器,即单站能力。而 RS-485 接口在总线上是允许连接多达 128 个收发器,即具有多站能力,这样用户可以利用单一的 RS-485 接口方便地建立起设备网络,应用 RS-485 可以联网构成分布式系统。

因 RS-485 接口具有良好的抗噪声干扰性,长的传输距离和多站能力等上述优点就使其成为首选的串行接口。RS-485 接口组成的半双工网络一般只需二根连线,所以 RS-485 接口均采用屏蔽双绞线传输。

2. RS-485 接口电路

把 TTL 转为 RS-485,实质是一个集成芯片完成的转换,其间无任何程序代码,纯粹硬件逻辑。同理,将 RS-485 电平转为 TTL 也是如此。现在很多芯片把接收和转换都集成到一块 IC 上,注意,转换器和接收器依旧是没有同时工作的,常见的转换芯片是 SN75176、SN75276、SN75LBC184、MAX485、MAX1487、MAX3082、MAX1483 等。MAX485 的

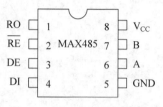

图 8-17 MAX485 芯片引脚

芯片引脚如图 8-17 所示,MAX485 芯片内部含有一个驱动器和接收器。RO 和 DI 端分别为接收器的输出和驱动器的输入端,与单片机连接时只需分别与单片机的 RXD 和 TXD 相连;$\overline{RE}$ 和 DE 端分别为接收和发送的使能端,当 $\overline{RE}$ 为逻辑 0 时,器件处于接收状态;当 DE 为逻辑 1 时,器件处于发送状态,因为 MAX485 工作在半双工状态,所以只需用单片机一个引脚控制这两个引脚,即可完成控制 MAX485 的接收和发送。A 端和 B 端分别为接收和发送的差分信号端,当 A 引脚的电平高于 B 时,代表发送的数据为 1;当 A 的电平低于 B 端时,代表发送的数据为 0。使用时需要在 A 端和 B 端之间加匹配电阻,可选 120Ω 的电阻。

典型的 RS-485 多机通信接口电路如图 8-18 所示。

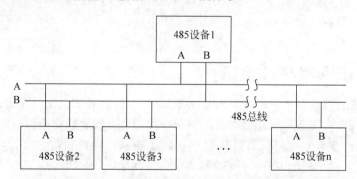

图 8-18 典型的 RS-485 多机通信接口电路

RS-485 串口协议只是定义了传输的电压、阻抗等,编程方式和普通的串口编程一样。

8.4.3 与 USB 接口

现在的笔记本计算机已经没有了串行口,虽然台式机上还保留一个串行口,但在做实验时会不够用,因此,需要把 USB 口转换成串行口。常用的 USB 转串口芯片有 CH340、CP2102、PL2303 等。CH340 是南京沁恒电子公司的产品,不仅价优(不到 2 元)、性能好,而且资料与驱动易找、全中文;其他都是进口芯片,性价比、资料、驱动等诸方面都不及

CH340,所以 CH340 应用非常广泛。

1. CH340 的主要特点

CH340 是一个 USB 口转串行口的系列芯片,有 CH340B/C/E/G/R/T 六种型号,下面是共有的基本特点。

- 全速 USB 设备接口,兼容 USB V2.0。
- 仿真标准串口,为标准的 UART 信号,用于升级原串口外围设备,或者通过 USB 增加额外串口。
- 计算机端 Windows 操作系统下的串口应用程序完全兼容,无须修改。
- 硬件全双工串口,内置收发缓冲区,支持通信波特率 50b/s~2Mb/s。
- 支持常用的 MODEM 联络信号 RTS、CTS、DTR、DSR、RI、DCD。
- 软件兼容 CH341(USB 转 UART、并行口、IIC 等),可以使用 CH341 的驱动程序。
- 支持 5V 电源电压和 3.3V 电源电压甚至 3V 电源电压。
- 通过外加电平转换器件,可以提供 RS232、RS485、RS422 等接口。

不同型号的特有特点。

- CH340B、CH340C 和 CH340E 内置时钟,无须外部晶振;CH340G、CH340R 和 CH340T 需要外接 12MHz 晶振产生时钟信号。
- CH340B 内置 256 字节的 EEPROM,用于配置自己所开发的产品的序列号、参数等。
- CH340R 芯片支持 IrDA 规范 SIR 红外线通信,支持波特率 2400b/s 到 115200b/s。
- 提供 SOP-16(CH340B/C/G)和 MSOP-10(CH340E)以及 SSOP-20(CH340R/T)无铅封装,兼容 RoHS。

2. CH340 的引脚信号

仅以 CH340B 为例介绍芯片的引脚,CH340B 为 16 引脚,SOP 封装,引脚如图 8-19 所示,其引脚信号如下。

(1) 电源引脚:

- V_{CC}:5V 电源正极接入引脚。
- V3:3V 电源正极接入引脚。
- GND:电源地接入引脚。

用 5V 电源时的接入方法如图 8-20 所示。用 3.3V 电源时,把图 8-20 中的 V_{CC} 与 V3 连接起来,去掉一个 0.1μ 的电容,并且与 CH340 连接的器件的工作电压不能超过 3.3V。

(2) USB 接口信号:

- UD+:USB 总线的 D+数据,输入、输出。
- UD-:USB 总线的 D-数据,输入、输出。

(3) 串行口数据信号(与单片机接口):

- TXD:数据发送,输出。
- RXD:数据接收,输入。

(4) 串行口联络信号:

- $\overline{RTS}$:请求发送,输出,低电平有效。
- $\overline{CTS}$:清除请求发送(允许发送),输入,低电平有效。

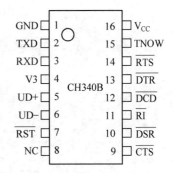

图 8-19 CH340B 引脚

- $\overline{\text{DTR}}$：数据终端就绪，输出，低电平有效。
- $\overline{\text{DSR}}$：数据设备就绪，输入，低电平有效。
- $\overline{\text{RI}}$：振铃指示，输入，低电平有效。
- $\overline{\text{DCD}}$：载波检测指示，输入，低电平有效。

这组信号主要用于与调制解调器（MODEM）连接，实现单片机系统与 MODEM 的联络，以及通过电话线进行数据传输两端通信线路的建立。当两个单片机直接连接通信时，可以使用前两对信号中的任一对接单片机的某两个引脚进行联络，实现硬件流控制传输。

（5）其他信号：

- $\overline{\text{RST}}$：芯片复位信号，输入，低电平有效。
- TNOW：数据发送指示，输出，高电平有效。该信号可以控制 RS-485 芯片的 DE（高有效发送使能）和 $\overline{\text{RE}}$（低有效接收使能）引脚，实现 RS-485 半双工传输；也可以接一 LED 指示发送状态。
- NC：空引脚。

CH340E 只有 10 个引脚，除了电源、USB 数据、串行口数据信号外，还有三个信号，这三个信号是 $\overline{\text{RTS}}$、$\overline{\text{CTS}}$ 和 TNOW。

3. CH340 与单片机的接口电路

CH340B 与单片机的接口电路如图 8-20 所示。电路中有四条虚线，可以不连接，根据需要而定。如果 CH340 不在电路板上，与单片机不是固定连接（如出售的 USB 转 TTL 串行口），USB 上的电源引脚必须与 CH340 的 V_{CC} 连接；如果单片机系统需要从 USB 口供电，则系统的 V_{CC} 需要与 USB 的 V_{CC} 连接；如果单片机系统使用 3.3V 电源，USB 上的电源引脚与 CH340 的 V_{CC} 不连接。如果单片机的串行口不用握手方式传输，则 CH340 的 $\overline{\text{RTS}}$、$\overline{\text{CTS}}$ 引脚不需要与单片机连接。如果 CH340 不需要单片机控制复位，则 CH340 的 $\overline{\text{RST}}$ 引脚不需要与单片机连接。

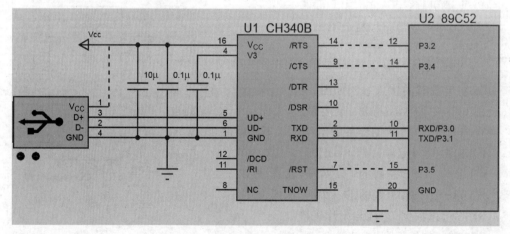

图 8-20 CH340 与单片机的接口电路

4. CH340 驱动程序安装

CH340 的 Windows 驱动文件，可以到南京沁恒电子公司的网站下载。需要注意，下载 CH341SER.ZIP 文件，不要下载 CH341SER.EXE 文件，前者含有 DLL 动态库，其下载网址为 http://www.wch.cn/downloads/CH341SER_ZIP.html。驱动程序的界面很简单,安装也非常容易,与芯片是否接入关系不大。

CH340 的驱动程序正确安装后,当芯片的 USB 信号接入计算机后,在计算机的设备管理器的"端口(COM 和 LPT)"下面,出现 USB-SERIAL-CH340(COMx)项,即在串行口和并行口设备中,多了一个串行口(由 CH340 的 USB 转换的)。需要说明的是 COMx 中的"x"是可以修改的:鼠标右击 USB-SERIAL-CH340(COMx)项,从它的"属性/端口设置/高级(A)/COM 端口号(P)"中修改,以适应某些软件的要求。

8.5 串行口的 C51 操作函数

在 C51 中,用输入和输出函数对串行口做接收和发送操作。我们知道,在 ANSI C 中,输入和输出函数的操作对象是键盘和显示器,但在 C51 的库函数中对它们作了修改,实现对串行口进行复杂的输入/输出,如传输字符串、多位数的数值等。

在 C51 的输入/输出函数,都是以_getkey 和 putchar 函数为基础,这些输入/输出函数包括:字符输入/输出函数 getchar 和 putchar,字符串输入/输出函数 gets 和 puts,格式输入/输出函数 printf 和 scanf 等。C51 的输入/输出函数在 stdio.h 文件中作了格式声明,在使用这些输入/输出函数时,应把 stdio.h 头文件包含在程序文件中。

由于 C51 中的输入/输出函数是对串行口操作的,因此,在使用输入/输出函数之前,必须先对 MCS-51 单片机的串行口进行初始化。原则上,串行口的 4 种工作方式使用任何一种均可,但_getkey 和 putchar 函数不作校验,并且是真正的串行通信,所以一般选择方式 1;这时定时器/计数器 T1 作为串行口的波特率发生器,将 T1 设为模式 2(8 位初值自动重装,也可以使用 T2 作波特率发生器)。假设单片机的晶振为 11.0592MHz,波特率为 9600b/s,则初始化程序段为:

```
SCON = 0x52;              //设置串行口方式 1、允许接收、启动发送
TMOD = 0x20;              //设置定时器 T1 以模式 2 定时
TL1 = 0xfd;               //设置 T1 低 8 位初值
TH1 = 0xfd;               //设置 T1 重装初值
TR1 = 1;                  //开 T1
```

本节先介绍串行口的输出函数,然后介绍输入函数。

8.5.1 串行口输出函数

1. 字符输出函数 putchar

putchar 函数原型为:

char   putchar(char)

该函数的功能是从单片机的串行口输出字符,返回值为输出的字符。putchar 为可重入函数。

说明:①如果输出的字符是换行符\n,则在其之前先输出 1 个回车符\r。②后面的输出函数 puts、printf,以及输入函数 getchar、gets、scanf 的输出,都是通过调用 putchar 函数

实现的。

2. 字符串输出函数 puts

puts 函数的原型为：

char puts(const char *)

该函数的功能是使用 putchar 函数,从单片机的串行口输出指针指向的字符串,并且附加输出一个换行符,执行正确则返回一个非负整数,错误返回 EOF(=-1 或 0xff)。puts 为可重入函数。

说明：入口参数可以是字符串,也可以是指向字符串的指针变量,还可以是字符数组(最后一个元素必须是 0,或者说遇到数组中的 0 结束输出)。

3. 格式输出函数 pintf

printf 函数的功能是使用 putchar 函数,从单片机的串行口输出若干个所指定类型的数据项。其格式为:

printf(格式控制字符串,输出参数表)

格式控制是用双引号括起来的字符串,也称为转换控制字符串,包括三种信息：格式说明符、普通字符和转义字符。

(1) 格式说明符,由百分号"%"和格式字符组成,其作用是指明输出数据的格式,如 %d、%c、%s 等,详细情况见表 8-5。

(2) 转义字符,由"\"和字母或字符组成,它的作用是输出特定的控制符,如转义字符\n 的含义是输出换行。详细情况见表 8-6。

表 8-5 printf 函数的格式字符及含义

格式字符	数据类型	输出格式
d	int	有符号十进制数
u	int	无符号十进制数
o	int	无符号八进制数
x,X	int	无符号十六进制数
f	float	十进制浮点数
e,E	float	科学计数法十进制浮点数
g,G	float	自动选择 e 或 f 格式
c	char	单个字符
s	指针	带结束符的字符串

表 8-6 常用的转义字符及含义

转义字符	含义	ASCII
\0	空字符(null)	0x00
\n	换行符(LF)	0x0a
\r	回车符(CR)	0x0d
\t	水平制表符	0x09
\b	退格符(BS)	0x08
\f	换页符(FF)	0x0c
\'	单引号	0x27
\"	双引号	0x22
\\	反斜杠	0x5c

(3) 普通字符,除了格式说明符、转义字符之外的字符(包括空格),都属于普通字符,这些字符按原样输出,主要用来输出一些提示信息。

printf 为非重入函数。

用 printf 函数输出的例子如下(假设 y 已定义过,也赋值过):

```
printf("x = %d",36);              //从串行口发送输出"x = 36"各字符的 ASCII 码
printf("y = %d",y);               //从串行口发送输出"y = "及 y 的值的各字符及
                                  //数值各位的 ASCII 码
printf("c1 = %c,c2 = %c",'A','B'); //从串行口发送输出"c1 = A","c2 = B"各字符的 ASCII 码
```

```
printf("%s\n","OK,Send data begin!");    //从串行口发送输出"OK,Send data begin!"和\n
                                          //各字符的 ASCII 码
printf("我爱单片机");                      //从串行口发送输出"我爱单片机"各汉字的机内码
```

4. 格式输出到内存函数 spintf

sprintf 函数的原型为：

extern int sprintf(char *s,格式控制字符串,输出参数表)

可见，sprintf 函数与 printf 函数相似，其功能也相似，但数据不是输出到串行口，而是送入一个字符指针 s 指定的内存中，并且以 ASCII 码或机内码（汉字）的形式存储。该函数为非重入函数。

sprintf 函数常用于把数值型数据转换成字符串。

5. 输出函数使用说明

三个输出函数 putchar、puts 和 printf 在使用时应注意以下几点：

（1）在执行这些函数之前，必须关闭串行口中断（ES=0），并且设置 TI=1，如果 TI 为 0，则查询 TI，当 TI 为 1 时（前一次发送结束）才往下执行输出。

（2）这些函数执行之后 TI 被置 1，但是，可能读出的 TI 为 0（一个字符所有位发送完后 TI 才被置 1，对 9600b/s 的波特率、方式 1 收发，需要 1042μs）。

（3）这三个函数输出的都是 ASCII 或汉字机内码，不是二进制数，因为输入/输出函数还需要传输各种控制字符，如回车符\r 等，如果需要传输二进制数，可以直接对串行口寄存器 SBUF 做读写操作。

（4）putchar 是一个基本的字符输出函数，puts 和 printf 都是调用 putchar 输出字符；当 putchar 输出的字符为换行符\n 时，会加上并且先输出一个回车符\r，仍然再输出换行符\n；但是，putchar 对输出的回车符，并不加上换行符。所以，当 puts 和 printf 函数中有换行符\n 时，其输出都会变为\r\n。

（5）puts 函数在输出时，会在字符串的最后加上一个换行符，进而在换行符之前加上一个回车符。如果仅输出字符串，使用 puts 比 printf 方便。

（6）关于单个回车符\r、换行符\n 的执行情况，与串行口调试器件、软件有关。如串行口调试软件 sscom，既不回车也不换行；又如串行口虚拟终端，对回车符不仅回车，而且还换行，而对换行符既不回车也不换行。

printf 是一个功能强大又实用的函数，既可以同时输出多种类型的数据，又能够传输附加的说明信息。不足之处是函数代码较长，有 2KB 以上。

8.5.2 串行口输入函数

C51 中所有的输入函数都是以_getkey 函数为基础，下面先介绍这个函数。

1. 基本字符输入函数_getkey

_getkey 函数是基本的字符输入函数，因为 C51 中所有的输入函数都是以_getkey 函数为基础的。_getkey 函数的原型为：

char _getkey(void)

该函数的功能是从单片机的串行口读入一个字符，如果没有字符输入则等待，返回值为读入的字符,不输出。_getkey 为可重入函数。

2. 字符输入函数 getchar

getchar 函数的原型为:

char　getchar(void)

该函数使用_getkey 函数从单片机的串行口输入一个字符,如果没有字符输入则等待,返回值为读入的字符,并且通过 putchar 函数输出所读入的字符。getchar 为可重入函数。

对于 getchar 这种功能,发送方可以根据返回的数据来判断接收方是否正确接收到了数据,不正确时可以重发。如果用户不需要这种功能,可以使用_getkey 函数作输入。

3. 字符串输入函数 gets

gets 函数的原型为:

char * gets(char * , int len)

该函数使用 getchar 从单片机的串行口输入一个长度为 len 的字符串,并且在逐个读入、保存字符的同时,从串行口逐个输出读入的字符,字符串保存在由字符指针指定的位置。输入成功返回字符串存入的地址(指针值),输入失败则返回空地址 NULL(其值为 0)。gets 如果没有字符输入则等待,gets 为非重入函数。

说明:① 字符串的最后一个字符是结束符\0(其值为 0),因此,gets 从串行口接收的字符数是 len-1。② gets 遇到回车符\r 或换行符\n 都会提前结束输入,回车符或换行符不保存到字符串。

4. 格式输入函数 scanf

scanf 函数的功能是通过单片机的串行口实现各种数据输入,scanf 函数的格式如下:

scanf(格式控制字符串,地址列表)

格式控制与 printf 函数的类似,也是用双引号括起来的一些字符,包括三种信息:格式说明符、普通字符和空白字符。

(1) 格式说明符,由百分号"%"和格式字符组成,其作用是指明输入数据的格式,如%d、%c、%s 等,详细情况见表 8-7。

表 8-7　scanf 函数的格式字符与含义

格 式 字 符	数 据 类 型	输 入 格 式
d	int 类型指针	有符号十进制数
u	int 类型指针	无符号十进制数
o	int 类型指针	无符号八进制数
x	int 类型指针	无符号十六进制数
f, e, E	float 类型指针	浮点数
c	char 类型指针	单个字符
s	string 指针	字符串

(2) 普通字符,除了以百分号"%"开头的格式说明符之外的所有非空白字符,在输入时,要求这些字符按原样输入。因此,要尽量不用或少用这些普通字符,以免造成输入错误。

(3) 空白字符,包括空格、制表符和换行符等,这些字符在输入时被忽略。

地址列表由若干个地址组成,可以是指针变量、变量地址(取地址运算符"&"加变量)、数组地址(数组名)或字符串地址(字符串名)等。

scanf 函数是应用 getchar 函数从串行口逐个读入字符数据(同时从串行口逐个输出读入的字符数据),每遇到一个符合格式控制串规定的值,就将它顺序地存入由参数表中指向的存储单元。每个参数都必须是指针型。正确输入其返回值为输入的项数,错误则返回 EOF(=-1 或 0xff)。

用 scanf 函数输入例子如下(假设 x、y、z、c1、c2 是定义过的变量,str1 是定义过的指针变量):

```
scanf("%c%c",&c1,&c2);           //从串行口接收的两个字符存于变量 c1、c2 中
scanf("%d%d",&x,&y);             //从串行口接收的两个整型数据存于变量 x、y 中
scanf("%d",&z);                  //从串行口接收的整型数据存于变量 y、z 中
scanf("%s",str1);                //从串行口接收的字符串存于 str1 指向的地址中
```

关于 scanf 函数输入时各种数据项的结束方式说明:

① 对于字符型数据项,能够接收、保存任何字符的 ASCII 码。

② 对于字符型数据项,遇到回车符\r、换行符\n 和空格" "都会结束输入,这些字符不保存到字符串。空格常作为结束字符串输入的字符。

③ 对于数值型数据项,遇到非法字符结束输入。如整型数据项%d,遇到"0～9、+、-"之外的字符结束输入;浮点型数据项%f,遇到"0～9、.、+、-"之外的字符结束输入。由于空格也是非法字符,所以使用空格作为数值型数据项结束输入的字符。

④ 鉴于以上各种数据项结束输入的特点,在 scanf 函数的格式控制字符串中,各控制项之间统一用空格隔开,对应数据的发送端,各数据项之间都用空格分开。

【例 8-2】 两个 89C52 单片机使用格式输入、输出函数进行串行通信,发送方拟发送的内容为"请付款:386Y",请写出收发双方的格式输入、输出函数。

分析:发送方输出的信息包含三种类型的数据:字符串、整型数和字符,按照上面的建议,三种数据项均用空格隔开。

接收方的输入函数为(注意说明符之间有空格):

```
scanf("%s %d %c",ss,&money,&cc);
```

函数中的各个变量应该先作定义,例如:

```
unsigned char idata cc, *ss = 0x80;
int data money;
```

发送方的输出函数为(注意说明符之间有空格):

```
printf("%s %d %c","请付款:",386,'Y');
```

因为输出函数可以把提示字符、字符串,以普通字符的形式写进格式控制字符串中,所以输出函数还可以为下面形式(注意%d 前后都有空格):

```
printf("请付款: %d Y",386);
```

5. 输入函数使用说明

(1) 在执行输入函数之前必须关闭串行口中断(ES＝0)，并且设置 RI＝0、TI＝1（_getkey 函数不要求）才能够正确输入；否则，如果 RI 为 1 时，_getkey、getchar 所读取的数据是错误的(为上一次 SBUF 中的数据)，对 gets、scanf 来说，第一次读取的数据是错误的，但这以后所读取的数据都是正确的，执行后，它们都会对 RI 清 0，因此，其后面的输入函数都能够正确执行。当 TI 为 0 时，除了_getkey，其他输入函数都要查询 TI，当 TI 为 1 时才往下执行(从串行口输出读取的数据)。

(2) 这些输入函数执行之后仍然保持 RI＝0、TI＝1，可以继续执行输入/输出函数。

(3) scanf 函数遇到空格时结束输入的项，并且空格不被读入，甚至多个连续的空格都不被读入(但仍然被逐个返回输出)。根据这一特点，发送方可以把空格作为多个数据项的分隔符，并且不要求 scanf 函数的格式控制项之间有空格。

(4) gets 函数遇到空格不结束，遇到回车符、换行符结束输入，而回车符、换行符不被读入(但仍然返回输出)。需要输入有空格的字符串时，必须用 gets 函数，不能用 scanf 函数。

(5) scanf 函数往往与 printf 函数成对使用，最方便传输数值型数据(不需要做任何转换)和混合型数据(两个函数中都用空格隔开)。

(6) 使用 scanf 函数时，格式控制项之间最好不要有任何普通字符，稍不注意就会出现错误。

由于输入/输出函数都有格式，使用时要注意。一般情况下，往往以中断方式直接从 SBUF 接收串行口数据，然后按一些关键数据的特征区分不同的信息。

8.6 串行口应用举例

8.6.1 串行口方式 0 应用

89C52 单片机串行口在方式 0 时是同步操作。外接串入/并出或并入/串出移位寄存器，可实现 I/O 口的扩展。在实际应用中，经常用多个移位寄存器级联，扩展出多个 8 位并行输入口或输出口。如使用 2 个 74HC595 扩展出 2 个 8 位并行口，分别控制 8 位数码管的段和位；又如，使用 4 个 74HC595 扩展出 4 个 8 位并行口，分别控制 16×16 点阵的 16 个行和 16 个列，显示汉字。使用这种方式占用单片机口线少、编程简单、造价低。

串行口方式 0 的数据传送可以采用中断方式，也可以采用查询方式。无论哪种方式，都要借助于 TI 或 RI 标志。在串行口发送时，或者靠 TI 置位后引起中断申请，在中断服务程序中发送下一组数据；或者通过查询 TI 的值，只要 TI 为 0 就继续查询，直到 TI 为 1 后结束查询，进入下一个字符的发送。在串行口接收时，由 RI 引起中断或对 RI 查询来决定何时接收下一个字符。无论采用什么方式，在开始串行通信前，都要先对 SCON 寄存器初始化，进行工作方式的设置。在方式 0 发送时，SCON 寄存器的初始化只是简单地把 00H 送入 SCON 就可以了，在方式 0 接收时，只要使 REN＝1 就可以了。

用方式 0 外加移位寄存器来扩展 8 位输出口时，要求移位寄存器带有输出控制，否则串行移位过程也会反映到并行输出口。另外，输出口最好再接一个寄存器或锁存器，以免在输出门关闭时(STB＝0)输出又发生变化。

用方式 0 加上并入/串出移位寄存器可扩展一个 8 位并行输入口。移位寄存器必须带有预置/移位的控制端,由单片机的一个输出端口加以控制,以实现先由 8 位输入口置数到移位寄存器,然后再串行移位从单片机的串行口输入到接收缓冲器,最后再读入到 CPU 中。

【例 8-3】 用 89C52 串行口外接 74HC595 串入/并出移位寄存器扩展 8 位并行输出口,8 位并行输出口的每位都接一个发光二极管,要求 8 位发光二极管循环点亮,如图 8-21 所示。

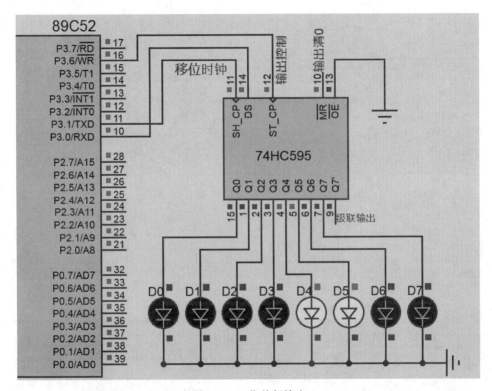

图 8-21　8 位并行输出

解:由图 8-21 中可以看出,串入/并出移位寄存器 74HC595 的数据串行输入引脚 DS 和移位时钟输入引脚 SH_CP,分别接单片机数据的输出引脚 RXD 和移位时钟输出引脚 TXD,74HC595 的选通控制引脚 ST_CP 由单片机的 P3.6 引脚控制,74HC595 的输出使能引脚直接接地,使输出一直有效,输出清 0 引脚悬空使芯片正常输出。从电路可以看出,74HC595 输出高电平点亮发光二极管。

从图 8-21 的仿真运行会观察到,74HC595 的数据移位方向与单片机串行口输出移位的方向相反。下面的程序每间隔 1s,数据向高位移动 1 位,开始先点亮最低的两个位,而电路显示的是,一开始先点亮两个最高位,然后间隔 1s 数据向低位方向移动 1 位。请读者进行实验观察。

C 语言程序如下:

```
#include<reg52.h>
#include<intrins.h>                    //_crol_()函数需要
sbit ST_CP = P3^6;                     //定义选通信号引脚
```

```c
void main()
{
    unsigned char dd = 0x30;            //每次点亮两个发光二极管
    SCON = 0x00;                        //设置串行口以方式0发送
    ES = 1; EA = 1;                     //开串行口中断和总中断
    while(1)
    {
        ST_CP = 0;                      //关闭并行输出
        SBUF = dd;                      //从串行口输出数据
        dd = _crol_(dd,1);              //输出的数据循环左移1位
        delayms(1000);                  //延时1s,函数定义见例2-2
    }
}
void s_srv() interrupt 4                //串行口中断服务函数
{   if(TI)
    {   ST_CP = 1;                      //打开并行输出
        TI = 0;
    }
    else
        RI = 0;
}
```

汇编语言程序如下：

```
        ORG    0000H
        LJMP   MAIN
        ORG    0023H
        LJMP   S_SRV           ;串行口中断服务程序
MAIN:
        MOV    SP,#0DFH        ;设置堆栈指针,将其放在片内RAM高端
        MOV    SCON,#00H       ;串行口方式0初始化
        SETB   ES
        SETB   EA
        MOV    A,#3
LOOP:
        CLR    P3.6            ;关闭并行输出
        MOV    SBUF,A          ;开始串行输出
        MOV    R6,#3           ;调用函数整型参数的高8位
        MOV    R7,#0E8H        ;整型参数的低8位
        LCALL  DELAYMS         ;延时1000ms,函数定义见例2-2
        RL     A               ;输出的数据循环左移1位
        SJMP   LOOP
S_SRV:
        JNB    TI,SRV_NT       ;TI为0转
        SETB   P3.6            ;打开并行输出
        CLR    TI              ;清除发送中断标志
        RETI                   ;中断子程序返回
SRV_NT:
```

```
        CLR    RI                      ;清除接收中断标志
        RETI                           ;中断子程序返回
        END
```

【例 8-4】 用 89C52 串行口外接 74HC165 并入/串出移位寄存器扩展 8 位并行输入口,8 位并行输入口的每位都接一个拨动开关,编写程序读入开关的状态值,并把读入的开关的状态值从 P1 口输出,由接在 P1 口上的 8 个发光二极管显示出来观察、对比。

解:在 Proteus 下绘制的电路如图 8-22 所示。开关使用的是 8 位拨码开关 DIPSWC_8,开关的一端与 74HC165 连接,另一端接地,开关接有上拉电阻(否则没有高电平状态);74HC165 的移位输出引脚 SO、移位时钟输入引脚 CLK 分别接单片机的 RXD 和 TXD,数据装载与移位控制引脚 SH/LD 由单片机的 P3.7 控制,时钟使能引脚接地一直有效,时钟禁止端接地,使时钟有效;P1 口输出低电平时点亮发光二极管。

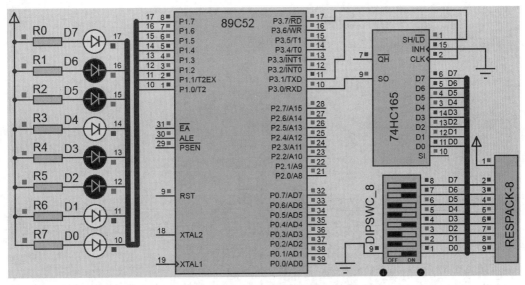

图 8-22　方式 0 扩展并行输入电路

从图中可以看出,开关闭合(黑色部分在右边),从 74HC165 读入低电平,从 P1 口输出后对应的发光二极管点亮,比较图中开关和点亮的二极管,并不是低位对应低位、高位对应高位,而是低位对应高位、高位对应低位。我们知道,串行口是把先接收的数放在 SBUF 中的低位,由此可知,74HC165 发送的数据是高位在前、低位在后。

C 语言程序如下:

```
#include<reg52.h>
sbit LD165 = P3^7;            //定义 74HC165 并行数据装载信号引脚
void main()
{
    SCON = 0;                 //设置串口工作于方式 0,不允许接收
    while(1)
    {
        LD165 = 0;            //装入并行数据
```

```c
        LD165 = 1;              //锁存,允许串行移位
        REN = 1;                //接收允许
        RI = 0;                 //这时才开始输入
        while(RI == 0);         //等待输入完成
        P1 = SBUF;              //将读到的数据从 P2 输出
        REN = 0;
    }
}
```

汇编语言程序如下:

```
        ORG     0000H
MAIN:
        MOV     SCON,#00H       ;设置串行口方式 0
        SETB    RI
LOOP:
        CLR     P3.7
        SETB    P3.7
        SETB    REN             ;启动串行口接收
        CLR     RI              ;清除接收中断标志
        JNB     RI,$            ;等待数据传输结束
        MOV     P1,SBUF         ;串行口数据送 P1 口输出
        CLR     REN             ;禁止接收
        SJMP    LOOP            ;循环下一次接收
        END
```

8.6.2 串行口方式 1、方式 3 应用

串行口方式 1 与方式 3 很近似,波特率设置一样,不同之处在于方式 3 比方式 1 多了一个数据附加位。方式 2 与方式 3 基本一样,只是波特率设置不同。

本节内容以串行口方式 3 为例,介绍单片机串行口全双工传输方式。

【例 8-5】 对 89C52 单片机串行口编程,将片内 RAM 50H~5FH 中的数据,用方式 3、查询方式发送给另一台机器,并用第 8 个数据位作奇偶校验,设晶振为 11.0592MHz,波特率为 4800b/s。

解: 用 TB8 作奇偶校验位,在数据写入发送缓冲器之前,先将数据的奇偶位 P 写入 TB8,在接收方,第 8 位数据作奇偶校验用。发送采用查询方式。

C 语言程序如下:

```c
#include<reg52.h>
unsigned char i = 0;
unsigned char data array[16] _at_ 0x50;    //发送缓冲区
void send();
void main()
{
    SCON = 0xc0;                //串行口初始化
    TMOD = 0x20;                //定时器初始化
    TL1 = 0xfa;                 //设置 T1 产生 4800b/s 的波特率时钟
```

```c
        TH1 = 0xfa;
        TR1 = 1;                        //开 T1 运行
        send();                         //调用发送函数
        while(1);                       //程序在此一直循环
}
void send()
{
    unsigned char i;
    for(i = 0; i<16; i++)
    {
        ACC = array[i];                 //发送数据送累加器,目的取 P 位
        TB8 = P;
        SBUF = ACC;                     //发送一个数据
        while(TI == 0);                 //等待发送结束
        TI = 0;                         //清除发送结束标志
    }
}
```

汇编语言程序如下：

```
        ORG     0000H
MAIN:
        MOV     SP, #0DFH               ; 设置堆栈指针,把堆栈放在片内 RAM 高端
        MOV     SCON, #0C0H             ; 串行口方式 3 初始化
        MOV     TMOD, #20H              ; 定时器 1 工作在方式 2
        MOV     TL1, #0FAH
        MOV     TH1, #0FAH
        SETB    TR1
        LCALL   SEND
        SJMP    $                       ; 程序进入死循环
SEND:
        MOV     R0, #50H                ; R0 送存放数据的首地址
        MOV     R7, #16                 ; R7 送发送数据的次数
LOOP:
        MOV     A, @R0
        MOV     C, P
        MOV     TB8, C                  ; 送奇偶标志位到 TB8
        MOV     SBUF, A                 ; 发送一个数据
        JNB     TI, $
        CLR     TI
        INC     R0
        DJNZ    R7, LOOP
        RET
        END
```

【例 8-6】 对 89C52 单片机串行口编程,以方式 3、中断方式接收数据,将接收的 16 字节数据送入片内 RAM 50H～5FH 单元中。设第 8 个数据位作奇偶校验位,晶振为

11. 0592MHz,波特率为 4800b/s。

解：RB8 作奇偶校验位，接收时，取出该位进行核对，用中断方式接收。
C 语言程序如下：

```c
#include<reg52.h>
unsigned char i;
unsigned char data array[16] _at_ 0x50;      //接收缓冲区
void main()
{
    SCON = 0xd0;                //串行口初始化,允许接收
    TMOD = 0x20;
    TL1 = 0xfa;
    TH1 = 0xfa;
    TR1 = 1;
    ES = 1;
    EA = 1;
    i = 0;
    while(1);
}
void serial() interrupt 4
{
    if(RI == 1)
    {   RI = 0;
        ACC = SBUF;             //读取数据送给累加器 A(CC)产生奇偶校验位 P
        if(RB8 == P)            //校验正确
            array[i] = ACC;
        else                    //校验不正确
            F0 = 1;             //错误标志存于 PWS 中的 F0 位
        if(++i == 16)
            ES = 0;
    }
}
```

汇编语言程序如下：

```
    ORG 0000H
    LJMP MAIN
    ORG 0023H
    LJMP SERIAL
MAIN:
    MOV  SP, #0DFH          ;设置堆栈指针,将其放在片内 RAM 高端
    MOV  SCON, #0D0H        ;设置串行口以方式 3 工作,允许接收
    MOV  TMOD, #20H         ;定时器 1 初始化
    MOV  TL1, #0FAH
    MOV  TH1, #0FAH
```

```
        SETB    TR1
        SETB    EA
        SETB    ES
        MOV     R0,#50H             ;首地址送 R0
        MOV     R7,#10H             ;数据长度送 R7
        SJMP    $
SERIAL:
        JNB     RI,I_END            ;不是接收中断,结束
        CLR     RI                  ;清中断标志
        MOV     A,SBUF              ;读数到累加器
        JNB     P,PNP               ;P = 0,转 PNP
        JNB     RB8,ERROR           ;P = 1,RB8 = 0,转出错处理
        SJMP    RIGHT
PNP: JB RB8,ERROR                   ;P = 0,RB8 = 1,转出错处理
RIGHT:
        MOV     @R0,A               ;存数
        INC     R0                  ;修改地址指针
        DJNZ    R7,I_END            ;未接收完,等待下次中断
        CLR     F0                  ;置正确接收完毕标志 F0 = 0
        CLR     ES
        SJMP    I_END
ERROR:
        SETB    F0                  ;置错误接收标志 F0 = 1
        CLR     ES
I_END: RETI
        END
```

【**例 8-7**】 用第 8 个数据位作奇偶校验位,编制串行口方式 3 的全双工通信程序,设两个单片机系统将各自键盘的按键号发送给对方,接收正确后放入缓冲区(可用于显示或其他处理),约定传输 16 个数据。晶振为 11.0592MHz,波特率为 9600b/s。

解:因为是全双工方式,通信双方的程序一样。

C 语言程序如下:

```c
#include<reg52.h>
unsigned char i = 0;
unsigned char buffer[16];
void main()
{   unsigned char j = 0,k;

    SCON = 0xd0;                    //串行口初始化,允许接收
    TMOD = 0x20;                    //设置定时器 1 以模式 2 定时
    TL1 = 0xfd;
    TH1 = 0xfd;
    TR1 = 1;
    ES = 1;    EA = 1;              //开串行口中断、总中断
    while(1)
```

```c
    {
        if(j<16)                    //判断发送数据的数目
        {   k = key();              //读取按键(函数定义见 5.3.3 节)
            if(k<16)                //有键按下
            {   ACC = k;            //将键号送累加器,取 P 位
                TB8 = P;            //送 TB8
                SBUF = ACC;         //从串行口发送数据
                j++;                //发送次数加 1
            }   }
            display();              //显示程序
    }
}
void serial_server() interrupt 4   //中断服务程序
{
    if(RI)                          //接收引起中断
    {   RI = 0;                     //清接收中断标志
        ACC = SBUF;                 //读取接收数据
        if(RB8 == P)                //奇偶校验正确,存入缓冲区
            buffer[i++] = ACC;
    }
    else  if(TI)                    //发送引起,清发送中断标志
        TI = 0;
}
```

汇编语言程序如下:

```
        ORG     0000H
        LJMP    MAIN              ;跳转到主程序
        ORG     0023H
        LJMP    S_SERV            ;跳转到串行口中断服务程序
MAIN:
        MOV     SP,#0DFH          ;设置堆栈指针,将其放在片内 RAM 高端
        MOV     SCON,#0D0H        ;串行口初始化,方式 3,允许接收
        MOV     TMOD,#20H         ;定时器初始化,定时器 1 工作于方式 2
        MOV     TH1,#0FDH
        MOV     TL1,#0FDH         ;定时器 1 赋初值
        SETB    TR1               ;启动定时器 1
        SETB    EA                ;开中断
        SETB    ES
        MOV     R0,#BUFFER        ;设置接收数据缓冲区首地址
        MOV     R7,#16            ;设置发送次数
LOOP:
        LCALL   KEY               ;读取按键(函数定义见 5.3.3 节),无键按下返回 0FFH,
        CJNE    A,#0FFH,SEND      ;有键按下返回键号,转发送
NEXT:
        LCALL   DISPLAY           ;调用显示
```

```
        SJMP    LOOP                    ;循环
SEND:
        CJNE    R7,#0,SEND1             ;判断收发发送结束
        SJMP    LOOP                    ;循环
SEND1:
        MOV     C,P
        MOV     TB8,C
        MOV     SBUF,A                  ;带校验位发送
        DEC     R7
        SJMP    LOOP                    ;循环
S_SERV:
        JBC     RI,RECV                 ;是接收中断则 RI 清 0,跳转到接收处理
        CLR     TI                      ;发送结束产生中断,清中断标志,中断返回
        RETI
RECV:
        MOV     A,SBUF                  ;接收处理,取接收值送 A
        JB      P,ONE                   ;校验位为 1,转
        JB      RB8,I_END               ;接收附加数据位为 1,校验错,转中断返回
        SJMP    RIGHT                   ;校验正确,正确处理
ONE:    JNB     RB8,I_END               ;校验错,转中断返回
RIGHT:
        MOV     @R0,A                   ;取接收数据送缓冲区
        INC     R0
I_END:
        RETI                            ;中断返回
        END
```

思考题与习题

(1) C51 中基本的输入/输出函数是什么？这些函数的操作对象是什么？使用前需要做哪些初始化？

(2) 串行异步通信和同步通信有何不同？各有哪些特点？

(3) 串行通信的通信方向有哪几种？

(4) 89C52 单片机的串行口由哪些功能部件组成？各有什么作用？

(5) 简述 89C52 单片机串行口接收和发送数据的过程。

(6) 89C52 单片机串行口有几种工作方式？有几种帧格式？各工作方式的波特率如何确定？

(7) 89C52 的串行口工作方式 0 有何特点？主要用在什么地方？

(8) 简述 89C52 单片机多机通信的原理。

(9) 已知某 89C52 单片机串行口以每分钟传送 3600 个字符的速度传输数据,若以方式 3 传送,其波特率是多少？如果以方式 1 传送,其波特率会是多少？

(10) 89C52 中 SCON 的 SM2、TB8、RB8 有何作用？

(11) 在 89C52 单片机应用中,为什么定时器 T1 用作串行口波特率发生器时,常选用工作模式 2？若已知系统时钟频率和通信用波特率,如何计算其初值？

(12) 在 89C52 单片机应用中,若定时器 T1 设置成模式 2 作波特率发生器,已知 $f_{osc}=$ 6MHz,求可能产生的最高和最低的波特率。

(13) 输入、输出函数是对单片机的哪个设备操作的?操作前需要做哪些初始化?

(14) 在使用输出函数之前,对串行口中断是禁止还是允许?对发送中断标志 TI 是清 0 还是置 1,函数执行后 TI 是 0 还是 1?使用 SBUF 输出之前,对发送中断标志 TI 是清 0 还是置 1,发送结束后 TI 是 0 还是 1?

(15) 在使用输入函数之前,对串行口中断是禁止还是允许?对收发中断标志 RI、TI 是清 0 还是置 1,函数执行后 RI、TI 是 0 还是 1?

(16) 对于发送一个字符、发送一个字符串、发送数值型数据,各选择哪个输出函数方便?

(17) 对于接收一个字符、接收一个无空格的字符串、接收一个有空格的字符串、接收数值型数据,各选择哪个输入函数方便?

(18) 哪些输入函数返回接收到的字符?哪些输入函数不返回接收到的字符?

(19) 输入、输出函数传输的是 ASCII 还是二进制数?对汉字传输的是什么?

(20) 在 Proteus 中设计 89C52 单片机应用系统,用定时器 T0 编程,定时中断产生时钟的时、分、秒,使用虚拟终端 Virtual Terminal,接收从单片机串行口输出的时间信息,用 printf 函数,间隔 1s 把时、分、秒发送给虚拟终端,在虚拟终端上显示出时间,要求显示格式是"**：**：**"。设单片机的晶振频率为 11.0592MHz,使用 T1 做串行口的波特率发生器,波特率为 19200b/s,8 个数据位传输。

(21) 在 89C52 单片机应用中,试使用 2 片 74HC164 扩展输出口,静态显示 2 位数码管。

(22) 在 89C52 单片机应用中,试使用 1 片 74HC165 扩展 8 位输入口,每位口线上连一按键,编写函数,返回按键键号。

(23) 设 89C52 单片机的晶振为 11.0592MHz,串行口工作于方式 1 做数据收发,波特率为 9600b/s。完成以下串行通信的初始化工作。

① 写出 T1 以模式 2 定时作为波特率发生器的模式字。
② 计算 T1 的计数初值。
③ 写出串行口控制寄存器的控制字。
④ 写出初始化程序段(包括定时器和串行口)。

(24) 对 89C52 单片机编写程序,使串行口以方式 1 查询方式自收自发(接收和发送都需要查询),波特率为 4800b/s。设单片机的晶振为 11.0592MHz。

(25) 使用 89C52 串行口以工作方式 1 进行串行通信,假定波特率为 9600b/s,单片机晶振频率为 11.0592MHz。请编写通信程序,以中断方式接收数据,查询方式发送数据。设发送的数据在无符号字符型数组 SendBuffer 中,接收的数据保存到另一无符号字符型数组 ReceiveBuffer 中,发送只需给出相应的函数。

(26) 使用 89C52 串行口以工作方式 3 进行串行通信,假定波特率为 9600b/s,单片机晶振频率为 11.0592MHz。请编写全双工通信程序,以中断方式接收和发送数据,并对数据进行奇偶校验。设发送的 50 个数据在片外数据区地址从 0x0010 开始的区域,接收的数据保存在 0x80 开始的区域,接收到 '$' 后表示结束。

第 9 章 单片机常用总线接口技术

CHAPTER 9

总线是单片机、微机、微控制器与外部设备连接的重要桥梁,是单片机应用系统中非常重要的部分。本章在介绍接口等基本概念的基础上,较详细地讲解了并行总线、IIC 总线、SPI 总线的结构、原理、操作时序、操作函数以及各种总线的应用。本章不仅是后面两章各种各样设备接口的基础,也是从事单片机应用开发的基础。

9.1 接口的基本概念

9.1.1 单片机应用系统构成

一般的单片机应用系统如图 9-1 所示,中间是单片机(包括外部的存储器),最左边是被检测的设备,最右边是被控制的设备,单片机与被检测设备和被控制设备之间是接口设备,就是人们常说的输入、输出设备,接口设备常常简称接口。我们把接口设备分为三类:人机交互设备(键盘、显示器、打印机等),模拟量设备(传感器、A/D 转换器、D/A 转换器),数字量、开关量设备(并行口、各种串行口、计数器、各种继电器等),如图 9-1 所示,它们分别位于图中的上面部分、中间部分和下面部分。

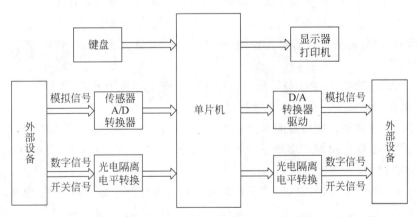

图 9-1 单片机一般的应用系统构成

如果单片机应用系统没有右边的被控制设备,则系统成为一测量设备或测量仪器。常见的测量对象有压力、温度、湿度、流量、电压、电流、速度、加速度、脉冲计数、各种设备的状态等。在实际中,有不少应用只需要测量几种信号,如压力、温度等模拟量信号,设备状态、脉冲计数等数字量或开关量信号。

如果单片机应用系统没有左边的被测量设备,则系统成为一控制设备。常见的控制对象有温度、压力、流量、电压、电流、速度、声音、设备开启/关闭、电机运行(通过变频器、脉宽调制、频率等方法)等。在实际中,有不少应用只需要控制几种对象,如压力、温度等模拟量对象,设备开启/关闭、电机运行、声音等数字量或开关量对象。

如果单片机应用系统右边的被控制设备和左边的被测量设备是同一个设备,则系统成为一闭环控制系统。闭环系统不仅硬件部分复杂,而且控制程序也要复杂得多,只要掌握了基本的测量/控制设备及应用编程方法,然后再进一步提高编程能力,逐步就能做闭环系统。

从图 9-1 的单片机应用系统和上面的描述可以看出,接口在应用系统中所占的比重很大,并且非常重要,从本章开始,用三章内容讲单片机的接口技术及应用,其内容分别是常用总线接口技术(包括并行总线、IIC 总线和 SPI 总线)、模拟与开关设备接口技术,以及系统设计(总线应用)。通过这些内容的学习,为单片机应用开发打下基础。

9.1.2　接口的概念

各种外部设备的信号在电平、信息格式、工作速度、时序上都和单片机(包括微机)有很大的差别,因此不能直接和单片机相连。例如:模拟设备需要把信息转换成数字信号,才能输入单片机;同样,单片机需要把数字格式的控制信号,转换成模拟信号才能控制模拟设备;外部设备的电平也要转换成单片机的工作电平;输入单片机的数据要有缓冲,单片机输出的数据需要锁存,这样单片机才能和低速设备交换数据等。在这种情况下,需要一些中间电路,完成电平转换、格式转换、数据缓冲、数据锁存等功能才能和单片机连接。这些中间电路(图 9-1 中单片机与被检测设备和被控制设备之间)就叫作 I/O 接口,简称接口,也叫作接口适配器、接口设备。

9.1.3　接口的基本功能

接口用于实现 CPU 和外部设备之间的连接,单片机接口的主要功能如下。

(1) 信号与信息格式转换功能。某些外部设备所提供的信号及信息格式与单片机的内部总线不兼容,因此部分接口需要具备相应的转换功能,如 A/D、D/A 转换、串/并、并/串转换、电平转换等。

(2) 数据缓冲功能。CPU 与外部设备在工作速度上往往不匹配,因此接口需要有数据缓冲功能,避免因速度不一致而造成数据丢失。

(3) 接收命令功能。接口要能够接收来自于 CPU 的命令完成以特定的操作。

(4) 提供状态信息功能。多数接口能够收集外部设备以及接口自身的状态信息并储存,以供 CPU 查询。

(5) 中断功能。能够以中断方式工作的接口中具有中断电路,可以产生中断请求信号。

9.1.4　接口的结构

接口的结构和接口的功能是对应的,一般由读写控制逻辑、数据缓冲器、数据寄存器、控制寄存器和状态寄存器等部分组成。

读写控制逻辑连接来自于 CPU 的读写控制信号、地址信号和片选信号。读写控制逻辑控制对接口内部寄存器的选择和读写操作；对控制寄存器存放的控制代码进行译码并执行；控制接口内部各组成部分工作；负责和外部设备进行联络。

数据缓冲器连接系统的数据总线。在读写控制逻辑的控制下接收数据总线上的数据，并转发到对应的寄存器；或把寄存器里的内容发向数据总线。

数据寄存器存放输入/输出的数据。可以分为输入数据寄存器和输出数据寄存器。

控制寄存器用于存放 CPU 发来的控制代码。

状态寄存器用于存放接口和外部设备的状态信息，以供 CPU 查询。

这些寄存器都有地址，CPU 可以像访问存储器一样去访问这些寄存器。对这些寄存器的读写就实现了 CPU 对接口的控制。

这些寄存器根据需要有不同的配置，可以各只有一个，也可以有多个，控制寄存器和状态寄存器甚至可以没有，数据寄存器一般都有。接口的结构如图 9-2 所示。

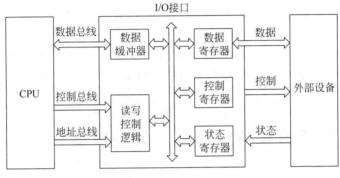

图 9-2 接口的结构

9.1.5 端口及其编址

1. 端口

除了单片机内部集成的 I/O 接口外，接口通常是以芯片的形式出现。有些简单的外部设备会和接口集成在一起。单片机外围可以连接多个接口芯片，每个接口芯片内部通常又会有多个寄存器。如何区分这些芯片和芯片内部的寄存器？方法就是给它们分配地址。每个芯片内部可被访问的寄存器，我们称为端口。每一个端口都要分配一个地址，以实现对芯片内部不同寄存器的选择。这个地址就叫作端口地址，通常也叫接口地址。

在并行总线扩展系统中，端口地址是通过硬件布线完成的，一旦完成了布线，端口地址也就确定了下来。端口地址是由两部分组成的，端口地址的高位是片选，即实现对芯片的选择；端口地址的低位完成对芯片内部寄存器的选择。

2. 片选

芯片的选择有两种方法：线选法和译码法。

(1) 线选法。所谓线选法，就是直接以系统的地址线作为芯片的片选信号，为此只需把用到的地址线与芯片的片选端直接相连即可。

(2) 译码法。所谓译码法，就是使用地址译码器对系统的片外地址进行译码，以其译码输出作为芯片的片选信号。

译码法可以有效利用地址总线,生成更多片选信号。但结构复杂,需要连接地址译码器。74LS138 是一种常用的地址译码器芯片,其引脚如图 9-3 所示。

其中,G1、$\overline{G2A}$、$\overline{G2B}$ 为控制端。只有当 G1 为 "1",且 $\overline{G2A}$、$\overline{G2B}$ 均为 "0" 时,译码器才能进行译码输出。否则译码器的 8 个输出端全为高阻状态。译码输入端与输出端之间的译码关系如表 9-1 所示。

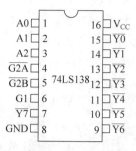

图 9-3 译码器芯片 74LS138

表 9-1 74LS138 的译码关系

A2～A0 编码	000	001	010	011	100	101	110	111
输出有效位	$\overline{Y0}$	$\overline{Y1}$	$\overline{Y2}$	$\overline{Y3}$	$\overline{Y4}$	$\overline{Y5}$	$\overline{Y6}$	$\overline{Y7}$

3. 芯片内部寄存器的选择

地址总线的低位连接到芯片,由芯片内部的地址译码电路和读写控制逻辑共同完成对芯片内部寄存器的选择。

需要注意的是:在并行总线扩展系统中,端口地址由系统的地址总线生成。如果没有连接所有的地址线,那么在访问端口时,未用到的地址线置 0 置 1 都可以,即多个地址指向同一端口。

9.2 并行总线操作时序及存储器接口

9.2.1 单片机并行总线结构

MCS-51 单片机内部虽然集成了不少的资源,但是在实际应用系统中往往不够用,这时候就要进行系统扩展,以连接更多的设备和资源,以满足需求。系统扩展过去多是通过并行三总线来实现的,如图 9-4 所示。

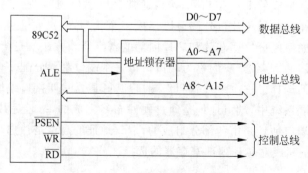

图 9-4 单片机并行总线结构

51 单片机由于引脚数量的限制,数据总线和地址总线是复用的,而且与 I/O 端口线兼用。为了能把复用的数据总线和地址总线分离出来,以便同外部的芯片正确的连接,需要在单片机的外部增加地址锁存器,将分时输出的低 8 位地址信号锁存,常用地址锁存器 74HC573,其信号及其与单片机 P0 口的连接如图 9-5 所示。

74HC573 是有输出三态门的 8 位锁存器。当 LE(使能端)为高电平时,锁存器的数据输出端 Q 的状态与数据输入端 D 相同(透明的)。当 LE 端从高电平返回到低电平时(下降沿后),输入端的数据就被锁存在锁存器中,数据输入端 D 的变化不再影响 Q 端输出。

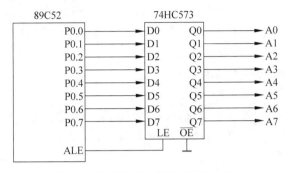

图 9-5　单片机低 8 位地址锁存电路

9.2.2　单片机并行总线操作时序

单片机访问片外数据存储器的读、写时序,是典型的并行总线操作时序。所谓典型,就是所有的并行接口芯片、设备的读/写时序,与片外数据存储器的操作时序是一样的。

1. 片外数据存储器读操作时序

片外 RAM 读操作时序如图 9-6(a)所示。

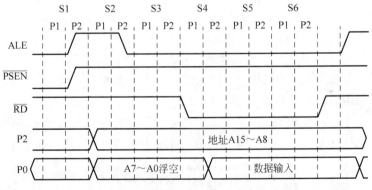

(a) 片外数据存储器读时序

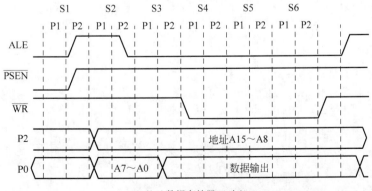

(b) 片外数据存储器写时序

图 9-6　MCS-51 单片机访问片外数据存储器时序

在 S1 状态 P2 节拍，ALE 信号由低变高，读周期开始。在 S2 状态，单片机把地址的低 8 位从 P0 口输出，地址的高 8 位从 P2 口输出。

在 S2 状态 P2 节拍，ALE 信号由高变低，把低 8 位地址锁存到外部的锁存器里，而高 8 位地址一直由 P2 口输出。在 S3 状态，P0 口浮空，外部锁存器输出低 8 位地址。

在 S4 状态，$\overline{RD}$ 有效，片外 RAM 经过延迟后，把数据放在总线上，通过 P0 口输入单片机。当 $\overline{RD}$ 返回高电平后，P0 口浮空，读周期结束。

2. 片外数据存储器写操作时序

片外 RAM 写操作时序如图 9-6(b) 所示。

写操作时序与读操作时序，基本过程类似。不同之处主要在于在 S3 状态 P2 节拍，由单片机通过 P0 口输出数据。在 S4 状态，$\overline{WR}$ 有效后，由片外 RAM 从总线上读取数据。

3. 片外程序存储器读操作

除了片外数据存储器读、写操作之外，单片机还有片外程序存储器读操作，这种操作先读入指令，然后执行读入的指令，读入的指令可能是运算、可能是读片外程序存储器数据、也可能是读/写外部数据存储器数据等，因此，总线操作会很复杂。庆幸的是，现在片内程序存储器、数据存储器的容量都很大的，不需要扩展片外程序存储器，所以，不再讨论程序存储器的操作时序。

9.2.3 单片机与并行数据存储器的接口

数据存储器即随机存取存储器(Random Access Memory, RAM)，用于存放可随时修改的数据信息。与只读存储器(Read Only Memory, ROM)不同，RAM 可以进行读、写两种操作。RAM 为易失性存储器，断电后所存信息立即消失。

按其工作方式，RAM 又分为静态随机存取存储器(SRAM)和动态随机存取存储器(DRAM)两种。静态 RAM 只要电源加上，所存信息就能可靠保存。而动态 RAM 则需要刷新。单片机使用的主要是静态 RAM。

MCS-51 系列单片机的数据存储器与程序存储器的地址空间是互相独立的，其片外数据存储器的空间可达 64KB，而片内数据存储器的空间只有 128B 或 256B。如果片内的数据存储器不够用时，则需进行数据存储器的扩展。

在单片机系统，扩展数据存储器多用静态 SRAM 芯片。

1. 常用的静态 SRAM 芯片

常见的静态 SRAM 芯片有 6264(8K×8 位)、62256(32K×8 位)、628128(128K×8 位)等。其中静态 SRAM 芯片 6264 如图 9-7 所示。

6264 引脚含义如下。

- A0～A12：地址信号引脚。
- D0～D7：数据信号引脚。
- $\overline{CE}$、CS：片选信号引脚，必须同时有效。
- $\overline{WE}$：写允许信号引脚。
- $\overline{OE}$：读允许信号引脚。
- NC：空脚。

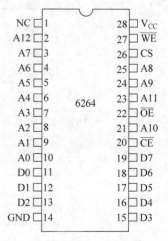

图 9-7 静态 SRAM 芯片 6264

2. 扩展存储器所需芯片数目的确定

若所选存储器芯片字长与单片机字长一致，则只需扩展容量。所需芯片数目按下式确定：

$$芯片数目 = 系统扩展容量 / 存储器芯片容量 \tag{9-1}$$

若所选存储器芯片字长与单片机字长不一致，则不仅需扩展容量，还需字扩展。所需芯片数目按下式确定：

$$芯片数目 = (系统扩展容量 / 存储器芯片容量) \times (系统字长 / 存储器芯片字长) \tag{9-2}$$

3. 单片机与并行数据存储器的接口

存储器扩展往往需要多个存储器芯片，这些存储器芯片直接并联在扩展的系统总线上。其中低位的地址线直接和每一个芯片的地址引脚相连。高位地址线是作为片选信号线来使用的。如果空闲的高位地址线较多，可以使用线选法连接；否则需要使用译码器进行译码法连接。

下面以静态 SRAM 芯片 6264 扩展 16KB 片外数据存储器为例，介绍一下 89C52 单片机系统的并行存储器扩展，连线如图 9-8 所示。

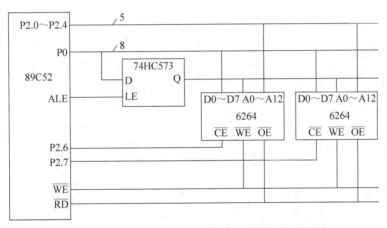

图 9-8 6264 扩展 16KB 数据存储器的接口电路

根据式(9-1)可得：芯片数目＝16KB/8KB＝2（片）。6264 需要 13 位地址，由 P0 提供低 8 位地址，P2.0～P2.4 提供高 5 位地址。P2 口空出的口线较多，因此可选用线选法进行片选，两个芯片分别由 P2.6、P2.7 作为片选。

其地址范围分别为 10x0,0000,0000,0000B～10x1,1111,1111,1111B 和 01x0,0000,0000,0000B～01x1,1111,1111,1111B。"x"表示可以取 0 或 1，取 1，用十六进制数表示为：A000H～BFFFH 和 6000H～7FFFH。

9.3 单片机与并行总线设备的接口

以并行总线方式接口的芯片和设备非常多，如 8 位单向、双向缓冲驱动器 74HC244、74HC245，锁存器 74HC273、74HC373、74HC573，译码器 74HC138 等门电路；又如各种 8 位可编程接口芯片：并行接口芯片 8255A，串行接口芯片 8251，定时器/计数器 8253，中断控制器 8259，键盘接口芯片 8279 等。下面以 8255A 为例，介绍可编程并行接口芯片，使我们对并行接口有一个全面的认识。

8255A 是一种通用的可编程并行 I/O 接口芯片，它拥有三个并行 I/O 口，可通过编程设置多种工作方式，广泛地应用于开关电路、键盘、打印机、A/D 和 D/A 接口等电路中，并且在实验箱、控制板卡等设备中现在还能看到它的身影。从教学的角度来说，8255A 编程及比较简单，其结构体现了接口方面的诸多概念。

9.3.1 8255A 内部结构

8255A 主要由总线缓冲、读写控制逻辑、A 组与 B 组控制逻辑，以及 A 口、B 口、C 口等部分组成，如图 9-9 所示。

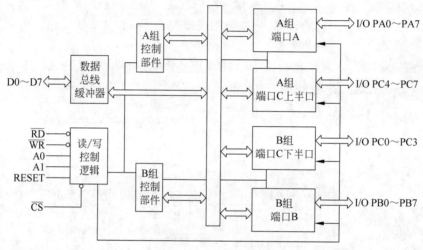

图 9-9 8255A 内部结构

8255A 内部有一个双向三态的 8 位数据缓冲器，它是 8255A 与计算机系统数据总线的接口。输入/输出的数据、单片机输出的控制字以及单片机输入的状态信息都是通过这个缓冲器传送的。

读/写控制逻辑用来控制把单片机输出的控制字或数据送至相应端口，也由它来控制把状态信息或输入数据通过相应的端口送到单片机。

8255A 有三个数据端口 PA、PB 和 PC，分成 A、B 两组。其中 PA 和 PC4～PC7 属于 A 组，由 A 组控制电路控制；PC0～PC3 和 PB 属于 B 组，由 B 组控制电路控制。

9.3.2 8255A 引脚信号

8255A 的引脚信号如图 9-10 所示，可以分为两组：一组是面向单片机的信号，另一组是面向外设的信号。

1. 面向单片机的引脚信号

D0～D7：8 位，双向，三态数据线，用来与系统数据总

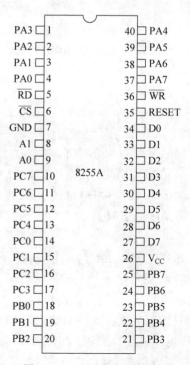

图 9-10 8255A 的引脚信号

线相连。

RESET：复位信号，高电平有效，输入，用来清除 8255A 的内部寄存器，并置 A 口、B 口、C 口均为输入方式。

$\overline{\text{CS}}$：片选，低电平有效，输入，用来决定芯片是否被选中。

$\overline{\text{RD}}$：读信号，低电平有效，输入，控制 8255A 将数据或状态信息送给单片机。

$\overline{\text{WR}}$：写信号，低电平有效，输入，控制单片机将数据或控制信息送到 8255A。

A1，A0：端口地址选择信号，输入。

8255A 内部共有 4 个端口：A 口、B 口、C 口和控制口，由 $\overline{\text{CS}}$、$\overline{\text{RD}}$、$\overline{\text{WR}}$ 以及 A1、A0 五个信号的组合来进行端口和读写方式的选择，见表 9-2。

表 9-2   8255A 端口的选择与操作

A1	A0	$\overline{\text{CS}}$	$\overline{\text{RD}}$	$\overline{\text{WR}}$	操 作
0	0	0	1	0	写端口 A
0	1	0	1	0	写端口 B
1	0	0	1	0	写端口 C
1	1	0	1	0	写控制寄存器
0	0	0	0	1	读端口 A
0	1	0	0	1	读端口 B
1	0	0	0	1	读端口 C
1	1	0	0	1	读控制寄存器

2．面向外设的引脚信号

PA0～PA7：A 口数据信号，用来连接外设。

PB0～PB7：B 口数据信号，用来连接外设。

PC0～PC7：C 口数据信号，用来连接外设或作为控制信号。

9.3.3 8255A 的控制字

单片机对 8255A 的控制是通过对控制寄存器写入控制字来实现的。8255A 的控制字有两个，一个是工作方式控制字，另一个是端口 C 置 1/清 0 控制字。两个控制字是通过同一个端口写入的，通过控制字的最高位 D7（特征位）来区分。8255A 控制字端口的地址是由 $\overline{\text{CS}}$、A1、A0 三个信号决定的。8255A 端口地址见表 9-3。

表 9-3   8255A 端口地址定义

$\overline{\text{CS}}$	A1	A0	端口	端口性质
0	0	0	PA	数据口 A
0	0	1	PB	数据口 B
0	1	0	PC	数据口 C，通信控制/状态口
0	1	1	CW	控制字端口

1．工作方式控制字

8255A 有三种工作方式，用户可以通过编程来设置。

方式 0：简单输入/输出方式，端口 A、B、C 三个均可。

方式1：可中断方式的选通输入/输出,端口A,B两个均可。
方式2：可中断方式的双向选通输入输出,只有端口A才有。

工作方式控制字就是对8255A的3个数据端口的工作方式及功能进行设置,即进行初始化,初始工作要在使用8255A之前做。8255A的工作方式控制字各位含义见表9-4。

表9-4 8255A的工作方式控制字含义

D7	D6	D5	D4	D3	D2	D1	D0
D7=1（特征位）	PA口方式：00=方式0,01=方式1 1x=方式2		PA口：0=输出 1=输入	PC4～7：0=输出 1=输入	PB口方式：0=方式0 1=方式1	PB口：0=输出 1=输入	PC0～3：0=输出 1=输入
	A组控制				B组控制		

工作方式控制字最高位是特征位,一定要写1,其余各位应根据设计的要求填写1或0。

2. 端口C置1/清0控制字

8255A的端口C具有位控功能,即端口C的8位中的任一位,都可通过单片机向8255A的控制寄存器写入一个端口C置1/清0控制字,使其输出1或0,而端口C中其他位的状态不变。注意8255A的端口C置1/清0控制字的最高位D7(特征位)应为0。8255A的端口C置1/清0控制字各位含义见表9-5。

表9-5 8255A的端口C置1/清0控制字含义

D7	D6	D5	D4	D3	D2	D1	D0
D7=0（特征位）	未用				位选择：000 选中PC0 001 选中PC1 …… 111 选中PC7		1或0（使选中位输出1或0）

8255A的端口C置1/清0控制字不会影响端口的工作方式。

9.3.4 8255A的工作方式

8255A的方式0较为简单,方式1和方式2较为复杂。8255A工作在方式1和方式2时,PA和PB用来传送数据,PC用来充当它们的联络控制信号和应答信号。实际中方式1和方式2使用的很少,略去不讲。

方式0是一种简单的输入/输出方式,没有应答联络信号,两个8位端口(PA、PB)和两个4位端口(PC),每一个都可由程序设置作为输入或输出。输出有锁存,输入没有锁存。

3个8位口都设置为输出口,其控制字为：1000 0000B=80H,C语言值为0x80。
3个8位口都设置为输入口,其控制字为：1001 1011B=9BH,C语言值为0x9b。
PA、PB为输出,PC为输入,其控制字为：1000 1001B=89H,C语言值为0x89。
PA、PB为输入,PC为输出,其控制字为：1001 0010B=92H,C语言值为0x92。

9.3.5 8255A 应用举例

【例 9-1】 使用 8255A 的两个 8 位口输出控制两个 8×8 点阵 LED 的行,用 8255A 的另外 1 个 8 位口输出同时控制两个 8×8 点阵 LED 的列,编写单片机程序,使点阵模块显示英文字符串"Hello"。

解:使用 Proteus 设计的电路如图 9-11 所示,两个 LED 点阵模块位 MATRIX-8x8-GREEN,该点阵显示模块由 8 条行线和 8 条列线组成,在每个行列交叉点上都接有一只发光二极管,同一列上的阳极接在一起,同一行上的阴极接在一起,当列线为 1,行线为 0 时,该交叉点上的 LED 点亮。一次点亮一行,循环点亮,即可显示文字。显示代码是按行生成的,亮的数位置 1,不亮的数位置 0。显示时,PB、PC 口分别输出 1 行的左 8 位显示代码和右 8 位显示代码;PA 口输出行选代码,一行一行地扫描显示,行选代码低电平有效。

关于各个端口的地址,由 8255A 的片选信号和地址信号的连接(见图 9-11)情况知,当单片机的 P2.7 为低时 8255A 有效,并且 4 个端口的地址仅由 P2.5、P2.6 确定,其他的低 13 位地址信号不起作用,均取 1,因此,4 个端口的地址分别为 0x1fff、0x3fff、0x5fff 和 0x7fff。

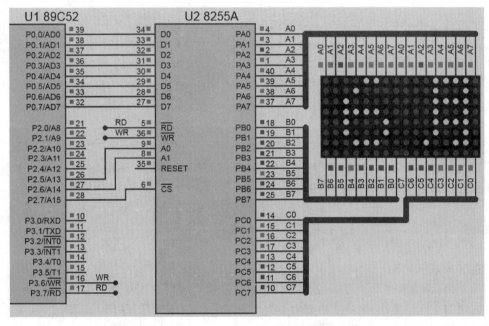

图 9-11 8255A 控制 LED 点阵显示电路

C 语言程序如下:

```
unsigned char code display_code1[ ] = {0x0c,0x10,0x20,0x3c,0x22,0x22,0x1c,0x0};
                                    //"6"的 5×7 点阵字形码
unsigned char code display_code2[ ] = {0x1e,0x12,0x1e,0x12,0x1e,0x12,0x26,0x0};
                                    //"月"的 5×7 点阵字形码
unsigned    char xdata   PA _at_ 0x1fff;      //定义设备变量 PA(PA 口变量)
unsigned    char xdata   PB _at_ 0x3fff;      //定义设备变量 PB(PB 口变量)
unsigned    char xdata   PC _at_ 0x5fff;      //定义设备变量 PC(PC 口变量)
unsigned    char xdata   CW _at_ 0x7fff;      //定义设备变量 CW(控制口变量)
```

```c
void main()
{
    unsigned char data scan, i;

    CW = 0x80;
    while(1)
    {
        scan = 0x01;
        for(i = 0; i<8; i++)
        {
            PA = ~scan;                    //PA 口输出行选信号,低电平有效
            PB = display_code1[i];         //PB 口送左边半行的显示代码
            PC = display_code2[i];         //PC 口送右边半行的显示代码
            delayms(3);                    //延时 3ms,原函数见例 2-2
            scan<<= 1;                     //指向下一行
        }
    }
}
```

9.4 IIC 总线及应用接口

串行总线技术是新一代单片机技术发展的一个显著特点。相对于并行总线接口,串行总线接口有着占有 I/O 口线少(一般 3~4 根),易于实现用户系统软硬件的模块化、标准化等优点。IIC(Inter Integrated Circuit)总线是 Philips 公司推出的两线制串行总线,用于连接各种集成电路芯片、微控制器及其外围设备。它用两根线实现数据传送,可以极为方便地构成多机系统和外围器件扩展系统。

9.4.1 IIC 总线特点

IIC 总线是二线制,它以 1 根串行数据线(SDA)和 1 根串行时钟线(SCL)实现了双工的同步数据传输。采用器件地址的硬件设置方法,通过软件寻址完全避免了器件的片选线寻址方法,从而使硬件系统具有简单灵活的扩展方法。IIC 总线接口线少,控制方式简单,器件封装形式小,结构紧凑,易于实现模块化和标准化。

IIC 总线通信速率较高,传送速率主要有两种:一种是标准 S 模式(100Kb/s),另一种是快速 F 模式(400Kb/s)。

IIC 总线最主要的优点是其简单性和有效性。由于接口直接集成在组件之上,因此 IIC 总线占用的空间非常小,减少了电路板的空间和芯片管脚的数量,降低了互联成本。总线的长度可高达 25 英尺(6.35 米),并且能够以 10kb/s 的最大传输速率支持 40 个组件。

IIC 总线的另一个优点是:它支持多主控(Multimastering),其中任何能够进行发送和接收的设备(节点)都可以成为主控器。一个主控器能够控制信号的传输和时钟频率。当然,在任何时间点上只能有一个主控器,如图 9-12 所示。

IIC 总线是由数据线 SDA 和时钟 SCL 构成的串行总线,可发送和接收数据。在单片机与被控 IC 之间、IC 与 IC 之间进行双向传送,最高传送速率 100kb/s,驱动能力 400pF。每个连接在 IIC 总线上的电路或模块称为一个节点,各个节点均并联在这条总线上,但就像电话机一样只有拨通各自的号码才能工作,所以每个节点都有唯一的地址,在信息的传输过程中,IIC 总线上并接的每一个节点既是主控器(或被控器),又是发送器(或接收器),这取决于它要完成的功能。

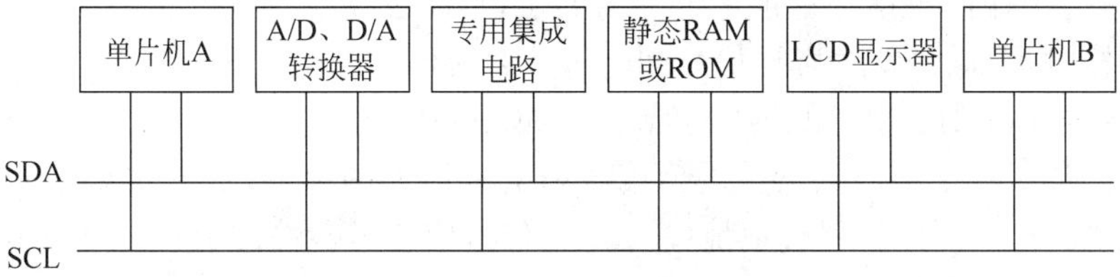

```
┌─────┐ ┌──────┐ ┌──────┐ ┌──────┐ ┌──────┐ ┌─────┐
│单片机A│ │A/D、D/A│ │专用集成│ │静态RAM│ │LCD显示器│ │单片机B│
│     │ │转换器 │ │电路  │ │或ROM │ │      │ │     │
└──┬──┘ └──┬───┘ └──┬───┘ └──┬───┘ └──┬───┘ └──┬──┘
   │       │        │        │        │        │
SDA┼───────┼────────┼────────┼────────┼────────┤
   │       │        │        │        │        │
SCL┼───────┴────────┴────────┴────────┴────────┘
```

图 9-12　典型 IIC 总线系统示意图

各节点供电可以不同,但需共地,SDA 和 SCL 需分别接上拉电阻。

IIC 总线支持多主和主从两种工作模式。在多主方式中,通过硬件和软件的仲裁,主控器取得总线控制权。在主从方式中,从器件地址包括器件编号地址和引脚地址两部分,器件编号地址由 IIC 总线委员会分配,引脚地址由外界电平的高低决定。当器件内部有连续的子地址空间时,对这些空间进行连续读写,子地址会自动加 1。

单片机发出的控制信号分为地址码和控制量两部分,地址码用来选址,即接通需要控制的电路,确定控制的种类;控制量决定该调整的类别(如对比度、亮度等)及需要调整的量。这样,各控制电路虽然挂在同一条总线上,却彼此独立,互不相关。

9.4.2　IIC 总线时序

IIC 总线在传送数据过程中有 4 种类型信号：开始信号、结束信号、数据信号和应答信号,如图 9-13 所示。

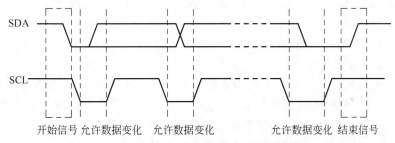

图 9-13　IIC 总线的时序

(1) 开始信号：SCL 为高电平时,SDA 由高电平向低电平跳变,开始传送数据。

(2) 结束信号：SCL 为高电平时,SDA 由低电平向高电平跳变,结束传送数据。

(3) 数据信号：其格式为每个时钟传送 1 位数据,在时钟的低电平由发送方发出数据电平信号,高电平时接收方读取数据线上的数据。8 位数据信号构成字节数据或地址、命令。

(4) 应答信号：接收数据的 IC 在接收到 8bit 数据(包括命令)后,在第 9 个时钟,向发送数据的 IC 发出低电平脉冲,作应答信号,表示已收到数据。应答信号与数据信号格式一样。

单片机向受控单元发出一个信号后,等待受控单元发出一个应答信号,单片机接收到应答信号后,根据实际情况作出是否继续传递信号的判断。若未收到应答信号,就判断为受控单元出现故障。

不论主控器是向被控器发送还是读取信息,开始信号和结束信号都由主控器发出。

1. IIC 总线的数据传输过程

IIC 总线以开始信号为启动信号,接着传输的是寻址字节和数据字节,数据字节是没有限制的,但每个字节后必须跟随一个应答位(0),全部数据传输完毕后,以结束信号结尾。

IIC 总线上传输的数据和地址字节均为 8 位，且高位在前，低位在后。

数据传输时，主机先发送启动信号和时钟信号，随后发送寻址字节来寻址被控器件，并规定数据传送方向。IIC 总线的寻址字节格式如图 9-14 所示，高 7 位为从器件地址，最低位为数据方向。从器件地址包括器件类型编号和引脚地址两部分，器件类型编号为器件识别码，由 IIC 总线委员会分配，引脚地址（D3～D1 位），应该与器件的引脚 A2～A0 电平一致。

D7	D6	D5	D4	D3	D2	D1	D0
DA3	DA2	DA1	DA0	A2	A1	A0	R/$\overline{W}$
器件类型编号：如：RTC 1101 E²PROM 1010				引脚地址：允许在公用的IIC总线上同时接8个同类器件			数据方向：1为收 0为发

图 9-14　IIC 总线的寻址字节格式

当主机发送寻址字节时，总线上所有器件都将其中的高 7 位地址与自己的比较，若相同，则该器件根据读/写位确定是从发送器还是从接收器。

若为从接收器，在寻址字节之后，主控发送器通过 SDA 线向从接收器发送信息，信息发送完毕后发送终止信号，以结束传送过程。

若为从发送器，在寻址字节之后，主控接收器通过 SDA 线接收被控发送器的发送信息。

每传输一位数据都有一个时钟脉冲相对应。时钟脉冲不必是相同周期的，它的时钟间隔可以不同。

总线备用时（"非忙"状态），SDA 和 SCL 都为"1"。只有当总线处于"非忙"状态时，数据传输才能被初始化。

关闭 IIC 总线（等待状态）时，使 SCL 箝位在低电平。SCL 的"线与"特性：SCL 为低电平时，SDA 上数据就被停止传送。

当接收器接收到一个字节后无法立即接收下一个字节时，便向 SCL 线输出低电平而箝住 SCL（SCL=0），迫使 SDA 线处于等待状态，直到接收器准备好接收新的字节时，再释放时钟线 SCL（SCL=1），使 SDA 上的数据传输得以继续进行。

如图 9-15 中的 A 处，当接收器在 A 点接收完主控器发来的一个字节时，需要处理接收中断而无法继续接收，则被控器便可箝住 SCL 线为低电平，使主控发送器处于等待状态，直到被控器处理完接收中断后，再释放 SCL 线。

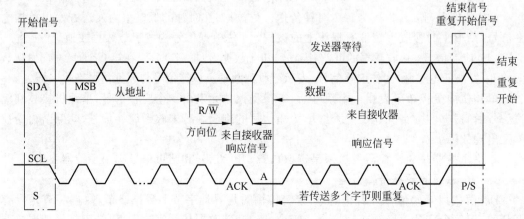

图 9-15　IIC 总线的数据传送字节格式

数据传输时,发送器每发完一个字节,都要求接收方发回一个应答信号(0)。应答信号的时钟仍由主控器在 SCL 上产生。主控发送器必须在被控接收器发送应答信号前,预先释放对 SDA 线的控制(SDA=1),以便主控器对 SDA 线上应答信号的检测。

主控器发送时,被控器接收完每个字节需发回应答信号,主控器据此进行下一字节的发送。如果被控器由于某种原因无法继续接收 SDA 上数据时,可向 SDA 输出一个非应答信号(1),主控器据此便产生一个 Stop 来终止 SDA 线上的数据传输。

主控器接收时,也应给被控器发应答信号。当主控器接收被控器送来的最后一个数据时,必须给被控器发一个非应答信号(1),令被控器释放 SDA 线,以便主控器可以发送 Stop 信号来结束数据的传输,如图 9-16 所示。

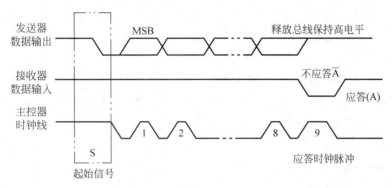

图 9-16　IIC 总线的应答信号

2. IIC 总线的数据格式

(1) 主控器写数据。主机向被寻址的从机写入 n 个数据字节。整个过程均为主机发送,从机接收,数据的方向位 $R/\overline{W}=0$。应答位 ACK 由从机发送,当主机产生结束信号后,数据传输停止。格式如下:

S	SLA$\overline{W}$	A	Data 1	A	Data 2	A	⋯	Data n−1	A	Data n	A/$\overline{A}$	P

S 为开始信号,P 为结束信号,A 为应答信号,$\overline{A}$ 为非应答信号,SLA$\overline{W}$ 为寻址字节(写),Data 1~Data n 为被传送的 n 个数据。

▨ 为主控器发送,被控器接收。　▢ 为被控器发送,主控器接收。

(2) 主控器读数据。主机从被寻址的从机读出 n 个数据字节。寻址字节为主机发送、从机接收,方向位 $R/\overline{W}=1$,n 个数据字节均为从机发送、主机接收。主机接收完全部数据后发非应答位(1),表明读操作结束。格式如下:

S	SLA R	A	Data 1	A	Data 2	A	⋯	Data n−1	A	Data n	$\overline{A}$	P

SLA R 为寻址字节读。

(3) 主控器读/写数据。主机在一段时间内为读操作,在另一段时间内为写操作。在一次数据传输过程中需要改变数据的传送方向。由于读/写方向有变化,开始信号和寻址字节都会重复一次,但读/写方向($R/\overline{W}$)相反。格式如下:

S	SLA R	A	Data 1	A	Data 2	A	...	Data n	A	Sr	SLA$\overline{W}$	A
DATA 1		A	DATA 2	A	...	DATA n-1		A	DATA n		A/$\overline{A}$	P

Sr 为重复开始信号,Data 1~Data n 为主控器的读数据,DATA 1~DATA n 为主控器的写数据。

9.4.3 IIC 总线操作函数

根据 IIC 的读写时序和数据格式,可以写出 IIC 总线发送开始信号、发送停止信号、发送一个字节数据、接收一个字节数据、检测应答信号和发送应答/非应答信号等几个基本操作。一般 51 单片机没有 IIC 接口,下面以 I/O 口模拟方式,给出 IIC 总线的基本操作函数。

编写模拟操作函数时注意:①IIC 总线系统各设备以线与关系连接总线,总线空闲时 SDA、SCL 都是高电平,低电平时表明有设备在使用总线;②SCL 在低电平时应给 SDA 发送数据,SCL 在高电平时从 SDA 上读取数据;③各个基本操作函数(除了停止信号函数)在结束时 SCL 都是低(占用总线状态),因此,进入各个函数(除了开始信号函数)时 SCL 也都是低。

IIC 总线的基本操作函数 C 语言程序如下:

```c
// iic.cIIC总线操作文件
#include<reg52.h>
#include<intrins.h>            //_nop_()需要
sbit SCL = P3^0;               //定义 IIC 时钟信号引脚
sbit SDA = P3^1;               //定义 IIC 数据信号引脚

void iicStart()                //开始信号函数,使用 IIC 总线
{
    SDA = 1;                   //拉高数据线
    SCL = 1;                   //拉高时钟线
    SDA = 0;                   //数据线变低,产生开始信号
    _nop_();                   //延时
    SCL = 0;                   //时钟线变低,进入工作状态
}
void iicStop()                 //停止信号函数,释放 IIC 总线
{
    SDA = 0;
    SCL = 1;
    _nop_();                   //延时
    SDA = 1;
}
void iicSendACK(bit ack)       //发送应答信号,ack = 0 为应答,ack = 1 为非应答
{
    SDA = ack;
    SCL = 1;
    _nop_(); _nop_();          //延时
    SCL = 0;
}
bit iicRecvACK()               //接收应答信号
```

```c
{
    SDA = 1;                          //为接收而输出高
    SCL = 1;
    _nop_();                          //延时
    CY = SDA;                         //读应答信号
    SCL = 0;
    return CY;                        //CY = 0、1 分别为应答和非应答
}

void iicSendByte(unsigned char datao) //字节数据发送函数
{
    unsigned char i;
    for(i = 0; i<8; i++)
    {
        datao<< = 1;                  //左移一位,移出位在 CY
        SDA = CY;                     //发送移出位
        SCL = 1;
        _nop_(); _nop_();             //延时
        SCL = 0;
    }
    iicRecvACK();
}
unsigned char iicRecvByte()           //字节数据接收函数
{
    unsigned char i,dd;
    SDA = 1;                          //为接收而输出高
    for(i = 0; i<8; i++)
    {
        dd<< = 1;
        SCL = 1;
        _nop_();                      //延时
        dd| = SDA;
        SCL = 0;
    }
    return dd;
}
```

为了方便使用这些函数,再写一个简短的头文件 iic.h,声明以上函数是外部函数。使用时,把上面的 iic.c 文件加入到工程中,再把 iic.h 头文件用 include 包含到使用的文件中,如下面的例 9-2。iic.h 头文件的内容如下:

```c
#ifndef __IIC_H__                     //防止重复包含本头文件的内容
//iic.h                               //IIC 总线操作函数头文件
#define __IIC_H__
extern void iicStart();               //声明外部的 IIC 总线开始函数,下同
extern void iicStop();
extern void iicSendACK(bit);
extern bit iicRecvACK();
extern void iicSendByte(unsigned char);
```

```
extern unsigned char iicRecvByte();
#endif                                          //包含的头文件内容结束
```

9.4.4　IIC总线应用

【例9-2】 用89C52单片机编程模拟IIC操作，对E^2PROM芯片24C04A（总容量512Byte）进行读、写实验，把0x26～0x45依次写入24C04A的0～31地址，然后再读出，读出的数据依次写入40～71地址，十六进制数的地址为0x28～0x47。

解： 24C04A的SDA引脚是IIC数据信号引脚；SCK引脚是IIC时钟信号引脚；A1、A2引脚是芯片选择引脚；WP引脚是对高256字节的写保护。

在Proteus中画出的电路如图9-17所示。可以在Proteus运行中暂停，然后通过Proteus的Debug菜单的"I2C Memory Internal Memory"选项查看24C04A内的数据，图中右上角为显示的24C04A内的数据。

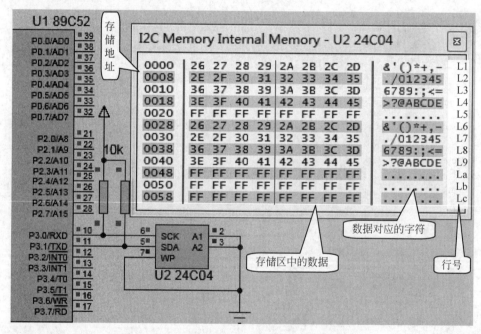

图9-17　89C52与24C04A接口电路和仿真结果

按照IIC总线的操作方法，C语言主程序文件内容如下：

```
//main.c                                //24C04A读写操作程序
#include<reg52.h>                       //包含52系列寄存器定义的头文件
#include<iic.h>                         //包含IIC总线操作函数头文件

void writeData(unsigned char addr,unsigned char datao)    //向24C04写数据函数
{                                       //两个参数分别为写入的地址和数据
    unsigned char i;
    iicStart();                         //发送IIC开始信号
    iicSendByte(0xa0);                  //器件寻址及进行写操作
    iicSendByte(addr);                  //24C04内部地址
    iicSendByte(datao);                 //写数据
```

```c
        iicStop();                        //发送IIC停止信号
        delayms(2);                       //每写一数据都要延时,延时时间与芯片的写数据
}                                         //时间参数有关.函数定义见例2-2
unsigned char readData(unsigned char addr)//从24C04读数据函数
{
    unsigned char d;
    iicStart();
    iicSendByte(0xa0);                    //发送器件寻址及写操作命令
    iicSendByte(addr);                    //发送24C04内部的地址
    iicStart();                           //再次发送开始信号,为了发送新的操作命令
    iicSendByte(0xa1);                    //发送器件寻址及读操作命令
    d = iicRecvByte();                    //读数据
    iicSendACK(1);                        //发送非应答信号
    iicStop();                            //发送IIC停止信号,释放总线
    return d;                             //返回读取的数据
}
void main()                               //主函数
{
    unsigned char i,d = 0x26;
    for(i = 0; i<32; i++)                 //向24C04内地址0~31中写0x26~0x45
        writeData(i,d++);                 //写入的内容如图9-17的行L1~L4所示
    for(i = 0; i<32; i++)
    {
        d = readData(i);                  //从24C04内地址0~31中读出数据
        writeData(40 + i,d);              //读出的数据再写入地址40~71(0x0028~0x0047)
    }                                     //中,其内容如图9-17的L6~L9行所示
    while(1);                             //程序停留于此处,便于观察
}
```

从图9-17中可以看出,L1~L4行、L6~L9行为写入的数据,这两部分数据一一对应,均为0x26~0x45,正是程序正确执行的结果;L5行没有写入数据,保留存储器的初始值0xff,La行之后没有写入数据,显示为初始值0xff.存储器内的数据擦除后,一般都是0xff.

9.5 SPI总线及应用接口

SPI(Serial Peripheral Interface)总线是Motorola公司提出的一种同步串行外设接口,允许MCU与各种外围设备以同步串行方式进行通信。其外围设备种类繁多,最简单的TTL移位寄存器到复杂的LCD显示驱动器、网络控制器等。

9.5.1 SPI总线特点

SPI总线是三线制,可直接与多种标准外围器件直接接口,在SPI从设备较少而没有总线扩展能力的单片机系统中使用特别方便。即使在有总线扩展能力的系统中采用SPI设备也可以简化电路设计,省掉很多常规电路中的接口器件,从而提高了设计的可靠性。

SPI是一种以主从方式工作的三线同步总线。一般由一个微控制器作为主机,外围器件和其他微控制器作为从机。所有器件均挂在由SCK、MISO、MOSI三条线组成的总线上。由主机对每一个从机分别发出片选信号线$\overline{CS}$来进行寻址。这样做虽然增加了信号线

的数量,但是与 IIC 总线比较起来,SPI 总线在数据传输过程中没有了寻址和应答的过程,并且可以工作在全双工模式下,提高了数据传输率,并简化了软件设计,使 CPU 有更多的时间处理其他事务。图 9-18 为 SPI 总线典型结构。

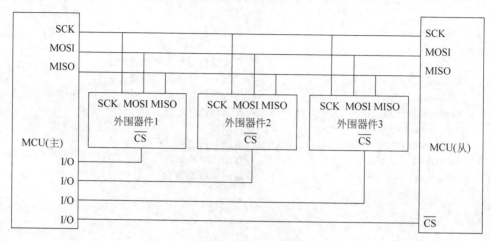

图 9-18　SPI 总线系统典型结构示意图

SPI 总线定义:

串行时钟线 SCK,由主机输出同步脉冲。

主机输入/从机输出数据线 MISO,高位在前或低位在前。

主机输出/从机输入数据线 MOSI,高位在前或低位在前。

从机选择线 $\overline{CS}$ 若干,对从机寻址。

9.5.2　SPI 总线时序

在进行 SPI 数据传输时,要保证主机与从机的时钟极性 CPOL 和时钟相位 CPHA 一致。不同的外设,时钟极性和时钟相位可能是不一样的,主机的时钟极性和时钟相位应由从机决定。要弄清楚从机是在时钟的上升沿还是下降沿接收数据?是在时钟的上升沿还是下降沿输出数据?如果从机在时钟的下降沿接收数据,主机就在时钟的上升沿发送数据,反之亦然。还有,要注意数据传输的顺序,从机若是高位在前,主机也高位在前;从机若是低位在前,主机也低位在前。

1. SPI 总线的数据传输模式

时钟极性 CPOL 决定空闲状态时 SCK 的电位为高电平还是低电平,因此也就决定着起始沿和结束沿的特征。时钟极性 CPOL 与空闲状态电平、前后沿特征如表 9-6 所示。

时钟相位 CPHA 决定数据是在 SCK 的起始沿采样还是在 SCK 的结束沿采样。CPHA 有两种配置,如表 9-7 所示。

表 9-6　时钟 CPOL 与前后沿特征

CPOL	空闲状态	起始沿	结束沿
0	低电平	上升沿	下降沿
1	高电平	下降沿	上升沿

表 9-7　时钟 CPHA 与前后沿功能

CPHA	起始沿	结束沿
0	采样	设置数据
1	设置数据	采样

这样 SCK 的相位和极性有 4 种组合。SPI 总线也以此分为 4 种传输模式。每一位数据的移出和移入发生于 SCK 不同的信号跳变沿,以保证有足够的时间使数据稳定。CPOL 与 CPHA 的组合如表 9-8 所示。

表 9-8 SPI 模式与 CPOL、CPHA 的关系

时 钟 状 态	起始沿	结束沿	SPI 模式
CPOL=0,CPHA=0	采样(上升沿)	设置(下降沿)	0
CPOL=0,CPHA=1	设置(上升沿)	采样(下降沿)	1
CPOL=1,CPHA=0	采样(下降沿)	设置(上升沿)	2
CPOL=1,CPHA=1	设置(下降沿)	采样(上升沿)	3

2. SPI 总线的操作时序

当 CPHA=0 时,模式 0 在上升沿采样,下降沿设置数据;模式 2 在下降沿采样,上升沿设置数据,如图 9-19 所示。

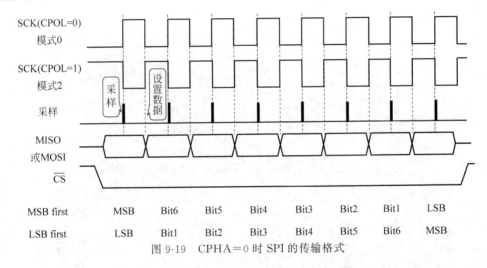

图 9-19 CPHA=0 时 SPI 的传输格式

当 CPHA=1 时,模式 1 在下降沿采样,上升沿设置数据;模式 3 在上升沿采样,下降沿设置数据,如图 9-20 所示。

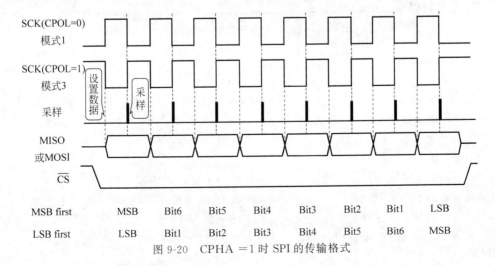

图 9-20 CPHA=1 时 SPI 的传输格式

9.5.3 SPI 总线操作函数

从上面的讨论可知，SPI 用两个信号线双向传输数据，数据的发送和采集都是在时钟信号的边沿瞬间，并且是间隔一个时钟周期操作一次。根据这些特点，可以采用如下方法编写单片机模拟 SPI 操作函数：

①单片机作为发送方时，无论从机(单片机是主机)是起始沿还是结束沿采样，都可以在每一位传输的开始就发送数据。②单片机作为接收方时，无论从机是在时钟信号的起始沿还是结束沿设置数据，在时钟信号的结束沿之前的有效状态内，都能够正确取数据。

在本书后面的内容，有多处单片机模拟 SPI 总线操作程序，可能不完全一样，但都是基于此操作方法。

图 9-21 的上半部分是 Flash 存储器 AT25F512 与单片机的 SPI 总线方式接口电路，下面以 CPOL=1 为例，编写单片机的 SPI 读写函数。注意时钟的空闲状态为高电平，低电平是有效电平。

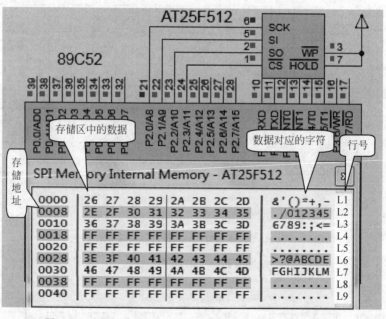

图 9-21 89C52 与 Flash 芯片 AT25F4096 接口与运行仿真

```
#include<reg52.h>
#include<intrins.h>         //_nop_()需要
sbit DI = P2^1;             //定义 SPI 的 MOSI 信号连接的引脚,下同
sbit DO = P2^2;
sbit CK = P2^0;
sbit SS = P2^3;

unsigned char SPIReadByte()  //SPI 读字节数据函数.极性可以设置,相位不用区分
{                            //设单片机晶振频率为 12MHz
    unsigned char i, datai = 0;
```

```c
        CK = 1;                         //设置时钟为空闲状态
        SS = 0;                         //片选信号有效
        for(i = 0; i<8; i++)            //循环读取8位数据,周期(8 + 6)μs
        {
            CK = 0;                     //设置时钟为有效状态
            datai<< = 1;                //已接收到的数据左移1位
            datai| = DO;                //读取位数据,加到datai的最低位
            CK = 1;                     //设置时钟为空闲状态
        }
        SS = 1;                         //片选信号变高,释放芯片
        return datai;                   //返回接收的数据
}

void SPIWriteByte(unsigned char datao)  //SPI写字节数据函数.极性可以设置,相位不用区分
{
    unsigned char i;

        CK = 1;                         //设置时钟为空闲状态
        SS = 0;                         //片选信号有效
        for(i = 0; i<8; i++)            //循环输出8位数据,周期为(6 + 6)μs
        {
            datao<< = 1;                //左移1位
            DI = CY;                    //发送移出的位,先发送最高位
            CK = 0;                     //设置时钟为有效状态
            _nop_();                    //延时
            CK = 1;                     //设置时钟为空闲状态
        }
        SS = 1;                         //片选信号变高,释放芯片
}

unsigned char SPIReadWriteByte (unsigned char datao)    //SPI读写字节数据函数
{                                       //极性可以设置,相位不用区分
    unsigned char i;

        CK = 1;                         //设置时钟为空闲状态
        SS = 0;                         //片选信号有效
        for(i = 0; i<8; i++)            //循环输出、接收8位数据,周期为(14 + 3)μs
        {
            datao<< = 1;                //左移1位,datao同时存放接收的数据,从低位存放
            DI = CY;                    //发送移出的位,先发送最高位
            CK = 0;                     //设置时钟为有效状态
            datao| = DO;                //读取位数据,加到datao的最低位
```

```
            CK = 1;                      //设置时钟为空闲状态
    }
    SS = 1;                              //片选信号变高,释放芯片
    return datao;
}
```

对于时钟极性 CPOL=0 的情况,只需将上面的"CK=1"改为"CK=0"、"CK=0"改为"CK=1"即可。

在后面的 AD 转换器、DA 转换器、数码管键盘接口芯片、时钟芯片等器件中,都会用到 SPI 总线的操作,在应用中,只要区分好时钟的极性,对函数中的时钟做相应的修改即可。

9.5.4 SPI 总线应用

【例 9-3】 使用 89C52 单片机编程模拟 SPI 操作,对 Flash 芯片 AT25F512(512Kb 总容量 64KB)进行读、写实验。先进行单字节读写操作,把 0x26~0x3d 写入 AT25F512 的 0~23 地址,然后再读出,与写入数据比较进行验证。再进行连续多字节读写操作,把 0x3e~0x4d 写入 AT25F512 的 40~55 地址。

解:AT25F512 的时钟信号 SCK 引脚、数据输入信号 SI 引脚、数据输入信号 SO 引脚和片选信号 $\overline{CS}$ 引脚,分别接单片机的 P20~P23 引脚,由单片机程序模拟 SPI 操作。在 Proteus 中画出的电路如图 9-21 所示。可以在 Proteus 运行中暂停,然后通过 Proteus 的 Debug 菜单的"SPI Memory Internal Memory"选项查看写操作后 AT25F512 内的数据。

AT25F512 是一种较小容量的芯片,如果不够用,可以选择较大容量的 AT25F2048 (2048Kb 或 256KB)、AT25F4096(4096Kb 或 512KB),它们与 AT25F512 的性能是一样的。

按照使用手册,AT25F512 以 SPI 模式 0 操作。AT25F512 主要有读/写字节命令、读/写状态命令、扇区擦除指令、整个芯片擦除指令等。C 语言程序如下。

```
#include "reg52.h"
#define u8 unsigned char
#define u16 unsigned int
#define u32 unsigned long
    //定义 Flash 操作命令字(可以参考《AT25F512 用户手册》)
#define WREN 0x06           //定义写使能命令字
#define WRDI 0x04           //写禁止命令字
#define RDSR 0x05           //读状态命令字
#define WRSR 0x01           //写状态命令字
#define READ 0x03           //读字节命令字
#define WRIT 0x02           //写字节命令字
#define SCER 0x52           //擦除扇区命令字
#define CPER 0x62           //擦除整个芯片
#define RDID 0x15           //读 ID
    //定义 SPI 信号引脚
sbit    SCK = P2^0;         //定义 SPI 时钟信号引脚
sbit    SI  = P2^1;         //定义 SPI 从机数据串行输入引脚,单片机输出
sbit    SO  = P2^2;         //定义 SPI 从机数据串行输出引脚,单片机输入
sbit    CS  = P2^3;         //定义 AT25F512 的片选信号引脚
```

```c
u8 txbuffer[32], rxbuffer[32];          //定义发送缓冲区和接收缓冲区

u8 readByte()                           //从 Flash 存储器读一个字节
{
    u8 i,dd = 0;
    SCK = 0;
    for(i = 0; i<8; i++)
    {   SCK = 1;
        dd<< = 1;
        dd| = SO;
        SCK = 0;
    }
    return dd;
}
void writeByte(u8 dd)                   //SPI 写一个字节函数
{
    u8 i;
    SCK = 0;
    for(i = 0; i<8; i++)
    {   dd<< = 1;
        SI = CY;
        SCK = 1;
        SCK = 0;
    }
}
u8 readStatus()                         //读 Flash 状态函数
{
    u8 status;
    CS = 0;                             //片选信号变低,使芯片有效
    writeByte(RDSR);                    //发送读状态命令
    status = readByte();                //读字节数据
    CS = 1;                             //片选信号变高,使芯片操作无效
    return status;
}
void busyWait()                         //Flash 忙等待函数
{
    while(readStatus()&0x01);
}
void chipErase()                        //擦除整个芯片函数
{
    CS = 0;
    writeByte(WREN);                    //发送写使能命令
    CS = 1;
    busyWait();                         //Flash 忙,等待
    CS = 0;
    writeByte(CPER);                    //发送擦除整个芯片命令
    CS = 1;
    busyWait();
```

```c
    }
    void writeAddress(u32 address)          //发送地址函数
    {
        writeByte((u8)(address>>16&0xff));  //先写高 8 位地址
        writeByte((u8)(address>>8&0xff));   //再写中间 8 位地址
        writeByte((u8)(address&0xff));      //最后写低 8 位地址
    }
    u8 readOne(u32 address)                 //从 Flash 中指定地址读一个字节数据
    {
        u8 dd;
        CS = 0;
        writeByte(READ);                    //发送读字节命令
        writeAddress(address);              //发送地址
        dd = readByte();                    //读字节数据
        CS = 1;
        return dd;
    }
    void readMore(u32 address,u8 array[],u8 len)
                                            //从 Flash 中指定地址开始连续读多个字节数据到缓冲区
    {
        u8 i;
        CS = 0;
        writeByte(READ);                    //发送读字节命令
        writeAddress(address);              //发送开始地址 address
        for(i = 0; i<len; i++)
            array[i] = readByte();          //连续读取 len 个字节数据,并存于数组 array 中
        CS = 1;
    }
    void writeOne(u32 address,u8 dd)        //向 Flash 指定的地址中写一个字节数据
    {
        CS = 0;
        writeByte(WREN);                    //发送写使能命令
        CS = 1;
        busyWait();                         //Flash 忙,等待
        while(readStatus()&0x01);           //Flash 忙,等待
        CS = 0;
        writeByte(WRIT);                    //发送写字节命令
        writeAddress(address);              //发送地址
        writeByte(dd);                      //写一个字节数据
        CS = 1;
        busyWait();                         //Flash 忙,等待
    }
    void writeMore(u32 address,u8 array[],u8 len)
    {                                       //向 Flash 中从指定地址开始连续写多个字节数据
        u8 i;
        CS = 0;
        writeByte(WREN);                    //发送写使能命令
        CS = 1;
```

```c
        busyWait();                    //Flash 忙,等待
        while(readStatus()&0x01);      //Flash 忙,等待
        CS = 0;
        writeByte(WRIT);               //发送写字节命令
        writeAddress(address);         //发送开始地址
        for(i = 0; i<len; i++)
            writeByte(array[i]);       //循环写数据
        CS = 1;
        busyWait();                    //Flash 忙,等待
}
void main()                            //主函数
{   u8 i;

    chipErase();                       //擦除芯片
    for(i = 0; i<24; i++)              //逐字节写 0x26～0x3d 到 Flash 地址 0～23
    {   writeOne(i,i + 0x26);          //向 Flash 写数据
        txbuffer[i] = i + 0x26;        //将写入的数据备份到 txbuffer 缓冲区,以备读出比较
    }
    readMore(0,rxbuffer,24);           //从 Flash 的 0 地址开始,连续读 24 个字节存于 rxbuffer
    for(i = 0; i<24; i++)              //比较读出的数据与写入的数据是否相同
    {   if(rxbuffer[i]!= txbuffer[i])
            break;
    }
    if(i == 24)                        //i 等于 24,则读出的与写入的数据相同
    {   for(i = 0; i<16; i++)
            txbuffer[i] = i + 0x3e;    //向缓冲区写入新数据,接着上一段写
        writeMore(40,txbuffer,16);     //地址从 40 开始连续写 16 个字节,比一个一个写快
    }
    while(1);
}
```

从图 9-21 中可以看出,L1～L3 行与 L6～L7 行写入的数据是连接的,说明 L1～L3 行写入的数据是正确的,从 L1～L3 行读出的数据也是正确的,并且后来写入 L6～L7 行的数据还是正确的,从而表明本例的函数除了"读 1 个字节函数(readOne())"之外,其他函数都是正确的,读者自己验证一下"readOne()"是否正确。

思考题与习题

(1) 什么是接口? 接口的功能有哪些?
(2) 简述接口的一般结构。
(3) 什么是端口? 简述端口编址的方法。
(4) 8255A 的功能是什么?
(5) 简述 8255A 的内部结构?
(6) 简述 8255A 的控制字和用法?
(7) 8255A 有哪些工作方式? 这些工作方式有什么不同?

(8) IIC 总线主要有哪些特点？

(9) SPI 总线有哪些工作模式，主要有哪些特点？

(10) 6 位地址线最多可产生多少个地址？11 位地址线最多可产生多少个地址？

(11) 假定一个存储器有 4096 个存储单元，其首地址为 0，则末地址是什么？

(12) 用 2K×4 位的数据存储器芯片扩展 4K×8 位的数据存储器需要多少片？地址总线是多少位？画出连线图。

(13) 在单片机应用系统中，经常会使用简单的门电路扩展并行输出口。在 Proteus 中绘制单片机系统，用两片三态输出锁存器 74HC573 芯片扩展 89C52 的输出端口，实现 16 个发光二极管做流水灯显示（每次亮 1 个、2 个），用 Keil C 编程实现该功能，并把编译好的代码下载到单片机中模拟运行。提示：两个 74HC573 的 $\overline{OE}$ 引脚分别接单片机的 P2.6、P2.7 引脚，两个 74HC573 的端口地址分别是 0xbfff 和 0x7fff。

(14) 在 Proteus 中绘制单片机应用系统，用 8255A 的 PA 口接 8 个开关作输入，PB 口接 8 个发光二极管作输出显示。编写程序，读取 PA 口开关的状态，从 PB 口输出状态值，使闭合的开关对应的发光二极管点亮。

(15) 在 Proteus 中绘制单片机应用系统，用 8255A 的 PA、PB、PC 接 24 只发光二极管，编写程序，以 1s 为周期交替点亮 1 只/2 只做流水灯显示。

(16) 在 Proteus 中绘制单片机应用系统，编程模拟 IIC 操作，把 EEPROM 芯片 24C04A 的 0x20～0x3f 单元分别写入 0x40～0x5f，然后读出，将其在 LCD 上显示出来。

(17) 在 Proteus 中绘制单片机应用系统，仿照例 9-3，对 IIC 调试器进行实验操作。

(18) 在 Proteus 中绘制单片机应用系统，对 SPI 接口的 Flash 芯片 AT25F4096 进行读写。

第 10 章 单片机与模拟、开关器件接口技术

CHAPTER 10

在由单片机构成的测控系统中,模拟信号和开关信号是单片机要进行测量和输出控制的重要信息。本章主要讲述新型常用的、串行接口的 A/D、D/A 转换器的结构、原理、接口及应用,讲解用开关信号控制继电器、电机的接口及应用,以及常用的光电隔离器的应用。

10.1 D/A 转换器及接口技术

目前数/模转换器从接口上可分为两大类:并行接口数/模转换器和串行接口数/模转换器。并行接口转换器的引脚多,体积大,占用单片机的口线多;而串行数/模转换器的体积小,占用单片机的口线少。为减小线路板的面积,减少占用单片机的口线,越来越多地采用串行数/模转换器,本节以 TI 公司的 TLC5615 和 NS 公司的 DAC124S085 为例介绍串行接口的 D/A 转换器。

10.1.1 D/A 转换器的主要参数

D/A 转换器的参数是描述 D/A 转换器性能的重要依据,现就主要参数进行介绍。

1. 分辨率

分辨率指 D/A 转换器在输出端能够分辨的最小的变化。可以用转换器的最小输出值与最大输出值的比值来表示,从理论上来说,可以用输入端的数字量来表示,对于 1 个 n 位 D/A 转换器,这个比值是 $1/(2^n-1)$,这就是转换器的分辨率。由此可见,转换器的位数越多,分辨率越高。通常有 8 位、10 位、12 位等 D/A 转换器。

2. 转换误差(精度)

对输入 D/A 转换器某个输入的数字量,所转换出的模拟量与理论模拟量之差,称为绝对误差,绝对误差与理论值之比,称为相对误差。转换精度主要与基准电源精度、器件性能有关。通常用最低有效位(LSB)的位数来表示转换误差,表示的是最大的绝对误差。如转换误差(精度)为 $\pm 1/4$LSB、$\pm 1/2$LSB、± 1LSB、± 1.5LSB 等。

3. 建立时间

建立时间指 D/A 转换器输出(电流或电压)模拟为满度时,达到终值误差 $\pm 1/2$LSB 以内所需的时间。即从送入数字信号开始,到输出模拟量达到稳定值所需要的时间。它反映

了 D/A 转换电路的转换速度。不同的转换器,其转换时间从几微秒到几十毫秒不等。在实际应用中,要选择建立时间小于数字输入信号变化的周期的 D/A 转换器。

4. 输出的模拟量与数字量的关系

D/A 转换器转换输出的模拟量 Vo 与输入的数字量 x 的关系如下:

$$Vo = x \times Vr/(2^n - 1) \tag{10-1}$$

式中 Vr 为转换器的参考电压,n 为转换器的位数。该式为本章计算模拟电压的基本公式。

10.1.2 D/A 转换器 TLC5615 及接口技术

1. TLC5615 的主要特性

TLC5615 是 3 线 SPI 接口的数/模转换器。其输出为电压型,最大输出电压是基准电压值的两倍。带有上电复位功能,上电时把 DAC 寄存器复位至全 0。TLC5615 的性价比较高,市场售价比较低。TLC5615 的特性如下。

- 10 位 CMOS 电压输出;
- 5V 单电源工作;
- 与单片机 3 线 SPI 串行接口;
- 最大输出电压是基准电压的 2 倍;
- 输出电压具有和基准电压相同的极性;
- 建立时间 12.5μs;
- 内部上电复位;
- 低功耗,最高为 1.75mW;
- 引脚与 MAX515 兼容。

2. TLC5615 的引脚信号

TLC5615 的引脚排列如图 10-1 所示,其引脚功能如下。

DIN:串行数据输入引脚。
SCLK:串行时钟输入引脚。
$\overline{CS}$:芯片选择输入引脚,低电平有效。
DOUT:用于级联的串行数据输出引脚。
AGND:模拟地,电源地接入端。
REFIN:参考(基准)电压输入引脚。
OUT:DAC 模拟电压输出引脚。
V_{DD}:电源正极接入端(4.5~5.5V)。

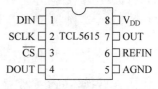

图 10-1 TLC5615 的引脚排列

TLC5615 输出模拟电压 Vo 与输入数字量 N、输入参考电压 V_R 的关系:

$$Vo = 2V_R \times N/1023 \tag{10-2}$$

3. TLC5615 的结构与原理

TLC5615 内部主要由上电复位电路、16 位移位寄存器、D/A 转换器、电压倍频器以及控制逻辑等部分构成,如图 10-2 所示。

虽然 TLC5615 是 10 位转换器,但芯片内的输入锁存器为 12 位宽,所以要在 10 位数字的低位后面再填以两位数字 XX,XX 可为任意值。串行传送的方向是先送出高位 MSB,后送出低位 LSB。

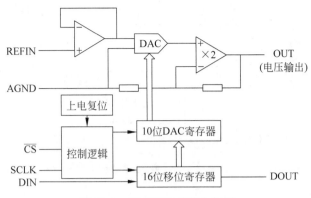

图 10-2　TLC5615 功能方框图

如果 TLC5615 是非级联使用，则 DIN 只需输入 12 位数据：前 10 位为 TLC5615 输入的 D/A 转换数据，后两位可以输入任意值，一般可以填入 0，数据格式如图 10-3 所示。

图 10-3　TLC5615 输入的 12 位数据格式

如果 TLC5615 是级联使用，则来自 DOUT 的数据需输入 16 位时钟的下降沿，因此完成一次数据输入需要 16 个时钟周期，输入数据也应使用 16 位的传送格式如图 10-4 所示。在最高位 MSB 的前面再加上 4 个虚位，被转换的 10 位数字在中间，最后再填入两个 0。

图 10-4　TLC5615 输入的 16 位数据格式

TLC5615 的 SPI 时序可以参考图 9-19，与其类似，区别只是 TLC5615 传输 12 位或 16 位，而图 9-19 传输的是 8 位。当片选 $\overline{CS}$ 为低电平时，输入数据 DIN 和输出数据 DOUT 在时钟 SCLK 的控制下同步输入或输出，而且最高有效位在前，低有效位在后。输入时钟的 SCLK 的上升沿把串行数据经 DIN 移入内部的 16 位移位寄存器，SCLK 的下降沿输出串行数据到 DOUT，片选信号 $\overline{CS}$ 的上升沿把数据送至 DAC 寄存器。SCLK 的空闲状态是低电平，并且上升沿采样、下降沿置数，因此，对照 9.5.2 节，TLC5615 的 SPI 工作于模式 0。

4. TLC5615 与单片机的接口及编程

TLC5615 和 89C52 单片机的接口电路如图 10-5 所示。在电路中，89C52 单片机自 P3.0～P3.2 口分别控制 TLC5615 的片选 $\overline{CS}$、串行时钟输入 SCLK 和串行数据输入 DIN。

D/A 转换程序如下：

```
#include<reg52.h>
sbit CS = P3^0;
sbit SCK = P3^1;
sbit DIN = P3^2;
void TLC5616DAC(unsigned int adata)        //adata 为输出的数字量，本函数按 16 位传输
```

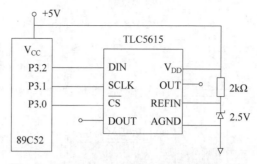

图 10-5　TLC5615 与 89C52 单片机的接口电路

```
{
    unsigned char i;
    adata<< = 2;                //10 位数据升位为 12 位,低 2 位无效
    SCK = 0;                    //时钟低电平
    CS = 0;                     //片选有效
    for(i = 0; <16; i++)
    {
        SCK = 0;                //时钟低电平
        adata<< = 1;            //将输出的数据位移出
        DIN = CY;               //把数据位输出给 TLC5616
        SCLK = 1;               //时钟高电平,使 TLC5616 采样
    }
    SCK = 0;                    //时钟低电平
    CS = 1;                     //片选高电平,输入的 16 位数据有效
}
```

如果按 12 位传输,只需要修改上面函数中有下画线的两条语句,修改如下:

adata<< = 2;　　　　　　　修改为　　　　　adata<< = 6;
for(i = 0; i<16; i++)　　　　修改为　　　　　for(i = 0; i<12; i++)

这两种情况实质上都是把 12 位(包括最低两位的 0)数据送给了 12 位输入锁存器。

10.1.3　D/A 转换器 DAC124S085 及接口技术

DAC124S085 是由美国国家半导体公司(National Semiconductor Corporation)推出的 12 位超低功率 4 通道 D/A 转换器,应用在以电池供电的便携式电子产品中,包括工业设备、医疗仪器及电子消费产品等设备上。

该系列器件主要有 DAC082S085、DAC084S085、DAC104S085、DAC122S085 等,其中 DAC082S085 为 8 位双通道 D/A 转换器,DAC084S085 为 8 位 4 通道 D/A 转换器,DAC104S085 为 10 位 4 通道 D/A 转换器,DAC122S085 为 12 位双通道 D/A 转换器。本节以 DAC124S085 为例介绍串行接口 D/A 转换器的特点及接口技术。

1. DAC124S085 的主要特性

DAC124S085 是 SPI 接口的 D/A 转换器。DAC124S085 的特性如下:

- 12位、4通道,轨到轨电压输出(满电源幅度输出);
- 多通道可同时输出更新;
- 最大建立时间:8.5μs;
- 最大误差:-0.75% FS
- 宽电源电压:2.7~5.5V;
- 超低功率:1.1mW(3V电源)、2.4mW(5V电源);
- SPI串行接口;
- 掉电模式;
- 工业最小的包装。

2. DAC124S085的引脚信号

DAC124S085的引脚排列如图10-6所示,其引脚功能如下。

DIN:串行数据输入引脚。

SCLK:串行时钟输入引脚。

$\overline{SYNC}$:同步输入引脚,低电平有效。

VOUTA、VOUTB、VOUTC、VOUTD:4个通道(A~D通道)的模拟电压输出引脚。

VREF IN:参考(基准)电压输入引脚。

VA:电源正极接入引脚。

GND:地,电源地接入引脚。

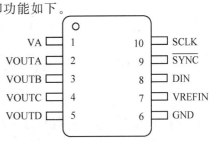

图10-6 DAC124S085的引脚排列

3. DAC124S085的寄存器与操作时序

DAC124S085的输入寄存器格式如图10-7所示。

D15	D14	D13	D12	MSB	LSB
A1	A0	OP1	OP0	12位数据	

图10-7 DAC124S085的输入寄存器格式

DAC124S085的输入寄存器为16位格式,其中最高2位为通道选择,如表10-1所示,紧接着2位为通道输出模式控制,如表10-2所示,低12位为D/A转换的12位数据。串行传送的方向是先送出最高位,最后送出最低位。

表10-1 DAC124S085通道选择表

A1	A0	通 道 选 择
0	0	选择输出通道A
0	1	选择输出通道B
1	0	选择输出通道C
1	1	选择输出通道D

表10-2 DAC124S085寄存器控制功能表

OP1	OP0	功 能
0	0	写入通道寄存器但不更新输出
0	1	写入通道寄存器同时更新输出

续表

OP1	OP0	功　能
1	0	写入所有寄存器同时更新输出
1	1	掉电输出

在掉电输出方式下，A1A0 不再表示通道选择，A1A0 为 00 和 11 时，每个通道都为高阻输出，A1A0 为 01 时，每个通道输出连 2.5kΩ 到地，A1A0 为 10 时，每个通道输出连 100kΩ 电阻到地。

DAC124S085 的 16 位寄存器写入操作时序如图 10-8 所示。

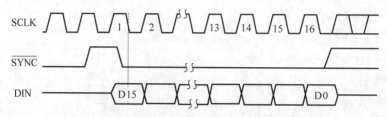

图 10-8　DAC124S085 的 16 位寄存器写入操作时序

当片选 $\overline{SYNC}$ 为低电平时，输入数据 DIN 在时钟 SCLK 的控制下同步输入，最高位在前、最低位在最后。在 SCLK 的每个下降沿 DAC124S085 从 DIN 输入数据，经过 16 个时钟，把 16 位数据全部移进寄存器。从图 10-8 中可以看出，DAC124S085 的高电平为空闲电平，前沿采样、后沿置数，对照 SPI 总线的操作模式(9.5.2 节)，该 SPI 工作于模式 2。

4. DAC124S085 与单片机的接口及编程

DAC124S085 和 89C52 单片机的接口电路如图 10-9 左半部分所示。在电路中，89C52 单片机自 P3.0～P3.2 引脚分别控制 DAC124S085 的同步信号 $\overline{SYNC}$、串行时钟输入 SCLK 和串行数据输入 DIN。

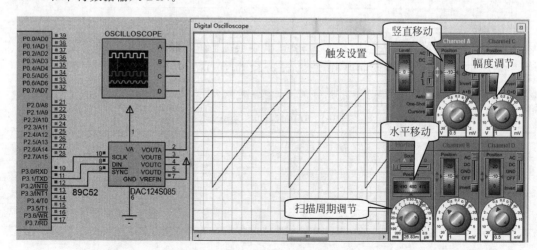

图 10-9　DAC124S085 与 89C52 接口电路以及用虚拟示波器观察产生的锯齿波

根据 DAC124S085 输入寄存器的格式，以及 SPI 总线的操作模式，可以写出如下的 DAC124S085 转换程序。

```c
#include<reg52.h>
sbit SYNC = P3^0;
sbit SCLK = P3^1;
sbit DIN = P3^2;
void dac124s085(unsigned char channel,unsigned char mode,unsigned int adata)
{                    //函数入口参数：channel 输出通道,mode 输出模式,adata 数模转换数据
    unsigned char i;
    unsigned int command;
    command = (channel<<14) + (mode<<12) + adata;
    SYNC = 1;         //同步信号无效
    SCLK = 1;         //时钟高电平,空闲状态
    SYNC = 0;         //同步信号有效
    for(i = 0; i<16; i++)
    {
        SCLK = 1;     //时钟高电平
        command<< = 1;//按位将数据移出
        DIN = CY;     //输出
        SCLK = 0;     //时钟低电平,下降沿锁存数据
    }
    SYNC = 1;         //同步信号无效
    SCLK = 1;         //时钟高电平
}
```

【例 10-1】 对图 10-9 中的单片机编程,使 DAC124S085 输出锯齿波,并使用虚拟示波器观察产生的波形。

解：C 语言程序如下：

```c
//main.c
#include<reg52.h>
extern void dac124s085(unsigned char channel,unsigned char mode,unsigned int adata);
void main()
{
    unsigned int i;
    while(1)
    {
        for(i = 0; i<4095; i += 5)
        {   dac124s085(0,1,i);          //选择 0 通道,写入寄存器后直接输出
            delay5us(20);                //延时 100μs 调节周期,宏定义见 5.4.4 节
} } }
```

执行结果如图 10-9 右半部分所示。在实验时,需要调节扫描周期调节旋钮,使曲线周期显示的宽度合适,需要调节信号对应通道(从图 10-9 中可以看出接的是 Channel A)的幅度旋钮,使曲线有合适的幅度便于观察,还可以调节水平移动旋钮和通道竖直旋钮,把曲线调整到合适的位置。

10.2 A/D 转换器及接口技术

模/数(A/D)转换电路的种类很多,例如,计数比较型、逐次逼近型、双积分型等。选择 A/D 转换器件主要是从转换位数、转换速度、转换精度、接口方式和价格上考虑。

逐次逼近型 A/D 转换器在位数、速度和价格上都适中,是最常用的 A/D 转换器件。双积分 A/D 转换器具有位数多、精度高、抗干扰性好、价格低廉等优点,但转换速度低。

近年来,串行输出的 A/D 芯片由于节省单片机的 I/O 口线,越来越多地被采用。如 4 线 SPI 接口的 TLC1549、TLC1543、TLC2543、MAX187 等,具有 2 线 IIC 接口的 MAX127、PCF8591(4 路 8 位 A/D,还含 1 路 8 位 D/A)等。另外,很多新型的单片机在片内集成有 A/D 转换器,从价格到使用性能都有很大的优越性,转换位数有 8 位、10 位、12 位的等,如宏晶公司的 STC 系列单片机、Silicon 公司的 C8051 系列单片机、Philips 系列单片机等。

这里,先介绍与 A/D 转换器主要相关的参数,然后学习逐次逼近型 A/D 电路芯片,包括串行接口 A/D 转换器 TLC2543、ADC0832 与 89C52 单片机的接口及程序设计方法,以及 STC89LE516AD/X2 片内集成 A/D 转换器的程序设计方法。

10.2.1 A/D 转换器的主要参数

目前市场上的转换器种类繁多,必须弄清楚模数转换器的一些参数。主要有如下几种。

1. 分辨率

分辨率是描述 A/D 转换器对输入微小变化的分辨能力。可以用转换器能区分的最小值输入电压,与满量程的输入电压的比值来表示,从理论上来说,对于 1 个 n 位 A/D 转换器,这个比值是 $1/(2^n-1)$,这就是转换器的分辨率。由此可见,转换器的位数越多,分辨率越高。通常有 8 位、10 位、12 位等转换器。例如对于 1 个 8 位的 A/D 转换器,当输入信号最大值为 5V 时,转换器能区分出输入信号的最小电压为 5V/255=19.61mV,也就是 1LSB 对应 19.61mV。

2. 转换误差(精度)

对输入 A/D 转换器的某个模拟量,所转换出的数字量与理论值之差,称为绝对误差,绝对误差与理论值之比,称为相对误差。转换精度主要与基准电源精度、器件性能有关。通常用最低有效位(LSB)的位数来表示转换误差,表示的是最大的绝对误差。如转换误差(精度)为±1/4LSB、±1/2LSB、±1LSB、±1.5LSB 等。

3. 转换时间

指 A/D 转换器接到启动信号开始,到输出二进制的转换结果所需要的时间。常用的 A/D 转换芯片的转换时间通常为 1~200μs。转换时间是计算机数据传送过程中必须考虑的一个因素。从计算机启动转换,到读取转换结果,其等待时间必须等于大于转换器的转换时间。

4. 量程

A/D 转换器所能承受的模拟输入电压范围,分单极性、双极性两种:单极性常见量程为 0~5V,0~10V 和 0~20V 等;双极性量程通常为 −5~+5V,−10~+10V 等。量程与器件的性能和参考电压有关。

5. 转换出的数字量与模拟量的关系

A/D 转换器转换出的数字量 x 与输入的模拟量 Vi 的关系如下：
$$Vi = x \times Vr/(2^n - 1) \tag{10-3}$$
式中 Vr 为转换器的参考电压，n 为转换器的位数。该式为本章计算模拟电压的基本公式。

10.2.2 A/D 转换器 ADC0834 及接口技术

ADC083X 是美国国家半导体公司生产的一种 8 位分辨率的串行模/数转换器件系列。包括 ADC0831、ADC0832、ADC0834、ADC0838 等，转换速度较高（转换时间 32μs），单电源供电，功耗低（15mW），适用于各种便携式智能仪表。其中 ADC0831 为单通道输入、ADC0832 为双通道或单通道差分输入、ADC0834 为四通道或双通道差分输入、ADC0838 为八通道或四通道差分输入。本节以 ADC0834 为例介绍串行接口 A/D 转换器的特点及接口技术。

1. ADC0834 的主要特性

ADC0834 是 4 通道 A/D 转换器，其内部电源输入与参考电压的复用，使得芯片的模拟电压输入在 0～5V 之间。具有双数据输出可作为数据校验，以减少数据误差，转换速度快且稳定性能强等特点。独立的芯片使能输入，使多器件挂接和处理器控制变的更加方便。

- 4 通道、8 位逐次逼近式 A/D 转换器；
- 转换误差：A 后缀为 ±1LSB，B 后缀为 ±0.5LSB；
- 时钟频率为 10～400kHz；典型时钟频率为 250kHz，其转换时间为 32μs；
- 5V 电源供电时，模拟信号输入电压为 0～5V；
- 输入/输出电平与 TTL/CMOS 相兼容；
- 与微控制器用 SPI 串行总线接口；
- 一般功耗仅为 15mW；
- 14P—DIP（双列直插）、PICC 多种封装；
- 商用级芯片温差为 0℃～+70℃，工业级芯片温差为 −40℃～+85℃。

2. ADC0834 的引脚信号

ADC0834 转换器的引脚如图 10-10 所示。

$\overline{CS}$：片选使能引脚，低电平芯片有效。

CH0～CH3：通道 0～3 模拟信号输入引脚，或作差分信号 IN+/IN− 输入。

CLK：时钟输入引脚，该时钟既是 SPI 总线时钟，也是 A/D 转换时钟。

DI：命令字输入引脚。

DO：数据输出引脚，输出转换结果数据。

REF：参考电压输入引脚。

DGTLGND：数字地。

ANLG GND：模拟地。

V_{CC}、V+：电源输入引脚。

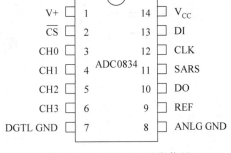

图 10-10 ADC0834 引脚信号

SARS：转换状态输出引脚，该端为高电平时，表示转换正在进行，为低电平则表示转换完成。

3. ADC0834 的工作原理

ADC0834 的一个转换周期分为三个阶段：接收命令字、转换与输出（逐次逼近转换，转换出 1 位输出 1 位，先转换及输出最高位）、校对输出（先输出最低位）。

1）ADC0834 的命令字

ADC0834 命令字的格式如图 10-11 所示，各位含义如下。

- 起始位（START）：规定为 1。
- 信号格式（SGL/DIF）：设置为 1 则单端输入信号，设置为 0 则差分输入信号。
- 奇偶性（ODD/EVEN）：用于选择输入信号连接在转换组中的奇偶通道。差分输入时，该位选择转换组中哪个通道输入正极性信号 IN+，设置为 1 则选择奇数通道输入 IN+，设置为 0 则选择偶数通道输入 IN+；单端输入时，该位选择从转换组中的哪个通道输入，设置为 1 则选择从奇数通道输入，设置为 0 则选择从偶数通道输入。
- 转换组选择（SELEC）：设置为 0 则选择第 0 组，包含 0、1 通道，设置为 1 则选择第 1 组，包含 2、3 通道。
- 隔离延时位（DELAY）：这是一个没有命令字含义的位，起到隔离延时作用，因为从该位一开始，ADC0834 转入到 A/D 转换和输出阶段。对于 MCS-51 单片机，如果 DI、DO 接单片机的同一个引脚时，因为前一段对单片机是输出，下一段单片机是输入，为了使单片机能够正确输入（准双向 I/O 口），该隔离延时位必须设置为 1。
- 无效位：低 3 位没有使用，可以为任意值，后面均取 0。

起始位	信号格式	奇偶性	转换组	隔离延时	无效位		
START	SGL/DIF	ODD/EVEN	SELEC	DELAY	x	x	x

图 10-11　ADC0834 命令字格式

ADC0834 的信号格式、通道选择与命令字的关系如表 10-3 所示。表中的 +、− 分别表示差分信号的 IN+ 和 IN−。

表 10-3　ADC0834 通道、信号格式与命令字的关系

命令码	命令字					0 组		1 组		信号格式
	START	SGL/DIF	ODD/EVEN	SELEC	DELAY	CH0	CH1	CH2	CH3	
0xc8	1	1	0	0	1	√				单端信号
0xe8	1	1	1	0	1		√			
0xd8	1	1	0	1	1			√		
0xf8	1	1	1	1	1				√	
0x88	1	0	0	0	1	+	−			差分信号
0xa8	1	0	1	0	1	−	+			
0x98	1	0	0	1	1			+	−	
0xb8	1	0	1	1	1			−	+	

对于 ADC0838 的命令字，仅比 ADC0834 多一位，就是把"SELEC"变成了"SELEC1"和"SELEC0"，因此，8 位命令字为"SART、SGL/DIF、ODD/EVEN、SELEC1、SELEC0、

DELAY、x、x",其信号格式、通道选择与命令字的关系规则与表 10-3 一样。

2) ADC0834 的操作时序

ADC0834 的操作时序如图 10-12 所示。从图中可以看出,$\overline{CS}$ 由高变低标志着一个转换周期的开始,并且保持低电平直到一个转换周期结束,$\overline{CS}$ 由低变高则清除 ADC0834 内部所有的寄存器。CLK 的空闲状态是低电平,在转换周期的第一个阶段,CLK 的上升沿,把单片机通过数据线 DI 发送的命令字(前 5 位)逐位移到控制寄存器,设置信号处理方式(单端/差分格式)、选择转换组和通道。DI 传输完 4 位命令字后,变为浮空的高阻状态。

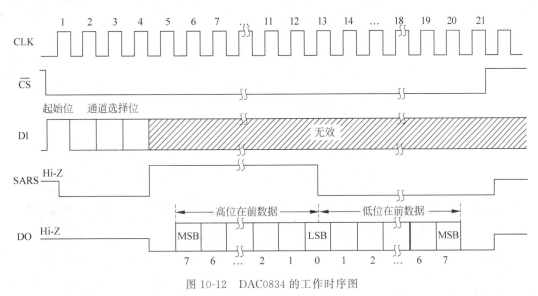

图 10-12　DAC0834 的工作时序图

5 位命令字传输完之后,从 CLK 的第 5 个脉冲的后沿(即下降沿)开始,ADC0834 进入第二个阶段——A/D 转换与输出阶段。在 CLK 时钟的作用下,一个时钟转换出一个数据位,先产生出最高位,到第 13 个时钟的下降沿转换结束,在整个转换期间,状态信号 SARS 为高。从第 6 个时钟开始,到第 13 个时钟,每个时钟的下降沿向 DO 数据线发送 1 位数据。DO 数据线在未传输数据之前(第 1 个时钟～第 5 个时钟)为浮空的高阻状态。

从 CLK 第 13 个时钟的下降沿输出最低位数据之后,ADC0834 进入第三个阶段——低位在前的校对输出阶段。不再输出最低位,从第 14 个时钟～第 20 个时钟的下降沿,从 DO 输出次低位到最高位数据。把第二、第三两个阶段读取的数据比较,相等则正确,不等则有错误,重新启动转换读取数据。

由于数据输出线 DO 在第 1 个时钟～第 4 个时钟为浮空的高阻状态,数据输入线 DI 在第 4 个时钟后变为浮空的高阻状态,所以,这两个信号线可以连接在单片机的同一个引脚上。

从图 10-12 中可以看出,ADC0834 的 CLK 的空闲状态为低电平,因此,在 ADC0834 的三个操作阶段,SPI 总线分别为模式 0 接收(上升沿采样)、模式 0 发送(结束沿,即下降沿发送)和模式 0 发送。

作为单通道模拟信号输入时 ADC0834 的输入电压是 0～5V,且 8 位分辨率时能够分辨的电压最小值为 19.61mV,即(5/255)V。如果作为由差分信号 IN+与 IN-输入时,可以将电压值设定在某一个较大范围之内,从而提高转换的范围。但值得注意的是,如果 IN－的电压高于 IN＋的电压时,则转换出的数据始终为 0。

4. ADC0834 与 89C52 的接口及编程

A/D 转换器 ADC0834 以 SPI 串行方式与 89C52 的接口电路如图 10-13 所示。需要注意的是:ADC0834 的 DI、DO 引脚接在一起,连接在单片机的 P3.3 引脚上,少占了单片机的 1 位引脚;ADC0834 的转换状态信号 SARS,没有连接到单片机上,所以,不检测 ADC0834 的转换状态。

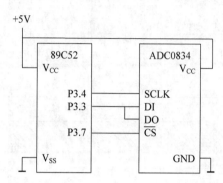

图 10-13　ADC0834 与 89C52 的接口电路

根据前面所述的 ADC0834 的操作时序图、命令字格式、SPI 的三个操作阶段和工作模式,ADC0834 的操作程序如下:

```c
//ADC0834.c 文件
#include<reg52.h>
sbit DIO = P3^3;
sbit CLK = P3^4;
sbit CS = P3^7;
unsigned char ADC0834(unsigned char command)    //ADC0834 的转换操作函数,command 为命令字
{
    unsigned char i;
    CLK = 0;                                    //使时钟处于空闲状态
    CS = 0;                                     //CS 置 0,片选有效,一个转换周期开始
    for(i = 0; i<5; i++)                        //循环 5 次,第 1 至第 5 个脉冲逐位发送命令字
    {                                           //对于 ADC0838,只需把循环次数改为 6
        CLK = 0;                                //时钟信号变低,准备发送一位命令
        command<< = 1;                          //命令字最高位移出进 CY
        DIO = CY;                               //从 DIO 送出一位命令字
        CLK = 1;                                //时钟信号变高,使 ADC0834 读取一位命令
    }
    for(i = 0; i<8; i++)                        //循环 8 次,在第 6 至第 13 个脉冲逐位读取数据
    {                                           //数据存于 command 中,command 会被逐位清空
        command<< = 1;                          //数据左移一位,最低位保存新接收的一位数据
        CLK = 0;                                //时钟变低,使 ADC0834 发送一位数据
        CLK = 0;                                //延时,使 DIO 引脚的数据稳定
        command| = DIO;                         //将从 DIO 发送的数据存在 command 最低位
        CLK = 1;                                //时钟变高
    }
    CS = 1;                                     //片选无效
```

```
        return command;                          //返回转换结果
}
```

5. ADC0834 应用举例

【例 10-2】 使用 ADC0834 设计一个电压表,对单端模拟电压信号进行模数转换,在 LCD 上显示转换出数字量和对应的电压值。

解:使用 Proteus 设计的数字电压表如图 10-14 所示,转换系统单片机选用的是 89C52,模数转换器是 ADC0834,LCD 是 LM016L,可变电阻是高精度的 POT-HG。单端模拟电压信号从 3 通道 CH3 输入,从表 10-3 查取命令字为 0xf8。A/D 转换 C 语言主程序如下:

```c
//main.c 文件
#include<reg52.h>
extern unsigned char ADC0834(unsigned char command);   //见上面 ADC0834.c 文件
extern void LcdInit();                                  //见 5.4.4 节 lcd.c 文件
extern void LcdWriteCommand(unsigned char com);
extern void LcdWriteData(unsigned char dat);
unsigned char disBuf[] = "ADC Value is:    Voltage is: .   V";
void main()
{
    unsigned int voltage;
    unsigned char adResult,i;
    LcdInit();
    while(1)
    {
        adResult = ADC0834(0xf8);                  //读取 3 通道 A/D 转换结果
        disBuf[13] = adResult/100 + '0';           //A/D 转换结果百、十、个位转 ASCII 码
        disBuf[14] = adResult % 100/10 + '0';      //数字量的十位数
        disBuf[15] = adResult % 10 + '0';          //数字量的个位数

        voltage = adResult * 100 * 5.0/255 + 0.5;  //乘以 100 取整,相当于保留两位小数
        disBuf[27] = voltage/100 + '0';            //电压值的百、十、个位转 ASCII 码
        disBuf[29] = voltage % 100/10 + '0';       //电压值的十分之一位数
        disBuf[30] = voltage % 10 + '0';           //电压值的百分之一位数
        LcdWriteCommand(0x80);                     //从 LCD 的第 1 行、第 0 列开始显示
        for(i = 0; i<16; i++)
            LcdWriteData(disBuf[i]);               //向显示存储器写显示的数据
        delayms(10);                               //延时 10ms,函数定义见例 2-2
        LcdWriteCommand(0xc0);                     //从 LCD 的第 2 行、第 0 列开始显示
        for(; i<32; i++)
            LcdWriteData(disBuf[i]);
        delayms(100);                              //延时 100ms
    }
}
```

系统运行结果如图 10-14 所示。

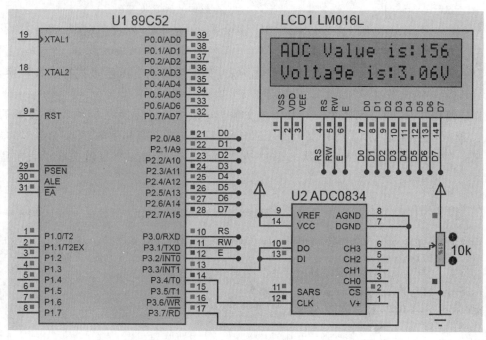

图 10-14　ADC0834 数字电压表电路及运行情况

10.2.3　A/D 转换器 TLC2543 及接口技术

1. TLC2543 的主要特性

TLC2543 是 TI 公司生产的众多串行 A/D 转换器中的一种，它具有输入通道多、精度高、速度快、体积小、使用灵活等优点，为设计人员提供了一种高性价比的选择。

TLC2543 为 CMOS 型 12 位开关电容逐次逼近 A/D 转换器，高速、高精度、低噪声，接口简单(用 SPI 接口只有 4 根连线)。TLC2543 的特性如下：

- 12 位、11 通道 A/D 转换器，但可作 8 位转换；
- 转换精度为 ± 1 LSB；
- 转换时间为 $10\mu s$；
- 片内有时钟电路、采样/保持电路；
- 输出数据的长度可编程：8 位、12 位和 16 位；
- 输出数据的顺序可编程：高位在前和低位在前；
- 输出数据的格式可编程：无符号数和补码数；
- 多种电压自测；
- 支持软件关机。

TLC2543 的同一系列芯片 TLC1543，也是 11 个输入端的 10 位 A/D 芯片，价格比 TLC2543 低。

2. TLC2543 的片内结构

TLC2543 片内由通道选择器、数据(地址和命令字)输入寄存器、采样/保持电路、12 位的模/数转换器、输出寄存器、并行到串行转换器以及控制逻辑电路 7 部分组成。TLC2543 的片内结构如图 10-15 所示。

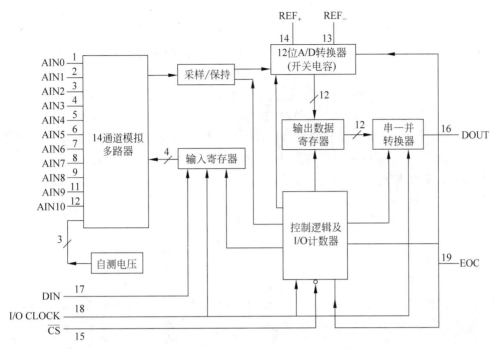

图 10-15　TLC2543 片内结构图

通道选择器根据输入地址寄存器中存放的模拟输入通道地址,选择输入通道,并将输入通道中的信号送到采样/保持电路中,然后在 12 位模/数转换器中将采样的模拟量进行量化编码,转换成数字量,存放到输出寄存器中。这些数据经过并行到串行转换器转换成串行数据,经 TLC2543 的 DOUT 输出到微处理器中。

3. TLC2543 的引脚信号

TLC2543 封装为 20 引脚,有双列直插和方形贴片两种,引脚如图 10-16 所示。TLC2543 的引脚意义如下。

AIN0~AIN10:模拟输入通道。在使用 4.1MHz 的 I/O 时钟时,外部设备的输出阻抗应小或等于 50Ω。

$\overline{CS}$:片选信号输入引脚。一个从高到低的变化可以使系统寄存器复位,同时使能系统的输入/输出和 I/O 时钟输入。一个从低到高的变化会禁止数据输入/输出和 I/O 时钟输入。

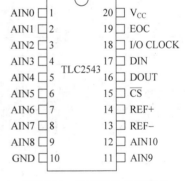

图 10-16　TLC2543 引脚信号

DIN:串行数据输入引脚。最先输入的 4 位用来选择输入通道,数据是最高位在前,每一个 I/O 时钟的上升沿送入一位数据,最先 4 位数据输入到地址寄存器后,接下来的 4 位用来设置 TLC2543 的工作方式。

DOUT:转换结束数据输出引脚。有 3 种长度:8、12 和 16 位。数据输出的顺序可以在 TLC2543 的工作方式中选择。数据输出引脚在 $\overline{CS}$ 为高时呈高阻状态,在 $\overline{CS}$ 为低时使能。

EOC：转换结束信号输出引脚。在命令字的最后一个 I/O 时钟的下降沿变低，在转换结束后由低变为高。

SCLK(I/O CLOCK)：同步时钟输入/输出引脚，它有 4 种功能：

- 在它的前 8 个上升沿将命令字输入到 TLC2543 的数据输入寄存器。其中前 4 个是输入通道地址选择。
- 在第 4 个 I/O 时钟的下降沿，选中的模拟通道的模拟信号对系统中的电容阵列进行充电。直到最后一个 I/O 时钟结束。
- I/O 时钟将上次转换结果输出。在最后一个数据输出完后，系统开始下一次转换。
- 在最后一个 I/O 时钟的下降沿，EOC 将变为低电平。

REF+：正的转换参考电压，一般就用 V_{CC}。

REF−：负的转换参考电压。

V_{CC}：电源正极接入引脚。

GND：电源地接入引脚。

4. TLC2543 的命令字

TLC2543 的每次转换都必须给其写入命令字，以便确定下一次转换用哪个通道、转换结果用多少位输出、输出是低位在前还是高位在前、数据极性。命令字的输入采用高位在前。TLC2543 仅一个命令字，其格式如图 10-17 所示。各位含义如下。

D7	D6	D5	D4	D3	D2	D1	D0
channel _select				L1	L0	LSBF	BIP

图 10-17 TLC2543 命令字格式

channel _select(D7~D4 位)：模拟通道或检测功能选择位，见表 10-4。

表 10-4 TLC2543 通道选择功能表

D7	D6	D5	D4	选择通道或功能
0	0	0	0	AIN0
0	0	0	1	AIN1
…	…	…	…	…
1	0	1	0	AIN10
1	0	1	1	检测($V_{ref+}-V_{ref-}$)/2
1	1	0	0	检测 V_{ref-}
1	1	0	1	检测 V_{ref+}
1	1	1	0	软件断电
1	1	1	1	未 用

L1、L0(D3、D2 位)：输出数据长度控制位。01：8 位，x0：12 位，11：16 位。

LSBF(D1 位)：输出数据顺序控制位。0 为高位在前，1 为低位在前。

BIP(D0 位)：输出数据类型选择位。0 为无符号数，1 为二进制补码数。

5. TLC2543 的操作时序

以 MSB 为前导，用 $\overline{CS}$ 控制、通过 12 个时钟传送的操作时序如图 10-18 所示。

(1) 上电时，EOC 为高，并且要设置 $\overline{CS}$ 为高。

(2) 使 $\overline{CS}$ 由高变低,前次转换结果的 MSB 即 A11 位数据输出到 Dout 供读数。

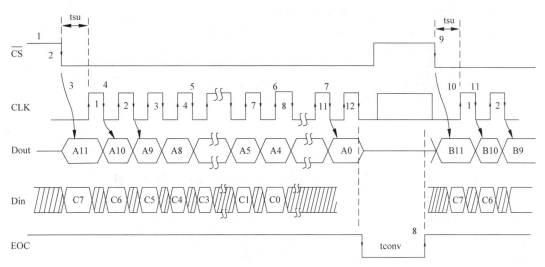

图 10-18 12 时钟传送时序图(使用 $\overline{CS}$,MSB 在前)

(3) 将输入控制字的 MSB 位即 C7 送到 Din,在 $\overline{CS}$ 之后 tsu≥1.425μs 后,当 CLK 上升沿出现时,将 Din 上的数据移入输入寄存器。

(4) CLK 的下降沿,转换结果的 A10 位输出到 Dout 供读数。

(5) 在第 4 个 CLK 下降沿,移入寄存器的前四位的通道地址被译码,相应模拟信号输入通道接通,其输入电压开始对内部开关电容充电。

(6) 第 8 个 CLK 上升沿,将 Din 脚的输入控制字 D0 位移入输入寄存器后,Din 脚即无效。

(7) 第 11 个 CLK 下降沿,上次转换结果的最低位 A0 输出到 Dout 供读数。至此,I/O 数据已全部完成,但为实现 12 位同步,仍用第 12 个 CLK 脉冲,且在第 12 个 CLK 下降时,模拟信号输入通道断开,EOC 下降,本周期设置的 AD 转换开始,此时应使 $\overline{CS}$ 由低变高。

(8) 经过时间 tconv≤10μs,转换完毕,EOC 由低变高。

(9) 使 $\overline{CS}$ 下降,开始下一个命令的写入和转换结果的输出。

上电时,第一周期读取的 Dout 数据无效,应舍去。

从图 10-18 中可以看出,TLC2543 的 CLK 的空闲状态是低电平,并且上升沿对 Din 采样,下降沿对 Dout 置数,因此,其 SPI 工作于模式 0。

6. TLC2543 与 89C52 的接口及编程

TLC2543 串行 A/D 转换器与 89C52 的 SPI 接口电路如图 10-19 所示。对不带 SPI 或相同接口能力的 89C52,须用软件模拟 SPI 操作来和 TLC2543 接口。TLC2543 的 I/O CLOCK、DIN 和 $\overline{CS}$ 由单片机的 P1.0、P1.1 和 P1.3 提供。TLC2543 转换结果的输出(DOUT)数据由 P1.2 接收。89C52 将用户的命令字通过 P1.1 输入到 TLC2543 的输入寄存器中,等待 20μs 开始读数据,同时写入下一次

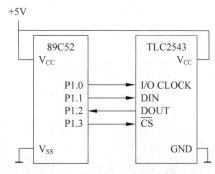

图 10-19 TLC2543 和 89C52 的接口电路

的命令字。

1) TLC2543 与 89C52 的 8 位数据传送程序

参见图 10-19 所示的 TLC2543 与 89C52 的 SPI 串行接口电路，C 语言程序如下：

```c
#include<reg52.h>
#include<intrins.h>                     //_nop_()需要
sbit CLK = P1^0;                        //SPI 总线接口信号引脚定义
sbit DIN = P1^1;
sbit DOUT = P1^2;
sbit CS = P1^3;
unsigned char TLC2543(unsigned char command) //TLC2543 的 8 位转换操作函数
{                                       //输入参数为命令字,输出转换结果
    unsigned char i,result = 0;
    DOUT = 1;                           //先输出 1,使 P1.2 能正确输入
    CLK = 0;
    CS = 0;                             //片选有效
    for(i = 0; i<8; i++)                //循环发送 8 位命令、接收 8 位数据
    {                                   //SPI 周期为(7 + 7)μs
        command<< = 1;                  //将命令字按位送出,同时低位存放接收的数据位
        CLK = 0;                        //时钟变低,使 TLC2543 发送 1 位数据
        DIN = CY;                       //发送移出的命令位
        command| = DOUT;                //接收 1 个数据位,存放到 command 的最低位
        CLK = 1;                        //时钟变高,使 TLC2543 接收 1 位数据
    }
    CLK = 0;                            //时钟变低,回到空闲状态
    CS = 1;                             //片选无效
    return   command;                   //返回转换结果
}
```

2) TLC2543 与 89C52 的 12 位数据传送程序

包含的头文件及 SPI 总线接口信号引脚定义同上，TLC2543 的 12 位转换函数如下：

```c
unsigned int TLC2543(unsigned int command)   //TLC2543 的 12 位转换操作函数
{                     //输入参数的 8 位命令字在低 8 位,输出的转换结果也存于 command
    unsigned char i;
    command<< = 8;                      //命令放在高 8 位,便于左移输出发送
    DOUT = 1;                           //先输出 1,使 P1.2 能正确输入
    CLK = 0;                            //初始空闲状态
    CS = 0;                             //片选有效
    for(i = 0; i<12; i++)               //循环 12 次,发送 8 位命令、接收 12 位数据
    {                                   //SPI 周期为(10 + 8)μs
        command<< = 1;                  //将命令字按位送出,同时低位存放接收的数据位
        CLK = 0;                        //时钟变低,使 TLC2543 发送 1 个数据位
        DIN = CY;                       //发送移出的命令位
        _nop_();                        //延时
```

```
            command |= DOUT;              //接收1个数据位,存放到command的最低位
            CLK = 1;                      //时钟变高,使TLC2543接收1个数据位
        }
        CLK = 0;                          //时钟变低,回到空闲状态
        CS = 1;                           //片选无效
        return command;                   //返回转换结果
    }
```

7. TLC2543 应用举例

【例 10-3】 在 Proteus 下使用 TLC2543 设计一个电路,借助于 LCD,将 TLC2543 对通道 6(AIN6)转换的 12 位数字量显示出来。

解：使用 Proteus 设计的应用系统如图 10-20 所示,单片机选用的是 89C52,模数转换器为 TLC2543,LCD 是 LM016L,可变电阻是高精度的 POT-HG。模拟电压信号从 AIN6 输入,设转换结果为无符号数据,数据传输时高位在前,则根据图 10-3 命令字的格式,则命令字为 0x60。A/D 转换 C 语言主函数如下：

```
#include<reg52.h>
extern void LcdInit();                          //见5.4.4节lcd.c文件
extern void LcdWriteCommand(unsigned char com);
extern void LcdWriteData(unsigned char dat);
unsigned char * display1 = "TLC2543-ADC";
unsigned char disBuf[] = "12bit Value:       ";
void main()
{
    unsigned int adResult;
    unsigned char i;
    LcdInit();
    delayms(10);                        //延时10ms,函数定义见例2-2
    LcdWriteCommand(0x82);              //从LCD的第1行、第2列开始显示
    for(i = 0; i<11; i++)
        LcdWriteData(display1[i]);      //向显示存储器写显示的数据
    delayms(10);                        //延时,否则不显示或者显示不完整
    LcdWriteCommand(0xc0);              //从LCD的第2行、第0列开始显示
    delayms(10);                        //延时
    for(i = 0; i<12; i++)
        LcdWriteData(disBuf[i]);        //把字符串"12bit Value:"写入显示缓冲区
    while(1)
    {
        adResult = TLC2543(0x60);       //启动6通道转换,读取上一次转换结果
        i = 15;
        do
        {   disBuf[i--] = adResult%10 + '0';
                                        //分离转换结果的个十百千位,并转ASCII码
            adResult/= 10;              //去掉转换过的位
```

```
        }while(adResult);
        for(; i>11; i--)
            disBuf[i] = ' ';                    //高位 0 不显示,用空格符填充
        LcdWriteCommand(0xcc);                  //从 LCD 的第 2 行、第 12 列开始显示
        for(i = 12; i<16; i++)
            LcdWriteData(disBuf[i]);            //把转换结果各位写入显示缓冲区
        delayms(500);                           //延时 0.5s
    }
}
```

系统运行运行情况如图 10-20 所示。

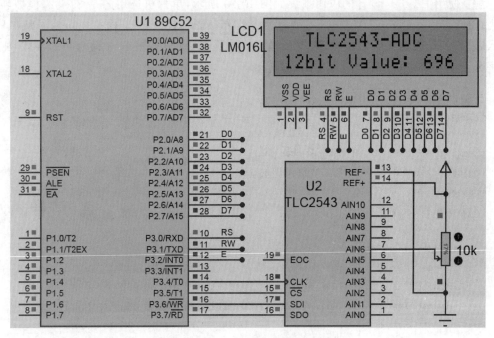

图 10-20 TLC2543 应用仿真电路

10.2.4 单片机片内 A/D 转换器及应用

目前,市场上很多单片机在片内集成有 A/D 转换器,使用起来非常方便,如宏晶公司的单片机有不少型号中都集成有 A/D 转换器,下面以宏晶公司的 STC89LE516AD/X2 单片机为例,说明 A/D 转换的使用方法。虽然各种单片机片内 A/D 转换器的特殊功能寄存器的定义不太一样,但大同小异。

STC89LE516AD/X2 的模拟量输入在 P1 口,有 8 位精度的高速 A/D 转换器,P1.0～P1.7 共 8 路,为电压输入型,可做按键扫描、电池电压检测、频谱检测等,17 个机器周期可完成一次转换,时钟在 40MHz 以下。

1. A/D 转换特殊功能寄存器

1) P1 口 A/D 转换通道允许寄存器 P1_ADC_EN

P1.x 作为 A/D 转换输入通道允许特殊功能寄存器,地址为 97H,复位值为 00000000B。

格式如图10-21所示。

D7	D6	D5	D4	D3	D2	D1	D0
ADC_P17	ADC_P16	ADC_P15	ADC_P14	ADC_P13	ADC_P12	ADC_P11	ADC_P10

图10-21 P1_ADC_EN 特殊功能寄存器

相应位为"1"时,对应的P1.x口为A/D转换使用,内部上拉电阻自动断开。

2) A/D转换控制寄存器 ADC_CONTR

A/D转换控制特殊功能寄存器,地址为0C5H,复位值为xxx00000B。格式如图10-22所示。

D7	D6	D5	D4	D3	D2	D1	D0
—	—	—	ADC_FLAG	ADC_START	CHS2	CHS1	CHS0

图10-22 ADC_CONTR 特殊功能寄存器

ADC_FLAG:模拟/数字转换结束标志位,当A/D转换完成后,ADC_FLAG=1。
ADC_START:模拟/数字转换(ADC)启动控制位,设置为"1"时,开始转换。
CHS2、CHS1、CHS0:模拟输入通道选择,如表10-5所示。

表10-5 模拟输入通道选择

CHS2	CHS1	CHS0	模拟输入通道选择
0	0	0	选择P1.0作为A/D输入来用
0	0	1	选择P1.1作为A/D输入来用
…	…	…	…
1	1	1	选择P1.7作为A/D输入来用

3) A/D转换结果寄存器 ADC_DATA

A/D转换结果特殊功能寄存器 ADC_DATA 的地址为0xc6,复位值为0,A/D转换结果计算公式为:结果=255 * Vin / V_{CC},Vin为模拟输入通道输入的电压,V_{CC}为单片机实际工作电压,用单片机工作电压作为转换参考电压。

片内A/D转换器的操作过程为:首先使用P1口A/D转换通道允许寄存器选择使用P1口的哪几位作为A/D转换通道,其次使用A/D转换控制寄存器对指定通道启动A/D转换,最后通过读取A/D转换控制寄存器的相应位判断A/D转换是否结束,没结束等待,结束则通过读取A/D转换结果寄存器得到相应的数字量,本次A/D转换完成。

2. 片内A/D转换器应用编程

用P1.0作模拟量输入端进行A/D转换,程序如下:

```
#include<reg52.h>
//定义与ADC有关的特殊功能寄存器
sfr  P1_ADC_EN = 0x97;              //A/D转换功能允许寄存器
sfr  ADC_CONTR = 0xc5;              //A/D转换控制寄存器
sfr  ADC_DATA = 0xc6;               //A/D转换结果寄存器


unsigned char Stc_ADC()             //STC单片机A/D转换函数
```

```
    {
        delay5us(6);                    //延时 30μs,使输入电压达到稳定.宏定义见 5.4.4 节
        ADC_CONTR = 0x08;               //P1.0 为模拟量输入端,启动 A/D 转换
        while((ADC_CONTR&0x10) == 0);   //等待转换结束
        return  ADC_DATA;               //返回转换结果
    }
```

10.3　开关信号器件及接口技术

在单片机控制系统中,单片机总要对被控对象实现控制操作。后向通道是计算机实现控制运算处理后,对被控对象的输出通道接口。

系统的后向通道是一个输出通道,其特点是弱电控制强电,即小信号输出实现大功率控制。常见的被控对象有电机、电磁开关等。

单片机实现控制是以数字信号或模拟信号的形式通过 I/O 口送给被控对象的。其中,数字信号形态的开关量、二进制数字量和频率量,可直接用于开关量、数字量系统及频率调制系统的控制;但对于一些模拟量控制系统,则应通过 D/A 转换器转换成模拟量控制信号后,才能实现控制。

10.3.1　光电耦合器件及接口技术

在实际应用中,控制对象会有大功率设备,电磁干扰较为严重。为防止干扰窜入和保证系统的安全,常常采用光电耦合器,用以实现信号的传输,同时又可将系统与现场隔离开,因此,也叫作光电隔离器。

光电耦合(隔离)器是由一只发光二极管和一只光敏三极管(或二极管)组成的,当发光二极管加上正向电压时,发光二极管通过正向电流而发光,光敏三极管(或二极管)接收到光线而导通。由于发光端与接收端相互是隔离的,所以可以在隔离的情况下传递开关量的信号。光电耦合器的种类很多,表 10-6 列出了几种常用类型的光电耦合器。

表 10-6　几种常用类型的光电耦合器

图形	类型	图形	类型
	二极管型光电耦合器		三极管型光电耦合器
	三极管型光电耦合器		达林顿型光电耦合器

图 10-23 是使用 4N25 的光电耦合器接口电路图。若 P1.0 输出一个脉冲,则在 74LS04 输出端输出一个相位相同的脉冲。4N25 起耦合脉冲信号和隔离单片机系统与输出部分的作用,使两部分的电流相互独立。如输出部分的地线接机壳或接地,而单片机系统的电源地线浮空,不与交流电源的地线相接,这样可以避免输出部分电源变化时对单片机电源的影响,减少系统所受的干扰,提高系统的可靠性。4N25 输入/输出端的最大隔离电压大于 2500V。

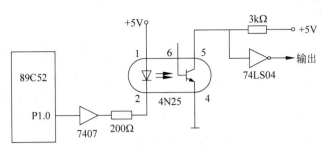

图 10-23 光电耦合器 4N25 的接口电路

图 10-23 所示的接口电路中,使用同相驱动器 OC 门 7407 作为光电耦合器 4N25 输入端的驱动。光电耦合器输入端的电流一般为 10~15mA,发光二极管的压降为 1.2~1.5V。限流电阻由下式计算:

$$R=\frac{V_{CC}-(V_F+V_{CS})}{I_F}$$

式中:V_{CC} 为电源电压;V_F 为输入端发光二极管的压降,取 1.5V;V_{CS} 为驱动器 7407 的压降,取 0.5V。

图 10-23 所示电路要求 I_F 为 15mA,则限流电阻值计算如下:

$$R=\frac{V_{CC}-(V_F+V_{CS})}{I_F}=\frac{5V-1.5V-0.5V}{0.015A}=200\Omega$$

当 89C52 的 P1.0 端输出高电平时,4N25 输入端电流为 0A,三极管 ce 截止,74LS04 的输入端为高电平,7404 输出为低电平;当 89C52 的 P1.0 端输出低电平时,7407 输出端也为低电平,4N25 的输入电流为 15mA,输出端可以流过小于 3mA 的电流,三极管 ce 导通,则 ce 间相当于一个接通的开关,74LS04 输出高电平。4N25 的第 6 脚是光电晶体管的基极,在一般的使用中该脚悬空。

光电耦合器在传输脉冲信号时,输入信号和输出信号之间有一定的时间延迟,不同结构光电耦合器的输入/输出延迟时间相差很大。4N25 的导通延迟 t_{ON} 是 2.8μs,关断延迟 t_{OFF} 是 4.5μs;4N33 的导通延迟 t_{ON} 是 0.6μs,关断延迟 t_{OFF} 是 45μs。选择器件时要注意该参数。

10.3.2 继电器接口技术

单片机用于输出控制时,用得最多的功率开关器件是固态继电器,它将取代电磁式的机械继电器。

1. 单片机与继电器的接口

一个典型的继电器与单片机的接口电路如图 10-24 所示。继电器的工作原理很简单,只要让它的吸合线圈通过一定的电流,线圈产生的磁力就会带动衔铁移动,从而带动开关点的接通和断开,由此控制电路的通或断。

由于继电器的强电触点与吸合线圈之间是隔离的,所以继电器控制输出电路不需要专门设计隔离电路。图中二极管的作用是把继电器吸合线圈的反电动势吸收掉,从而保护晶体管。

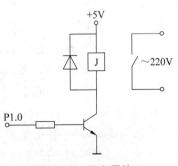

图 10-24 继电器接口

2. 单片机与固态继电器接口

固态继电器(Solid State Relay,SSR)是一种四端器件：两端输入，两端输出，它们之间用光耦合器隔离。它是一种新型的无触点电子继电器，其输入端仅要求输入很小的控制电流，与 TTL、HTL、CMOS 等集成电路具有较好的兼容性，输入端可以控制输出端的通断。过零开关使得输出开关点在输出端电压在过零的瞬间接通或者断开，以减少由于开关电流造成的干扰。为了防止外电路中的尖峰电压或浪涌电流对开关器件造成破坏，在输出端回路并联有吸收网络。固态继电器结构如图 10-25 所示。

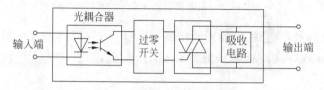

图 10-25　固体继电器内部结构

固态继电器的主要特点是：

(1) 低噪声。过零型固态继电器在导通和断开时都是在过零点进行的，因此具有最小的无线电干扰和电网污染。

(2) 可靠性高。因为没有机械触点，全封闭封装，所以耐冲击、耐腐蚀、寿命长。

(3) 承受浪涌电流大。一般可达额定值的 6～10 倍。

(4) 驱动功率小。驱动电流只须 10mA，因此可以很方便地与单片机直接连接使用。

(5) 对电源的适应性强。电源电压在有 20% 波动的情况下能正常工作。

(6) 抗干扰能力强。输入端与输出端之间的电隔离，可以很好地避免强电回路的电污染对控制回路的影响。

10.3.3　直流电机控制接口技术

直流电机里边固定有环状永磁体，电流通过转子上的线圈产生安培力和力矩，当转子上的线圈与磁场平行时，再继续转受到的磁场方向将改变，因此此时转子末端的电刷跟换向器交替接触，从而线圈上的电流方向也改变，产生的力矩方向不变，所以电机能保持在一个方向上转动。

理论上，直流电机的转速与电压成正比。用较高频率的方波，改变方波的占空比就改变了方波的平均电压，即脉宽调制(PWM)可以方便地改变方波的平均电压。因此，可以用较高频率的 PWM 的方波电源驱动直流电机，从而通过改变 PWM 的占空比来改变电机的转速，并且电机的转速与 PWM 信号的占空比成正比。

用 PWM 对直流电机调速，从理论上来看，电机的转速与 PWM 信号的频率无关，但在实际中是有关系的，频率过高则电机不转且发生啸叫，频率过低则振动，甚至不转且发出低频噪声。因此，需要试验确定 PWM 信号的频率，一般 PWM 信号的频率是 10～20kHz。

图 10-26 所示为一个典型的直流电机驱动控制电路，包括 4 个三极管和一个电机，左边两个光耦为隔离器件，使弱电部分和强电部分隔开。要使电机运转，必须导通对角线上的一对三极管。根据不同三极管对的导通情况，电流可能会从左至右或从右至左流过电机，从而控制电机的转向。图中电机选的是 MOTOR-DC，带有正反转和速度标识。

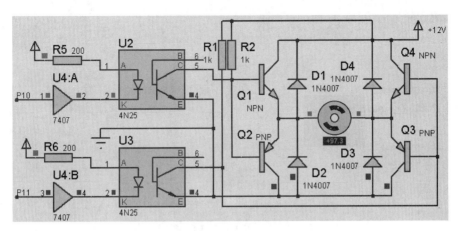

图 10-26 直流电机控制系统仿真电路

电路分析：

当 P10 为 0，P11 为 1 时，U2 中光敏三极管导通，U2 的 5 脚接地，于是，Q1 和 Q2 基极为低电平，Q2 导通而 Q1 截止；同时 U3 中光敏三极管截止，U3 的 5 脚为高电平，Q3 和 Q4 基极为高电平，Q4 导通 Q3 截止。即 Q2 和 Q4 导通、Q1 和 Q3 截止，电流从 Q4 流经 Q2 使电机正转。

当 P10 为 1，P11 为 0 时，U2 截止 U3 导通，Q1 和 Q2 基极为高电平，Q3 和 Q4 基极为低电平，于是 Q2 和 Q4 截止，Q1 和 Q3 导通，电流从 Q1 流经 Q3 使电机反转。

电机正转时，从 P10 引脚输出的 PWM 信号可控制电机转速，同样地，电机反转时，从 P11 引脚输出的 PWM 信号可控制电机转速。

下面给出利用定时器控制电机正反转及转速的定时器中断服务程序。程序中定时 $100\mu s$，PWM 周期用 Count(为 10)计数控制，高电平用 Speed(为 1～10)计数控制，因此转速决定于 Speed；电机的旋转方向由 Direct 控制，Direct 为 1 时，由 P10 引脚输出 PWM 信号，电机正转，Direct 为 0 时，由 P11 引脚输出 PWM 信号，电机反转。电机控制程序如下：

```
#include<reg52.h>
sbit P10 = P^0;
sbit P11 = P^1;
bit Direct;
unsigned char Speed,Count0;
main()
{
    TMOD = 0x02;              //设置 T0 以模式 2 定时
    TL0 = 156; TH0 = 156;     //设晶振 12MHz,定时时间 100μs
    IE = 0x82;                //开中断
    P10 = 1; P11 = 1;         //关闭两个输出引脚
    Count0 = 10;              //时钟周期计数值,控制时钟频率
    Speed = 4;                //设定某个转速
    Direct = 1;               //设置电机正转
    TR0 = 1;                  //启动定时器,即启动电机运转
```

```
    while(1)
    {
        ...                          //改变速度、转向、启/停等
    }  }
void t0s() interrupt 1              //T0 中断服务函数,产生 PWM 时钟信号.定时 100μs
{   static unsigned char Count = 0;

    if(++Count>Count0)
        Count = 0;                   //控制脉宽调制信号周期为 1ms
    if(Direct)                       //正转,P10 产生 PWM,P11 为 1
    {   P10 = (Speed>Count);         //比较逻辑值给 P10,控制占空比,Speed 在 1~10
        P11 = 1;
    }
    else                             //反转,P11 产生 PWM,P10 为 1
    {   P11 = (Speed>Count);
        P10 = 1;
    }
}
```

图 10-27 给出了 PWM 时序,从图中可以看出速度与周期的关系。

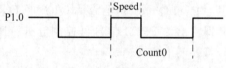

图 10-27　直流电机正转时 P1.0 输出时序

10.3.4　步进电机控制接口技术

步进电机是一种把电脉冲信号变成直线位移或角位移的设备,其角位移速度与脉冲频率成正比,角位移量与脉冲数成正比。

步进电机在结构上也是由定子和转子组成,可以对旋转角度和转动速度进行高精度控制。当电流流过定子绕组时,定子绕组产生一矢量磁场,该矢量场会带动转子旋转一角度,因此,控制电机转子旋转实际上就是以一定的规律控制定子绕组的电流来产生旋转的磁场。每来一个脉冲电压,转子就旋转一个步距角,称为一步。根据电压脉冲的分配方式,步进电机各相绕组的电流轮流切换,在供给连续脉冲时,就能一步一步地连续转动,从而使电机旋转。

步进电机每转一周的步数相同,在不丢步的情况下运行,其步距误差不会长期积累。在非超载的情况下,电机的转速、停止的位置只取决于脉冲信号的频率和脉冲数,而不受负载变化的影响,同时步进电机只有周期性的误差而无累积误差,精度高。步进电动机可以在较宽的频率范围内,通过改变脉冲频率来实现调速、快速起停、正反转控制等。

如图 10-28 所示,当从 P10～P13 轮流送高电平时,步进电机的各相 A～D 轮流接通,电机正转;以相反的顺序,从 P13～P10 轮流送高电平时,步进电机的各相 D～A 轮流接通,电

机反转。调节轮流送入的时间间隔,就可以控制电机的转速。

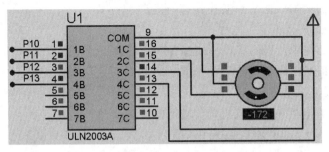

图 10-28　步进电机运行控制电路

下面给出利用定时器 T0 控制电机正反转及转速的中断函数,其控制方法为四相 4 拍方式。

```
unsigned char Speed
void t0s() interrupt 1                  //T0 中断,T0 工作于模式 1
{   static unsigned char Count = Speed, Round = 0xff;

    TL0 = 15536 % 256;                  //定时时间为 50ms,假定晶振为 12MHz
    TH0 = 15536/256;
    if(++Count>Speed)                   //Speed 的值决定转速,Count 计中断次数,
    {   Count = 0;                      //够 Speed 次为某相通电时间到,转下一相
        Round++;                        //共四相,Round 计当前通电相
        Round % = 4;                    //每周期 4 次,轮流给电机各相通电
        if(Direct)                      //Direct 为电机旋转方向标志
            P1 = 1<<Round;              //正转,从 A 相到 D 相顺序通电
        else
            P1 = 1<<(3 - Round);        //反转,从 D 相到 A 相顺序通电
    }
}
```

上面程序所产生的驱动信号时序如图 10-29 所示。

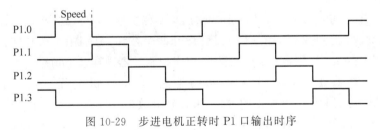

图 10-29　步进电机正转时 P1 口输出时序

思考题与习题

(1) 试述 D/A 转换器的种类和特点。

(2) 试述 DAC124S085、TLC5615 的特点。

(3) DAC124S085 与 89C52 单片机连接时有哪些控制信号?其作用是什么?

(4) 试述 A/D 转换器的种类和特点。

(5) 单片机内部集成的 A/D 转换器有何优点？

(6) 试述 ADC0832 的转换过程。

(7) ADC0832 与单片机的接口方式有哪些？各有什么特点？

(8) 试说明 TLC2543 的特点和与 89C52 的接口方式。

(9) 简述常见开关器件接口的特点。

(10) 简述直流电机和步进电机调节转速的原理。

(11) 在一个 89C52 单片机系统中，D/A 转换部分使用 DAC124S085，输出电压为 0～5V。试编写产生矩形波程序，其波形高、低电平的时间比为 1∶4，高电平时电压为 2.5V，低电平时电压为 1.25V。使用 Proteus 绘制电路、仿真运行，用虚拟示波器观察运行情况。

(12) 对 89C52 单片机编程，使用 12 位的 D/A 转换器 DAC124S085 输出三角波、方波、正弦波，用 P3 口的引脚设计 3 个按钮，选择输出不同的波形。使用 Proteus 绘制电路、仿真运行，用虚拟示波器观察运行情况。

(13) 对 89C52 单片机编程，使用 12 位的 D/A 转换器 DAC124S085 输出周期分别为 1ms、10ms 的三角波、方波、正弦波，用 P3 口的引脚设计两个按钮，分别用于选择输出的波形和选择周期。使用 Proteus 绘制电路、仿真运行，用虚拟示波器观察运行情况。

(14) 对 89C52 单片机编程，使用 8 位的 D/A 转换器 DAC084S085 输出三角波、方波、正弦波，用 P3 口的引脚设计 3 个按钮，选择输出不同的波形。使用 Proteus 绘制电路、仿真运行，用虚拟示波器观察运行情况。DAC084S085 输入寄存器格式如图 10-30 所示。

D15	D14	D13	D12	MSB	LSB	D3	D2	D1	D0
A1	A0	OP1	OP0	8 位数据		X	X	X	X

图 10-30　DAC084S085 输入寄存器格式

(15) 对 89C52 单片机编程，使用 10 位的 D/A 转换器 TLC5615 输出三角波、方波、正弦波，用 P3 的引脚设计 3 个按钮，选择输出不同的波形。使用 Proteus 绘制电路、仿真运行，用虚拟示波器观察运行情况。

(16) 对 89C52 单片机编程，使用 10 位的 D/A 转换器 TLC5615 输出周期分别为 1ms、10ms 的三角波、方波、正弦波，用 P3 的引脚设计两个按钮，分别用于选择输出的波形和选择周期。使用 Proteus 绘制电路、仿真运行，用虚拟示波器观察运行情况。

(17) 参考图 10-13 和图 10-14 所示的电路，对单片机编程，定时 100ms 循环对 ADC0834 采样，每次采样 4 个通道的数据，采集到的数据存放在数组 Array 中。

(18) 将第(17)题中的 ADC0834 换成 TLC2543，使用 Proteus 自行设计电路，使用 Keil C 编程实现，其他要求不变。

(19) 参考图 10-26，使用 Proteus 设计一个 89C52 单片机应用系统，在图 10-26 的基础上，用 P1.4～P1.7 引脚接 4 个按钮，其功能分别为启动/停止、加速、减速、反转。用 Keil C 编写程序，实现上述功能。

(20) 将第(19)题中的直流电机换成步进电机，其他要求不变。

第 11 章 单片机应用系统设计

CHAPTER 11

通过本书前面各章的学习,已经具备了单片机应用系统设计的基础,为了使读者能够顺利地步入应用系统设计阶段,本章通过计算器、万年历、环境检测三个单片机应用,示范了单片机应用系统设计的过程和应用编程,以培养读者开发应用系统的能力。

11.1 简易计算器设计

本节介绍一种简易计算器的设计方法,该计算器类似 Windows 下标准型计算器的计算方法,实现加减乘除等基本运算的连续操作,连续按等号执行上一次的操作,每按下一个按键时,使蜂鸣器发出"嘀"的一声。

系统使用数码管与键盘接口芯片 BC7277(北京凌志比高科技公司的产品),驱动 9 位数码管和管理 16 个按键的键盘。BC7277 基本不需要外围器件,对数码管有较大的驱动能力,能够满足室内外各种场合应用。本例选用 BC7277,也是为读者开发具有键盘和数码管的应用系统提供一种选择和示范。另外,本设计的数字键、功能键的处理方法,也值得参考和借鉴。

11.1.1 数码管与键盘接口芯片 BC7277 简介

1. BC7277 特点

BC7277 主要有如下特点:

- 可驱动 9 位共阴式数码管或 72 只 LED,对数码管有译码功能,也可把数据直接写入显示寄存器,显示任意字型;
- 72 个显示段可以单独寻址,控制任意显示段;
- 9 个显示位均可单独闪烁显示,72 只 LED 也可单独闪烁;
- 闪烁速度可调;
- 内部提供译码功能,译码显示时,小数点显示不受显示更新影响;
- 可直接访问显示寄存器,显示特殊字符;
- 可控制 16 个按键,支持任意组合键和长按键,芯片内含去抖动电路;
- 显示扫描周期 16ms;
- 标准 SPI 串口,可用 2 线、3 线或 4 线方式,通信速率可达 64kbps;

- 电源电压 2.7~5.5V,工作电流 4.9mA;
- 无须外围器件;
- SDIP24 和 SSOP24 小体积封装。

2. BC7277 引脚信号

BC7277 的引脚定义如图 11-1 所示。

V_{DD}、GND:电源正极接入引脚和接地引脚。

MOSI、MISO:SPI 数据信号,分别为主机发送、芯片接收引脚和芯片发送、主机接收引脚。

CLK:SPI 时钟信号输入引脚。

$\overline{CS}$:片选信号输入引脚,下降沿使芯片复位,低电平芯片有效。

KEY:键盘状态信号输出引脚,每当按键状态变化(有键按下、或又有键按下、或有键释放、或又有键释放)时,其信号电平会发生翻转。因此可以识别长按键、组合键。

A~DP:A 段~DP 段的段驱动输出引脚,数码管段名定义如图 5-5(c)所示。

图 11-1 BC7277 的引脚信号

DIG0~DIG8:数码管位驱动输出和键盘状态输入引脚,接数码管共阴极,同时 DIG0~DIG7 的低 4 位接键盘的列、高 4 位接键盘的行。

3. BC7277 寄存器

BC7277 内部具有 23 个寄存器,包括 9 个显示寄存器和 14 个控制寄存器。地址范围为 0x00~0x1d,其中 0x00~0x08 为显示寄存器,其余为控制寄存器,如表 11-1 所示。

表 11-1 BC7277 寄存器

地址	内 容	默认值	说 明
0x00	第 0 位显示寄存器	0xff	每个位对应 1 个显示段,0 点亮,1 熄灭,复位后各位都不亮;DIG0 信号控制该位
0x01	第 1 位显示寄存器	0xff	同上,DIG1 信号控制该位
…	第 2~7 位显示寄存器	0xff	同上,DIG2~DIG7 信号控制这 6 个显示位
0x08	第 8 位显示寄存器	0xff	同上,DIG8 信号控制该位
…	无效寄存器	…	保留
0x10	第 0 位各段闪烁控制寄存器	0x00	每一个位对应一个显示段,1 闪烁,0 不闪烁
0x11	第 1 位各段闪烁控制寄存器	0x00	同上
…	第 2~6 位各段闪烁控制寄存器	…	同上
0x17	第 7 位各段闪烁控制寄存器	0x00	同上
0x18	0~7 位位闪烁控制寄存器	0x00	bit0~bit7 分别对应显示位 0~7,1 闪烁,0 不闪烁
0x19	第 8 位位闪烁控制寄存器	0x00	仅 bit0 有效,1 闪烁,0 不闪烁
0x1a	闪烁速度控制寄存器	0x10	值越小,闪烁速度越快
0x1b	译码显示寄存器	—	高 4 位是显示寄存器的地址,低 4 位是显示的数
0x1c	段显示寄存器	—	低 7 位是显示段的地址,最高位的 0/1 对应段亮/灭
0x1d	群操作寄存器	0xff	写入该寄存器的值,将被同时写入到所有的显示寄存器。用于清除显示等操作

4. BC7277 的操作

BC7277 用 SPI 总线与单片机接口,BC7277 在接收单片机操作命令的同时,向单片机发送键盘映射数据。BC7277 的操作命令为 16 位,高 8 位是寄存器的地址,低 8 位是向对应寄存器写的数据,高位在前、低位在后。

1) 数码管显示操作

数码管显示操作的命令,就是向 23 个寄存器写数据。命令中的地址范围为 0x00~0x1d,如果超出则命令被忽略,不改变原来的显示状态。

BC7277 有两种显示方式,非译码方式和译码方式。0x00~0x08 寄存器为非译码显示寄存器,显示数据直接控制各段显示,0 对应段点亮,1 对应段熄灭。需要用户自己译码,写到显示寄存器中的数据,相当于共阳数码管的段码。

对于译码显示方式,写到 0x1b 寄存器的数据,低 4 位为显示的十六进制数(0~15),高 4 位为译码后送入的显示寄存器地址(0~8)。

2) 键盘映射值读操作

键盘映射值读操作命令为任意的 16 位数,BC7277 返回的为 16 位的键盘映射值。因此,既可以在对数码管写显示数据时读取键盘映射值,也可以用 BC7277 不能识别的"伪指令(如 0xffff)"专门读取键盘映射值。

(1) 键盘映射值格式与编码

键盘映射值为 16 位数,每一位表示 1 个按键状态,按键闭合其值为 0,按键开路其值为 1,因此可以识别组合键。16 位键盘映射值与 16 个按键的对应关系如图 11-2 所示,S0~S15 为按键的编号。按键的编码(编号)与 BC7277 和键盘接口的对应关系如表 11-2 所示。

键盘状态映射高字节								键盘状态映射低字节							
D15	D14	D13	D12	D11	D10	D9	D8	D7	D6	D5	D4	D3	D2	D1	D0
S15	S14	S13	S12	S11	S10	S9	S8	S7	S6	S5	S4	S3	S2	S1	S0

图 11-2 键盘映射值格式与按键的对应关系

表 11-2 BC7277 键盘接口与编码

行\列	DIG3	DIG2	DIG1	DIG0
DIG4	S3	S2	S1	S0
DIG5	S7	S6	S5	S4
DIG6	S11	S10	S9	S8
DIG7	S15	S14	S13	S12

(2) 读取键盘映射值的方法

当使用 $\overline{CS}$ 片选信号时,键盘映射值会在 $\overline{CS}$ 信号的下降沿得到更新,因此每次输出的键盘映射值为最新的键盘状态。当 $\overline{CS}$ 信号被直接接地时,键盘映射值只在每次指令传输的结尾时才得到更新,因此,所读取的键盘映射值,是上一个指令传送结束时的键盘状态,如果两个指令的间隔时间比较长,则读取的数据并不一定是当前键盘的状态,所以,通过连续发送两个指令或者伪指令,读取键盘最新的映射值。

5. BC7277 段与位的限流

1) BC7277 段限流电阻

BC7277 的段限流电阻公式为:

$$R = 67 \times (V_{CC} - U_d) - 100 \qquad (11\text{-}1)$$

其中，V_{CC} 为 BC7277 电源电压，U_d 为 LED 的正向管压降；电压单位为伏，电阻的单位为欧姆。当 $V_{CC} = 5V$、$U_d = 1.85V$ 时，计算出 $R \approx 111\Omega$，可取近似值 100Ω；当 $V_{CC} = 3.3V$ 时，计算 $R \approx -2.85\Omega$，取近似值为 0Ω，即限流电阻可以省略。

2) BC7277 位限流电阻

BC7277 的位不需要加限流电阻，但接键盘按钮需要加电阻，防止按钮短路，一般串接 $4.7k\Omega$ 的电阻即可。

6. BC7277 操作时序

从图 11-3 中 BC7277 的时序可以看出，当 SPI 的时钟 CLK 为低时，是数据接收者的采样时间，在这段时间，数据发送者应保持不变；CLK 为高时，数据发送者切换输出下一位。另外需要注意：时间间隔 t1、t3、t4 大于 T/2，t2 大于等于 T/2；空闲时，片选信号 $\overline{CS}$、时钟信号 CLK 均为高；SPI 的时钟频率不超过 64kHz(时钟周期 $\geqslant 15.6\mu s$)。

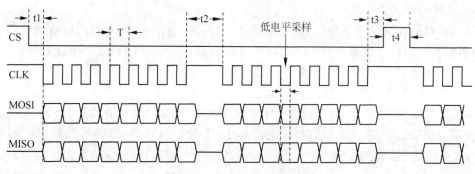

图 11-3 BC7277 的操作时序

从 BC7277 的时序图可以看出，CLK 的空闲状态是高电平，前沿(下降沿)置数，后沿(上升沿)采样锁存数据，因此，BC7277 的 SPI 操作实际上是工作于模式 3。

7. BC7277 操作函数

由于 SPI 总线的数据是双向同步的，给 BC7277 发送指令的同时读取了键盘的映射值，所以对 BC7277 的基本操作只需要一个函数。对 BC7277 的操作函数如下：

```c
// bc7277.c                        //数码管键盘接口芯片 BC7277 操作程序文件
#include<reg52.h>
#include<intrins.h>
sbit CS = P3^0;                    //BC7277 与单片机的接口电路见图 11-4
sbit MOSI = P3^1;
sbit MISO = P3^2;
sbit CLK = P3^3;
sbit KEY = P3^4;
//(1)BC7277 基本读写函数
unsigned int BC7277Rw(unsigned char reg, unsigned char dat)    //BC7277 基本读写函数
{          //入口参数分别为寄存器地址和发送的数据，返回键盘映射值(12MHz 时钟)
    unsigned char i,j = 2;
    unsigned int comm = reg<<8 + dat;    //合并成 1 个 16 位的命令字

    CLK = 1;   CS = 0;              //使时钟信号变高、片选信号变低
```

```c
        while(j--)                      //两个字节间隔传输,t1 增加 6μs,t2、t3 增加 8μs
        {
            for(i = 0; i<8; i++)        //循环收发 8 位,每位 20μs,且增加 t2、t3 间隔 3μs
            {                           //从最高位移出命令,从最低位移入接收的数据
                comm<< = 1;             //左移一位取出命令的最高位
                MOSI = CY;              //发送命令的最高位
                CLK = 0;                //使时钟信号变低
                _nop_();                //延时,使数据稳定
                comm| = MISO;           //接收的数据位进 comm 的最低位
                _nop_(); _nop_();
                CLK = 1;                //使时钟信号变高
            }
        }
        _nop_(); _nop_();               //增加 t3 间隔
        CS = 1;                         //使片选信号变高
        return comm;                    //返回键盘映射值
}
/* 从函数中的内层循环知,时钟周期为 20μs,符合要求的大于 15.6μs,并且 t1、t2、t3 均大于 10μs,
满足 BC7277 的时序要求 */
//(2)读取 BC7277 键值(键编号)函数
//该函数调用 BC7277 基本的读写函数,并且将键盘映射值转换成了键值,即按键的编号
unsigned char BC7277ReadKey()           //读取 BC7277 键值(键编号)函数
{                                       //返回的为键号 0~15,或 0xff(无键按下)
    unsigned int i, keyMap;

    keyMap = BC7277Rw(0xff,0xff);       //读取键盘映射值 S0,S1,…,S15
    for(i = 0; i<16; i++)               //把键盘映射值转换成键编号 0~15
    {
        keyMap >>= 1;
        if(CY == 0)                     //按下的键的映射值为 0
            break;                      //只识别单键,不识别组合键
    }
    if(i>15)   i = 0xff;                //无键按下
    return i;
}
//(3)给 BC7277 写显示数据函数
void BC7277WriteDisplay(unsigned char disBit, unsigned char disData, unsigned char disDeco)
{           //入口参数分别为显示的位、数据和译码(1、0 分别表示译码和不译码)
    if(disDeco)
        BC7277Rw(0x1b, (disBit<<4) + disData);      //译码显示,数据写入 0x1b 寄存器
    else
        BC7277Rw(disBit, disData);                  //非译码显示,数据写入对应位寄存器
}
```

11.1.2 系统电路设计

Proteus 下的系统硬件电路设计如图 11-4 所示,系统主要由 89C52 单片机、BC7277 数码管键盘接口芯片、7SEG-MPX8-CC-BLUE 蓝色 7 段 8 位共阴极数码管、KEYPAD-SMALLCALC 计算器键盘、BUZZER 蜂鸣器等器件构成。

由图 11-4 中可以看出，数码管的最高位（最左边）由 DIG0 信号控制，显示的是第 0 位显示寄存器中的数，数码管的最低位由 DIG7 信号控制，显示的是第 7 位显示寄存器中的数。不使用 BC7277 的译码功能，因为需要显示一些其他符号。当显示的内容变化时，随时把显示的数字、符号的段码，写到 BC7277 的 8 个显示寄存器中。

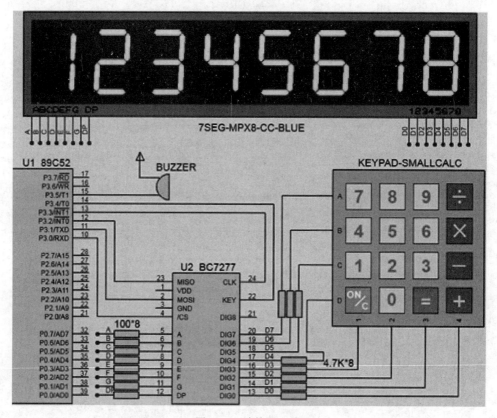

图 11-4 计算器电路

关于图 11-4 中数码管及显示段码的说明：图中的数码管是共阴极的，但后面程序中使用的是共阳极的段码，其原因是 BC7277 驱动共阴极的数码管，在不用它的译码功能时，各个显示段写 0 则点亮，写 1 则不亮，等于共阳极的段码。当使用 BC7277 的译码功能时没有这个问题。

从图 11-4 中键盘与 BC7277 的连接，键盘映射代码 S0～S15（表 11-2）对应的键分别为：+、=、0、ON/C、−、3、2、1、×、6、5、4、÷、9、8、7。

需要说明的是：Proteus 的器件库中没有 BC7277 芯片，是自己制作的，没有仿真功能，所以图 11-4 的电路并非运行状态。

在实际的单片机应用系统中，键盘和显示的驱动通常可采用以下几种方式。

（1）使用单片机自身的 I/O 口，增加其段驱动和位驱动，例如段驱动可以使用 74LS245、位驱动可以用 74LS07 等。

（2）采用并行接口的键盘显示专用芯片，如 Intel8279 等，但 Intel8279 所需外围电路较多，占用电路板面积较大，综合成本较高。

（3）采用专用的控制器，如 MC14499、PS7219、MAX7219、ICM7218、TLC5921 等，这些

芯片大多是串行接口,这种接口方式省去了显示的扫描,而且电路大多也很简单,通常在系统需要的按键较少时比较适用。

(4) 采用串行接口的键盘显示专用芯片,如 BC7277、BC7280/81、HD7279、CH451 等,这类芯片占用 CPU 的资源少,传输速度较快,外围器件也较少,在中小系统中都有广泛的应用。

11.1.3 系统功能设计

1. 系统主要模块及功能

(1) 键盘处理模块:提供键盘变化状态信号,查询状态变化后,通过 BC7277 的读写函数(BC7277Rw()),发送读键值命令,获得所按下键的键值。

(2) 按键执行模块:根据所按下按键,分别执行相应的功能。

(3) 计算处理模块:对算术运算进行操作处理。

(4) 写显示缓冲区模块:将要显示的内容送入显示缓冲区,供显示函数读取显示。

(5) 主模块:初始化系统,循环查询键盘状态,读取按下键的键值,执行按键执行模块。

(6) 定时器中断模块:定时器 0 定时 0.5ms,在一次中断中执行多个任务,产生 1000Hz 的蜂鸣器响声。

系统各模块(函数)间的调用关系(系统执行路线)如图 11-5 所示。

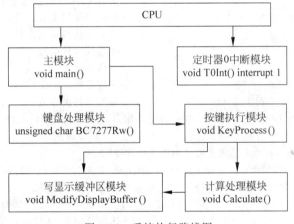

图 11-5 系统执行路线图

2. 系统设备执行的方法

从图 11-4 可知,系统除了单片机外,还有数码管键盘接口芯片、数码管显示器、键盘、蜂鸣器 4 个设备,执行方法为:

(1) 数码管键盘接口芯片 BC7277Z。接受单片机发送的显示数据,自动对 8 位共阴数码管扫描显示,同时对键盘进行扫描,键盘的按键状态有变化,通过 KEY 给单片机发送反转信号。

(2) 键盘扫描。BC7277Z 自动对键盘进行扫描,当有按键被按下或释放时,其状态信号 KEY 发生反转,查询 KEY 状态,读取按下键的键号。

(3) 数码管显示器。单片机把显示段码送给 BC7277,BC7277 自动对数码管扫描显示,并且有驱动能力。

(4) 蜂鸣器发声。用定时器 0 定时 0.5ms 中断,对 P3.5 引脚取反发声,产生 1000Hz 的声音。当读取到键盘信息时,发出 300ms 的"滴"声。

11.1.4 系统程序设计

```c
#include "reg52.h"
#include "math.h"
#include "intrins.h"
#define CLR    10              //定义清除、加减乘除、等号按键对应的键值
#define ADD    11
#define SUB    12
#define MUL    13
#define DIV    14
#define EQU    15
#define BLANK  10              //定义不显示、错误符号(E)、负号(-)显示代码
#define ERROR  11
#define MINUS  12
extern unsigned char BC7277ReadKey();   //读取 BC7277 的键值(键编号),见 11.1.1 节
extern void BC7277WriteDisplay(unsigned char DisBit, unsigned char DisData, unsigned char DisDeco);
//给 BC7277 写显示的位、数据及译码(1、0 分别表示译码和不译码)
sbit  CS = P3^0;               //定义接 BC7277 各信号的引脚.片选信号
sbit  MOSI = P3^1;             //主机输出从机输入信号
sbit  MISO = P3^2;             //主机输入从机输出信号
sbit  CLK = P3^3;              // SPI 总线时钟信号
sbit  KEY = P3^4;              //键盘状态信号
sbit  SPEAKER = P3^5;          //定义接蜂鸣器的引脚
long data Result, VarTmp;      //运算结果和操作数
unsigned char code LED[] = {0xC0,0xF9,0xA4,0xB0,0x99,0x92,0x82,0xF8,0x80,0x90,0xff,0x86,
             0xbf};
            //0~9、不亮、E(Error)、负号的共阳极数码管段码
unsigned char code KeyTable[] = {ADD,EQU,0,CLR,SUB,3, 2,1,MUL,6,5,4,DIV,9,8,7 };
unsigned char data Operate, DisBuf[8];  //操作符、显示缓冲区
unsigned int BeepTime = 600;            //蜂鸣器发声时间,为 300ms,定时器中断 600 次
bit Over,NoError = 1,FirstInput = 1;    //一次运算结束、无错误、第一次输入等标志

void ClrDisBuf()                //显示缓冲区清除,只在显示器最右边显示 0
{   unsigned char i;
    for(i = 0; i<7; i++)
        DisBuf[i] = BLANK;
    DisBuf[7] = 0;
}

void Display()                  //给 BC7277 显示寄存器发送显示的数据,进行显示
{   unsigned char i,DisData;

    for(i = 0; i<8; i++)        //i 与 BC7277 的 DIG0~DIG7 对应
    {   DisData = LED[DisBuf[i]];   //显示的数转换成显示段码
        BC7277WriteDisplay(i, DisData, 0);  //显示在第 i 位,不译码
    }
```

```c
}

void WriteDisBuf(long data num)              //将数据各位分离写入显示缓冲区,并显示
{   unsigned char i;

    if(num>9999999||num<-9999999)            //数字有效位为7位,出界显示错误符号E
    {   DisBuf[0] = ERROR;                   //最左边显示E,其他位不显示
        for(i = 1; i<8; i++)
            DisBuf[i] = BLANK;
        NoError = 0;
        Display();                           //调用显示操作函数做显示
        return;
    }
    if(num<0)                                //num 是负数
    {   num = labs(num);                     //num 取绝对值
        DisBuf[0] = MINUS;                   //最左边显示负号-
    }
    i = 7;
    do                                       //分离显示数据的各位,送显示缓冲区
    {   DisBuf[i--] = num % 10;
        num/ = 10;
    }while(num);                             //将 num 逐位填充到缓冲区
    while(i)                                 //其他位不显示
        DisBuf[i--] = BLANK;
    Display();                               //调用显示函数做显示
}

void Calculate()                             //计算函数
{   switch(Operate)
    {   case ADD:
            Result = Result + VarTmp;
            break;
        case SUB:
            Result = Result-VarTmp;
            break;
        case MUL:
            Result = Result * VarTmp;
            break;
        case DIV:
            if(VarTmp!= 0)
                Result = Result/VarTmp;
            else                             //除以0错误
            {   ClrDisBuf();
                DisBuf[0] = ERROR;
                NoError = 0;                 //设置错误标志
                Display();                   //调用显示操作函数做显示
                return;
            }
```

```c
            break;
        }
    WriteDisBuf(Result);
}

void KeyProcess(unsigned char k)          //对键盘输入的字符、数字处理函数
{   if(k == CLR)                          //是清0键
    {   Result = 0,VarTmp = 0,Operate = 0,Over = 0,NoError = 1,FirstInput = 1;
        ClrDisBuf();
    }
    if(!NoError) return;                  //如有错误,除清除键外其他按键无效
    if(k<10)                              //是数字键
    {   if(Over) Over = 0,VarTmp = 0,Result = 0,Operate = 0,FirstInput = 1;
        VarTmp = VarTmp * 10 + k;
        if(VarTmp>9999999) VarTmp = VarTmp/10;
        if(Operate) FirstInput = 0;
        WriteDisBuf(VarTmp);
    }
    if(k>10&&k<15)                        //是 + - * / 运算符
    {   if(Over)                          //上一次运算结束,将结果作为一个运算数
        {   Over = 0,VarTmp = 0,FirstInput = 1, Operate = k;
            return;
        }
        if(Operate&&FirstInput == 0)      //有操作符并且输入不止一个操作数
        {   Calculate();
            VarTmp = 0,FirstInput = 1;
        }
        if(Operate == 0)                  //操作符为空时,
        {   Result = VarTmp;              //将上次输入的数保存到另一个操作数
            VarTmp = 0;                   //等待输入下一个数
        }
        Operate = k;
    }
    if(k == EQU)                          //是等号
    {   if(Operate&&FirstInput == 0)
        {   Calculate();
            Over = 1;                     //为的是连续按下等号时重复上次运算
}   }   }

void main()                               //主函数
{   unsigned char k;
    bit KeyState = 1;                     //定义键盘状态

    TMOD = 0x01;                          //设置T0以模式1定时
    TL0 = 65036 % 256;                    //定时0.5ms(设晶振12MHz),声音频率1000Hz
    TH0 = 65036/256;
    ET0 = 1; EA = 1;                      //开定时器T0中断,开总中断
    ClrDisBuf();                          //清除显示缓冲区
```

```
        Display();                          //显示缓冲区数据,清屏
        while(1)
        {
            if(KEY!= KeyState)              //检查键盘状态 KEY 是否有变化
            {
                KeyState = KEY;             //有键按下或释放 KEY 都反转
                if(KeyState == 0)           //只读取 KeyState 为低、按下键时的键号
                {
                    k = BC7277ReadKey();    //读取 BC7277 获得的按下键的键号
                    if(k<16)                //小于 16 为有效按键
                    {
                        TR0 = 1;            //启动 T0 工作,产生 1 个"滴"的声音
                        k = KeyTable[k];    //把键号转换为键盘所对应的键名
                        KeyProcess(k);      //对读取的键作处理
}   }   }   }

void T0Int( ) interrupt 1                   //定时器 0 中断函数
{
    TL0 = 65036 % 256;                      //定时 0.5ms(假设时钟为 12MHz)
    TH0 = 65036/256;
    SPEAKER = ~SPEAKER;                     //对引脚取反,产生声音信号,频率为 1000Hz
    BeepTime -- ;
    if(BeepTime == 0)
    {
        TR0 = 0;                            //关 T0,即关闭声音
        BeepTime = 600;                     //T0 中断 600 次,音长 300ms.备下一次用
}   }
```

11.2 万年历设计

本例介绍基于单片机的万年历设计。日历芯片使用 SPI 接口的 DS1302,显示器使用 LM016L 液晶显示器。系统具有显示、调整年月日、时分秒、星期等功能。

LCD 模块 LM016L 已经在 5.4.1 节中详细讲过,这里简要介绍 DS1302 的特点和接口。

11.2.1 时钟芯片 DS1302 简介

DS1302 是美国 DALLAS 公司推出的一种高性能、低功耗的实时时钟芯片,附加 31 字节静态 RAM,采用 SPI 三线接口与 CPU 进行同步通信,并可采用突发方式一次传送多个字节的时钟数据和 RAM 数据。实时时钟可提供秒、分、时、日、星期、月和年,一个月小于 31 天时可以自动调整,且具有闰年补偿功能。可以 2.5~5.5V 宽电压工作,双电源供电(主电源和备用电源),可设置备用电源充电方式,具有对后备电源进行涓细电流充电的能力。DS1302 用于数据记录,特别是对某些具有特殊意义的数据点的记录上,能实现数据与出现该数据的时间同时记录,因此广泛应用于测量系统中。

1. DS1302 引脚功能

DS1302 引脚如图 11-6 所示。

V_{CC2}：主电源正极接入端，2.5～5.5V。

V_{CC1}：备份电源。当 $V_{CC2} > V_{CC1} + 0.2V$ 时，由 V_{CC2} 向 DS1302 供电，当 $V_{CC2} < V_{CC1}$ 时，由 V_{CC1} 向 DS1302 供电。

SCLK：串行时钟输入引脚，控制数据的输入与输出。

I/O：三线接口的数据输入/输出引脚。

$\overline{RST}$：不具有复位功能，为 SPI 总线的片选信号引脚，但高电平时对芯片操作有效。

图 11-6　DS1302 引脚

2. DS1302 寄存器与命令字

1) DS1302 的寄存器

DS1302 有 9 对寄存器，其格式及操作规则如表 11-3 所示。寄存器按功能可分为以下三种。

表 11-3　DS1302 寄存器格式及操作规则

寄存器名	读/写命令字	数据格式								数据范围
		7	6	5	4	3	2	1	0	
秒寄存器	0x81/0x80	CH	秒的十位			秒的个位				0～59
分寄存器	0x83/0x82	0	分的十位			分的个位				0～59
小时寄存器	0x85/0x84	12	0	AP	时的个位					1～12
		25	时的十位							0～23
日寄存器	0x87/0x86	0	0	日的十位			日的个位			1～31
月寄存器	0x89/0x88	月的十位					月的个位			1～12
星期寄存器	0x8b/0x8a	0	0	0	0	0	星期			1～7
年寄存器	0x8d/0x8c	年的十位				年的个位				0～99
写保护寄存器	0x8f/0x8e	WP	0	0	0	0	0	0	0	
多字节操作寄存器	0xbf/0xbe									

(1) DS1302 日历、时间寄存器，共有 7 个，存放的数据格式为 BCD 码形式，其中：

秒寄存器的位 7 定义为时钟暂停标志(CH)。当该位置为 1 时，时钟振荡器停止，DS1302 处于低功耗状态；当该位置为 0 时，时钟开始运行。

小时寄存器的位 7 用于定义 DS1302 是运行于 12 小时模式还是 24 小时模式。当为 1 时，选择 12 小时模式。在 12 小时模式时，位 5 为 1 时表示 PM；为 0 时表示 AM。在 24 小时模式时，位 5 是第二个 10 小时位。

(2) 写保护寄存器，位 7 是写保护位(WP)，其他 7 位均置为 0。任何时候在对时钟和 RAM 的写操作之前，WP 位必须先清 0。当 WP 位为 1 时，写保护位防止对任一寄存器的写操作。

(3) 多字节操作寄存器，对它操作，可以连续读/写全部的时钟或 RAM 寄存器，并且在连续的操作中，要保持 $\overline{RST}$ 信号为高电平。

2) DS1302 的操作命令字

DS1302 的操作命令字格式如图 11-7 所示。

bit7	bit6	bit5	bit4	bit3	bit2	bit1	bit0
1	RAM/$\overline{CK}$	A4	A3	A2	A1	A0	RD/$\overline{WR}$

图 11-7　DS1302 的操作命令字

命令字的最高位(位 7)必须是 1,如果它为 0,则不能把数据写入到 DS1302 中。

位 6:为 0,则表示存取日历时钟数据,为 1 表示存取 RAM 数据。

位 5 至位 1(A4~A0):指示操作单元的地址。

位 0(最低位):为 0,表示要进行写操作,为 1 表示进行读操作。

3. DS1302 操作时序

DS1302 是用 SPI 总线与微控制器连接。DS1302 总是先接收操作命令字,然后根据命令字中的读与写命令,再送出数据或继续接收数据。DS1302 的读写操作时序如图 11-8、图 11-9 所示,参照 9.5.2 节,DS1302 的 SPI 工作于模式 0,上升沿采样输入,下降沿设置输出。低位在前、高位在后。

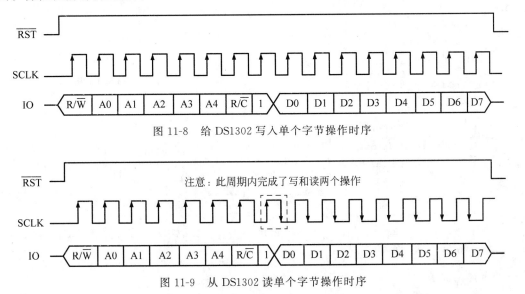

图 11-8　给 DS1302 写入单个字节操作时序

图 11-9　从 DS1302 读单个字节操作时序

DS1302 写入单个字节操作时序:先写入 8 个时钟周期的写命令字节,再写入一个字节的数据,写入的每个位在每个时钟周期的上升沿完成。

DS1302 读单个字节操作时序:先写入 8 个时钟周期的读命令字节,再读入一个字节的数据,命令字的读入是在每个时钟的上升沿,送出的数据是在每个时钟的下降沿。

注意,在整个读写操作期间,要求 $\overline{\text{RST}}$ 保持高电平。

4. DS1302 操作函数

```
//DS1302.C              日历芯片 DS1302 操作文件
#include "reg52.h"
sbit    DIO = P3^3;
sbit    CLK = P3^4;
sbit    RST = P3^5;
void DS1302WriteByte(unsigned char datao)      //往 DS1302 写入 1Byte 数据
{   unsigned char i;
    for(i = 0; i<8; i++)
    {   datao >>= 1;
        CLK = 0;
        DIO = CY;
```

```c
            CLK = 0;                                //延时作用,使数据稳定
            CLK = 1;
    }   }
    unsigned char DS1302ReadByte()                  //从 DS1302 读取 1Byte 数据
    {   unsigned char i, temp = 0;
        for(i = 0; i<8; i++)
        {   CLK = 0;
            temp >>= 1;
            if(DIO)
                temp| = 0x80;
            CLK = 1;
        }
        return temp;
    }
    void DS1302Write(unsigned char Comm, unsigned char datao)
                                                    //先给 DS1302 写命令字,再写数据
    {   CLK = 0;
        RST = 0;
        RST = 1;
        DS1302WriteByte(Comm);                      //先写地址命令
        DS1302WriteByte(datao);                     //再写 1Byte 数据
        CLK = 1;
        RST = 0;
    }
    unsigned char DS1302Read(unsigned char Comm)    //先给 DS1302 写命令字,再读取发回的数据
    {   unsigned char datai;
        RST = 0;
        CLK = 0;
        RST = 1;
        DS1302WriteByte(Comm);                      //先写地址命令
        datai = DS1302ReadByte();                   //再读 1Byte 数据
        CLK = 1;
        RST = 0;
        return datai;
    }
    void DS1302GetDateTime(unsigned char DateTime[])  //读取 DS1302 当前日期时间
    {   unsigned char i;
        unsigned char Comm = 0x81;
        for(i = 0; i<7; i++)
        {   DateTime[i] = DS1302Read(Comm);         //格式为:秒 分 时 日 月 星期 年
            Comm += 2;
    }   }
    void DS1302SetDateTime(unsigned char DateTime[])  //设置 DS1302 日期时间
    {   unsigned char i;
        unsigned char Comm = 0x80;
        DS1302Write(0x8e,0x00);                     //解除 DS1302 写保护,设置 WP = 0
        for(i = 0; i<7; i++)
        {   DS1302Write(Comm,DateTime[i]);          //格式为:秒 分 时 日 月 星期 年
```

```
        Comm += 2;
    }
    DS1302Write(0x8e,0x80);                    //DS1302写保护,设置WP=1
}
```

11.2.2 系统电路设计

万年历所用到的硬件包括 89C52 单片机、LM016L 液晶显示器、日历芯片 DS1302,硬件连线及执行结果如图 11-10 所示。

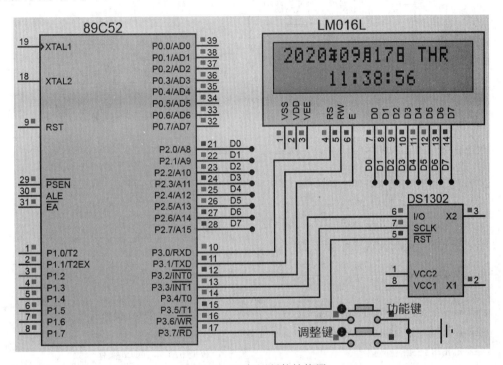

图 11-10　万年历硬件结构图

11.2.3 系统功能设计

系统主要模块如下:

(1) 功能键处理模块,修改当前的功能状态变量,使之在不同功能之间循环。功能有正常显示、调整年、月、日、星期、时、分、秒。

(2) 调整键处理模块,根据当前功能状态,分别处理在相应功能下调整。

(3) 显示处理模块,处理当前该显示的内容,如年月日、星期、时分秒等,在不同功能状态下相应显示位的闪烁等。

(4) 主模块,初始化系统,写"年、月、日"点阵字模到 CGRAM,循环调用功能键处理模块和调整键处理模块。

(5) 定时器中断模块,处理闪烁,读取时间,显示等。

(6) 其他模块,读写 DS1302 时间参见本节和第 10 章相关内容。

各模块间的调用关系(系统执行路线)如图 11-11 所示。

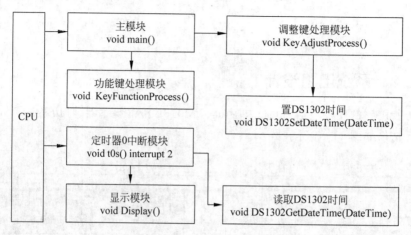

图 11-11　系统执行路线图

11.2.4　系统程序设计

系统程序较长,为了能够清晰地看出程序的结构,分为 3 个文件。

(1) LCD 操作文件(LM016L.c),参见 5.4.4 节。

(2) DS1302 操作文件(DS1302.c),参见 11.2.1 节。

(3) 主文件(main.c),程序如下:

```
#include<reg52.h>

extern void DS1302GetDateTime(unsigned char *);    //见上面 DS1302 操作函数
extern void DS1302SetDateTime(unsigned char *);
extern void LcdInit();                             //见 5.4.4 节 LCD 操作函数
extern void LcdWriteData(unsigned char);
extern void LcdWriteCommand(unsigned char);

sbit KeyFunction = P3^6;                           //功能键,选择需要调整的位
sbit KeyAdjust = P3^7;                             //调整键,对选中位加 1
unsigned char code year[] = {0x08,0x1f,0x02,0x0f,0x0a,0c1f,0x02,0};
                                                   //"年"字的点阵字模
unsigned char code month[] = {0x0f,0x09,0x0f,0x09,0x0f,0x09,0x13,0};
                                                   //"月"字的点阵字模
unsigned char code day[] = {0x0f,0x09,0x09,0x0f,0x09,0x09,0x0f,0};
                                                   //"日"字的点阵字模
unsigned char code Week[7][3] = {"SUN","MON","TUS","WED","THR","FRI","SAT"};
unsigned char Status = 0;                          //功能键状态,0 为正常显示,其他为调整状态
unsigned char DateTime[7] = {0x30,0x36,0x11,0x07,0x10,1,0x18,};
                                                   //秒、分、时、日、月、星期、年
```

```c
unsigned char DisBuf[29] = "20xxnxxyxxr xxx    xx: xx: xx";    //x需要不断更新,nyr只需预设
bit Flash,refreshFlag;                                         //闪烁标志,刷新显示标志

void Display()                                                 //显示函数
{    unsigned char i;

    DisBuf[2] = '0' + DateTime[6]/16;                          //0~4 单元存放"20XX 年"
    DisBuf[3] = '0' + DateTime[6]%16;
    DisBuf[5] = '0' + DateTime[4]/16;                          //5~7 单元存放"XX 月"
    DisBuf[6] = '0' + DateTime[4]%16;
    DisBuf[8] = '0' + DateTime[3]/16;                          //8~10 单元存放"XX 日"
    DisBuf[9] = '0' + DateTime[3]%16;
    DisBuf[12] = Week[DateTime[5]-1][0];                       //12~14 单元存放星期,使用3字母简写表示
    DisBuf[13] = Week[DateTime[5]-1][1];
    DisBuf[14] = Week[DateTime[5]-1][2];
    DisBuf[20] = '0' + DateTime[2]/16;                         //20~27 单元存放时分秒,表示为"XX: XX: XX"
    DisBuf[21] = '0' + DateTime[2]%16;
    DisBuf[23] = '0' + DateTime[1]/16;
    DisBuf[24] = '0' + DateTime[1]%16;
    DisBuf[26] = '0' + DateTime[0]/16;
    DisBuf[27] = '0' + DateTime[0]%16;
    if(Status&&Flash)                                          //调整日期时间,相应位闪烁
    {    if(Status == 1)                                       //年位闪
            DisBuf[2] = DisBuf[3] = ' ';
         else if(Status == 2)                                  //月位闪
            DisBuf[5] = DisBuf[6] = ' ';
         else if(Status == 3)                                  //日位闪
            DisBuf[8] = DisBuf[9] = ' ';
         else if(Status == 4)                                  //星期位闪
            DisBuf[12] = DisBuf[13] = DisBuf[14] = ' ';
         else if(Status == 5)                                  //时位闪
            DisBuf[20] = DisBuf[21] = ' ';
         else if(Status == 6)                                  //分位闪
            DisBuf[23] = DisBuf[24] = ' ';
         else if(Status == 7)                                  //秒位闪
            DisBuf[26] = DisBuf[27] = ' ';
    }

    LcdWriteCommand(0x80);
    for(i = 0; i<16; i++)
        LcdWriteData(DisBuf[i]);                               //在 LCD 第一行上显示
    LcdWriteCommand(0xC0);
    for(; i<28; i++)
```

```c
            LcdWriteData(DisBuf[i]);            //在LCD第二行上显示
}

void KeyFunctionProcess()                       //功能键处理
{   if(KeyFunction)   return;                   //键没按下返回
    delayms(20);                                //去抖动,函数定义见例2-2
    if(KeyFunction)   return;                   //抖动引起,返回
    if(++Status == 8)   Status = 0;             //0为正常显示状态,1～7分别调整年、月、日、
    while(!KeyFunction);                        //星期、时、分、秒,最后等待按键释放
}

unsigned char Adjust(unsigned char Item, unsigned char Max, unsigned char Min)
                                                //调整年月日时分秒函数
                                                //将年月日时分秒加1后,判断超限、处理
{
    unsigned char temp;
    temp = (Item >> 4) * 10;
    temp += Item&0x0f;                          //将BCD码转换为二进制数
    if(++temp == Max)
        temp = Min;                             //加1如果超过最大值置为最小值
    Item = temp/10 * 16;
    Item += temp % 10;                          //二进制数转换为BCD码
    return Item;
}

void KeyAdjustProcess()                         //调整按键处理
{   if(KeyAdjust)     return;
    delayms(20);
    if(KeyAdjust)     return;
    switch(Status)
    {   case 1: DateTime[6] = Adjust(DateTime[6],100,0);   //年的后两位加1,加到100归零
            break;
        case 2: DateTime[4] = Adjust(DateTime[4],13,1);    //月加1,加到13置1
            break;
        case 3: DateTime[3] = Adjust(DateTime[3],32,1);    //日加1,加到32置1
            break;
        case 4: DateTime[5] = Adjust(DateTime[5],8,1);     //星期加1,加到8置1
            break;
        case 5: DateTime[2] = Adjust(DateTime[2],24,0);    //时加1,加到24归零
            break;
        case 6: DateTime[1] = Adjust(DateTime[1],60,0);    //分加1,加到60归零
            break;
        case 7: DateTime[0] = 0;                           //秒直接归零
            break;
```

```c
    }
    DS1302SetDateTime(DateTime);                //写调整后的时间到DS1302
    while(!KeyAdjust);                          //等待按键释放
}

void main()                                     //主函数
{   unsigned char i;
    LcdInit();                                  //初始化LCD
    LcdWriteCommand(0x40);                      //写"年、月、日"点阵字模到CGRAM
    for(i=0; i<24; i++)                         //3个汉字的字符代码分别为0、1、2
        LcdWriteData(year[i]);
    DS1302SetDateTime(DateTime);                //DS1302设置日期时间,用Proteus仿真时不要该行
    TMOD = 0x01;                                //设置T0以模式1定时
    TL0 = 15536 % 256;                          //定时50ms,假设晶振为12MHz
    TH0 = 15536/256;
    ET0 = 1;
    EA = 1;
    TR0 = 1;
    DisBuf[4] = 0;                              //年显示代码,为0
    DisBuf[7] = 1;                              //月显示代码,为1
    DisBuf[10] = 2;                             //日显示代码,为2
    while(1)
    {   KeyFunctionProcess();
        KeyAdjustProcess();
        if(refreshFlag)
        {
            refreshFlag = 0;
            DS1302GetDateTime(DateTime);
            Display();
        }
    }
}

void t0s() interrupt 1                          //定时中断,闪烁,读取时间,显示
{   static unsigned char Count = 0;
    TL0 = 15536 % 256;                          //定时50ms,假设晶振为12MHz
    TH0 = 15536/256;
    if(++Count>4)
    {   Count = 0;
        refreshFlag = 1;
        Flash = ~Flash;
    }
}
```

11.3 环境检测系统设计

本例介绍基于单片机的环境检测系统设计,在此仅以单总线接口的温湿度传感器 DHT11 和 IIC 接口的光照度传感器 BH1750 为例,讲述传感器的特点和使用方法,并将读取到的数据通过 LM016L 液晶显示器显示出来。

LCD 模块 LM016L 已经在 5.4.1 节中详细讲过,这里简要介绍 DHT11、BH1750 的特点和接口。

11.3.1 温湿度传感器 DHT11 简介

DHT11 数字温湿度传感器是一款含有已校准数字信号输出的温湿度复合传感器。DHT11 应用专用的数字模块采集技术和温湿度传感技术,其传感器包括一个电阻式感湿元件和一个 NTC 测温元件,并与一个高性能 8 位单片机相连接。单线制串行接口,超小体积、极低功耗,信号传输距离可达 20m 以上。DHT11 测量分辨率分别为 8 位温度、8 位湿度,采样周期间隔不得低于 1s。

1. DHT11 引脚功能

DHT11 的实物形状与引脚如图 11-12 所示,其引脚功能如下。

1 脚为 VDD:接电源,电源电压为 3~5.5V。传感器上电后,要等待 1s,以越过不稳定状态。电源引脚(V_{DD},GND)之间可增加一个 100nF 的电容,用于去耦滤波。

图 11-12 DHT11

2 脚为 DATA:用于微处理器与 DHT11 之间的通信和同步。

3 脚为 NC:空脚。

4 脚为 GND:接地。

2. DHT11 数据格式与操作时序

DHT11 采用单总线数据格式,一次通信时间 4ms 左右,数据分小数部分和整数部分,现在的芯片小数部分读出为零,用于以后扩展。具体格式在下面说明,操作流程如下。

一次完整的数据传输为 40 位,高位在前。数据格式:8 位湿度整数数据、8 位湿度小数数据、8 位温度整数数据、8 位温度小数数据、8 位校验和。数据传送正确时,校验和等于以上前 4 个 8 位数据之和的低 8 位。

用户 MCU 发送一次开始信号后,DHT11 从低功耗模式切换到高速模式,触发一次温湿度采集和转换,等待主机开始信号结束后,DHT11 发送响应信号,送出 40 位的数据,用户可选择读取数据。如果没有接收到主机发送开始信号,DHT11 不会主动进行温湿度采集,采集数据后切换到低速模式。通信过程如图 11-13 所示。

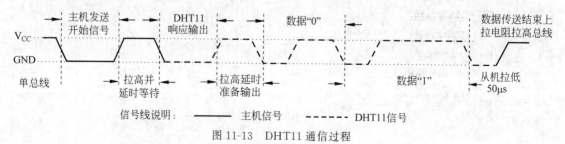

图 11-13 DHT11 通信过程

DHT11 操作时序如图 11-14 所示,总线空闲状态为高电平,主机把总线拉低等待 DHT11 响应,主机把总线拉低必须大于 18ms,保证 DHT11 能检测到起始信号。DHT11 接收到主机的开始信号后,等待主机开始信号结束,然后发送 80μs 低电平响应信号。主机发送开始信号结束后,延时等待 20~40μs 后,读取 DHT11 的响应信号,主机发送开始信号后,切换到输入模式,总线由上拉电阻拉高。

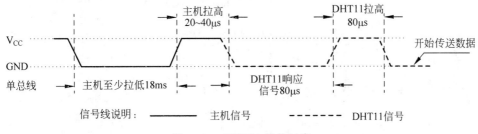

图 11-14　DHT11 操作时序

总线为低电平,说明 DHT11 发送响应信号,DHT11 发送响应信号后,再把总线拉高 80μs,准备发送数据,每一位数据都以 50μs 低电平时隙开始,高电平的长短决定了数据位是 0 还是 1。格式如图 11-15 和图 11-16 所示。如果读取响应信号为高电平,则 DHT11 没有响应,请检查线路是否连接正常。当最后一位数据传送完毕后,DHT11 拉低总线 50μs,随后总线由上拉电阻拉高进入空闲状态。

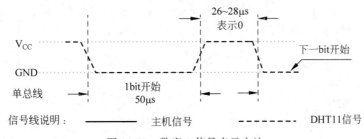

图 11-15　数字 0 信号表示方法

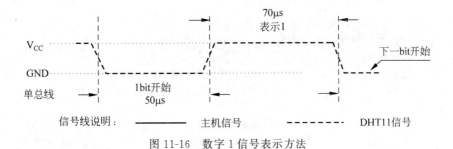

图 11-16　数字 1 信号表示方法

3. DHT11 操作函数

```
//DHT11.C              温湿度芯片 DHT11 操作函数文件
#include<reg52.h>
#include<intrins.h>
```

```c
sbit DHT = P3^7;
void dht11Start(void)              //起始信号
{
    DHT = 1;
    delay5us(8);                   //延时40μs,延时宏定义见5.4.4节
    DHT = 0;
    delayms(20);                   //主机总线拉低大于18ms,函数定义见例2-2
    DHT = 1;
    delay5us(8);                   //发送起始信号后,拉高电平20~40μs,此时间最重要
}

unsigned char dht11RecvByte()      //接收1字节
{
    unsigned char i,temp,oneData;
    while(DHT);
    for(i = 0; i<8; i++)           //接收8位数据
    {
        oneData<< = 1;
        temp = 0;                  //置接收数据为0
        while(!DHT);               //等待50μs的低电平开始信号结束
        delay5us(8);               //开始信号结束之后延时40μs
        if(DHT == 1)               // DHT在26~28μs之后还为高电平,
        {   temp = 1;              //则接收数据为1,此处延时了40μs
            while(DHT);            //等待数据信号由高变低,下一位开始
        }
        oneData | = temp;
    }
    return oneData;
}

unsigned int DHT11getTempHumi(void)  //接收数据
{
    unsigned char tempHigh,tempLow,humiHigh,humiLow,temp,humi;
    unsigned char check,numCheck;
    dht11Start();                  //开始信号
    DHT = 1;                       //主机为输入,判断从机DHT11相应信号
    if(!DHT)                       //判断从机是否有低电平响应信号
    {
        while(!DHT);               //判断从机发出80μs的低电平响应信号是否结束
        while(DHT);                //等待从机的80μs高电平,结束后进入接收状态
        humiHigh = dht11RecvByte();         //接收湿度整数位
        humiLow = dht11RecvByte();          //接收湿度小数位,现在都为0
        tempHigh = dht11RecvByte();         //接收温度整数位
        tempLow = dht11RecvByte();          //接收温度小数位,现在都为0
        check = dht11RecvByte();            //接收校验位
        numCheck = humiHigh + humiLow + tempHigh + tempLow;
        if(numCheck == check)               //校验正确,得到温湿度整数值
```

```
            {
                temp = tempHigh;
                humi = humiHigh;
            }
            else
                temp = humi = 0;
    }
    return humi + temp<<8;
}
```

11.3.2 光照度传感器 BH1750 简介

BH1750FVI 是一种用于两线式串行总线接口的数字型光照度传感器芯片。广泛地用于光照度仪、手机等带有 LCD 显示器的设备中。通过 BH1750FVI 得到的光照度数据，用来调整液晶显示屏、键盘背景灯的亮度。利用它的高分辨率，可以探测较大范围的光照度变化。BH1750FVI 的主要特性如下：

- 支持 IIC 总线接口；
- 光谱灵敏度特性接近人类视觉灵敏度分布（峰值灵敏度波长典型值为 560nm）；
- 输出对应光照度的数字量；
- 感光范围宽、分辨率高（1～65535lx）；
- 通过断电功能降低功耗；
- 通过消除 50Hz/60Hz 光噪音功能实现稳定的测定；
- 支持 1.8V 逻辑输入接口；
- 光源依赖性弱，荧光灯、卤素灯、白光 LED、太阳光环境均可，白炽灯除外；
- 有两种可选的 IIC 从地址。

1. BH1750 引脚信号及应用电路

BH1750 是一模块（很小的电路板），引脚功能如下：

V_{CC}：电源接入引脚。

ADDR：IIC 从地址选择引脚，输入，如果 ADDR 接高（$\geqslant 0.7V_{CC}$），则芯片从地址为"1011100"，如果 ADDR 接低（$\leqslant 0.3V_{CC}$），则芯片的从地址为"0100011"。

GND：接地引脚。

SDA：IIC 接口的数据信号 SDA 引脚，双向口。

DVI：SDA、SCL 端口参考电压输入引脚，同时也是内部寄存器的复位引脚，低电平复位（至少持续 1μs，DVI$\leqslant 0.4V$）。因此，在电源上电时，从 0 电位缓慢上升到 V_{CC} 电位。

SCL：IIC 接口的时钟信号引脚，输入。

BH1750 的应用基本电路如图 11-17 所示。电阻 R1 和电容 C5 是为了在 V_{CC} 上电时，在 DVI 端产生至少 1μs 的低电平。ADDR 通过电阻 R5 接地，所以图中 BH1750 的器件地址为 0x46。

2. BH1750 指令集

BH1750 指令集见表 11-4。

就是 0x47,等待从机 ACK 应答后,主机开始读取 IIC 数据,主机读取完高 8 位数据后,要向从机发送 ACK 应答信号,告诉从机接收 8 位数据完毕,然后再读取低 8 位数据,主机发送非应答信号,结束 IIC 通信。

4. BH1750 操作函数

BH1750 操作函数如下。

```
//bh1750.c                            数字光照度传感器操作文件
#include<reg52.h>
#include<iic.h>                       //iic 总线操作函数头文件,文件定义及内容见 9.4.3 节
#define slaveAddress 0x46             //定义 BH1750 的地址
sbit SCL = P3^5;                      //定义 IIC 的时钟引脚
sbit SDA = P3^6;                      //定义 IIC 的数据引脚

void BH1750SendCommand(unsigned char command)    //BH1750 发送命令函数
{
    iicStart();                       //iic 起始信号
    iicSendByte(slaveAddress);        //发送器件地址
    iicSendByte(command);             //发送指令
    iicStop();                        //iic 停止信号
}
void BH1750Init()                     //BH1750 初始化函数
{
    BH1750SendCommand(0x01);          //BH1750 加电
    BH1750SendCommand(0x07);          //BH1750 复位
    BH1750SendCommand(0x10);          //连续测量高分辨率模式
}
unsigned int BH1750RecvIllum ()       //BH1750 读取数据函数
{
    unsigned int illum;
    iicStart();                       //iic 起始信号
    iicSendByte(slaveAddress + 1);    //发送器件地址及读命令
    illum = iicRecvByte()<<8;         //读光照度高 8 位
    iicSendACK(0);                    //发送应答 0
    illum = illum + iicRecvByte();    //读光照度低 8 位,并与高 8 位合并
    iicSendACK(1);                    //发送非应答 1
    iicStop();                        //iic 结束信号
    return illum;
}
```

5. BH1750 的光照度计算

根据 BH1750 的数据手册,转换出的数字量与光照度的关系为:

$$光照度 = (DataH \times 256 + DataL)/1.2(lx) \tag{11-1}$$

式中 DataH、DataL 分别为读取的转换结果的高字节和低字节,1.2 为芯片的系数,单位为勒克斯(lx)。

11.3.3 系统电路设计

环境监测系统所用到的硬件包括:单片机 AT89C52、LCD LM016L、温湿度传感器

DHT11、光照度传感器 BH1750。需要指出的是，DHT11 在 proteus 中可以仿真执行，而 BH1750 在 proteus 中没有此器件，不能仿真执行，所以没有给出执行结果，只给出原理图，说明其原理，BH1750 模块电路（注意不是 BH1750 芯片）如图 11-18 所示，此处只连接模块的 SCL 和 SDA 引脚，跟实际硬件电路稍有区别（需要说明的是，图中所显示的数字并非运行的结果）。

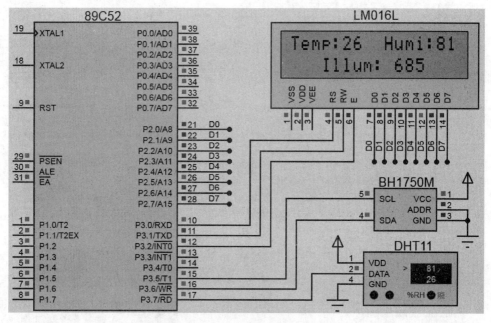

图 11-18　环境监测系统原理图

11.3.4　系统程序设计

系统每隔 1s 读取一次当前光照度和温湿度，使用 LCD LM016L 显示。系统程序较长，为了能够清晰地看出程序的结构，分为 4 个文件。

(1) LCD 操作文件(lcd.c)，见 5.4.4 节内容。
(2) DHT11 操作文件(DHT11.c)，见 11.3.1 节内容。
(3) BH1750 操作文件(BH1750.c)，见 11.3.2 节内容。
(4) 主程序文件(main.c)，见下面。

主程序文件内容主要是系统各个部件初始化(LCD、光照度模块)、循环读取温湿度传感器、光照度传感器的转换数据，并且在 LCD 上显示的数据。其程序代码如下：

```
//main.c                                   BH1750环境检测系统主程序文件
#include<reg52.h>
extern void LcdInit();                     // LCD 初始化函数，见 5.4.4 节
extern void LcdWriteData(unsigned char);   // LCD 写数据函数
extern void LcdWriteCommand(unsigned char);// LCD 写命令函数
extern unsigned int DHT11getTempHumi(void);//获取温湿度函数
extern void BH1750Init();                  //光照度模块初始化
extern unsigned int BH1750RecvIllum();     //获取光照度函数
```

```c
unsigned char disBuf[33] = "Temp: Humi: Illum:";        //LCD显示内容

void display(unsigned int tempHumi, unsigned int illum)  //显示温度、湿度、光照度函数
{                                                        //参数分别为温度、湿度和光照度值
    unsigned char i;

    i = tempHumi/256;                    //取高8位中的温度
    disBuf[5] = i/10 + '0';              //显示2位温度值,单位是摄氏度(℃)
    disBuf[6] = i%10 + '0';
    i = tempHumi%256;                    //取低8位中的湿度
    disBuf[14] = i/10 + '0';             //显示2位湿度值,单位是相对湿度(%RH)
    disBuf[15] = i%10 + '0';
    i = 29;
    do                                   //将光照度值各位分离,分别写入显示数组
    {   disBuf[i--] = illum%10 + '0';    //显示5位光照度值,单位是勒克斯(lx)
        illum/ = 10;
    }while(illum);
    while(i>24)
        disBuf[i--] = ' ';               //光照度的高位0不显示
    LcdWriteCommand(0x80);               //设置显示从LCD第1行、第0列开始
    for(i=0; i<16; i++)                  //输出LCD第1行显示的信息
        LcdWriteData(disBuf[i]);         //在LCD第1行上显示温湿度
    LcdWriteCommand(0xC3);               //设置显示从LCD第2行、第3列开始
    for(; i<32; i++)                     //输出LCD第2行显示的信息
        LcdWriteData(disBuf[i]);         //在LCD第2行上显示光照度
}
void main()                              //系统主函数
{   unsigned int tempHumi, illum;        //定义温度、湿度和光照度变量

    LcdInit();                           //LCD初始化
    BH1750Init();                        //光照度模块初始化
    delayms(200);                        //延时200ms,函数定义见例2-2
    while(1)
    {
        illum = BH1750RecvIllum();       //读取光照度数据
        tempHumi = DHT11getTempHumi();   //读取温湿度数据
        display(tempHumi, illum);        //显示温湿度和光照度
        delayms(1000);                   //延时1s
    }
}
```

课程设计参考题目

(1) 正倒计时秒表设计(显示分钟、秒、秒小数各2位,有正倒、启动、暂停、清0、初时设置等功能按钮)。

(2) 万年历(由单片机定时器产生年月日时分秒,LCD显示,能够调时,有闹铃功能)。

(3) 音乐播放器设计(3 首歌可选、可循环播放,LCD 显示音乐名)。

(4) 竞赛计分计时器设计(LCD(或两个 8 位数码管)显示时间(分钟、秒、秒小数各 2 位)和双方分数,有双方加减分数按钮,有计时启动、暂停、清 0 按钮,有初始时间设置按钮)。

(5) 作息时间控制器设计(具有作息时间设置、查看功能,运行到作息时间有声、光指示;作息时间数据可以保存在单片机片内的 EEPROM(如 STC89 系列)或 IIC 串行接口的 24C02 等 E^2PROM 芯片中)。

(6) 16 * 16LED 点阵汉字显示器设计(用并行接口芯片 8255、并行数据锁存器 74HC573,或串入并出移位寄存器 74HC154、74HC164、74HC595 等芯片,输出控制 16 行、16 列,左移移动显示多个汉字如自己的校名、姓名等)。

(7) 信号发生器设计(用 DAC124S085、TLC5615 等 D/A 转换器,产生锯齿波、三角波、方波、余弦波等,用按钮设置信号的频率)。

(8) 数字电压表设计(用 ADC0834、TLC2543 等 A/D 转换器,对模拟电压转换,以毫伏为单位显示电压,用数码管或 LCD 显示)。

附录 A MCS-51 指令表
APPENDIX A

助 记 符	功 能	十六进制机器码	对标志影响 CY	AC	OV	P	字节数	周期数
数据传送指令									
MOV A，Rn	(Rn)→A	E8～EF	×	×	×	√	1	1
MOV A，dir	(dir)→A	E5 dir	×	×	×	√	2	1
MOV A，@Ri	((Ri))→A	E6、E7	×	×	×	√	1	1
MOV A，#data	data→A	74 data	×	×	×	√	2	1
MOV Rn，A	(A)→Rn	F8～FF	×	×	×	×	1	1
MOV Rn，dir	(dir)→Rn	A8～AF dir	×	×	×	×	2	2
MOV Rn，#data	data→Rn	78～7F data	×	×	×	×	2	1
MOV dir，A	(A)→dir	F5 dir	×	×	×	×	2	1
MOV dir，Rn	(Rn)→dir	88～8F dir	×	×	×	×	2	2
MOV dir1，dir2	(dir2)→dir1	85 dir2 dir1	×	×	×	×	3	2
MOV dir，@Ri	((Ri))→dir	86、87 dir	×	×	×	×	2	2
MOV dir，#data	data→dir	75 dir data	×	×	×	×	3	2
MOV @Ri，A	(A)→(Ri)	F6、F7	×	×	×	×	1	1
MOV @Ri，dir	dir→(Ri)	A6、A7 dir	×	×	×	×	2	2
MOV @Ri，#data	data→(Ri)	76、77 data	×	×	×	×	2	1
MOV DPTR，#data16	data16→DPTR	90 data16	×	×	×	×	3	2
MOVC A，@A+DPTR	((A)+(DPTR))→A	93	×	×	×	√	1	2
MOVC A，@A+PC	((A)+(PC))→A	83	×	×	×	√	1	2
MOVX A，@Ri	((P2,Ri))→A	E2、E3	×	×	×	√	1	2
MOVX A，@DPTR	((DPTR))→A	E0	×	×	×	√	1	2
MOVX @Ri，A	(A)→(P2,Ri)	F2、F3	×	×	×	×	1	2
MOVX @DPTR，A	(A)→(DPTR)	F0	×	×	×	×	1	2
PUSH dir	(SP)+1→SP,(dir)→(SP)	C0 dir	×	×	×	×	2	2
POP dir	((SP))→dir,(SP)−1→SP	D0 dir	×	×	×	×	2	2
XCH A，Rn	(A)←→(Rn)	C8～CF	×	×	×	√	1	1
XCH A，dir	(A)←→(dir)	C5 dir	×	×	×	√	2	1
XCH A，@Ri	(A)←→((Ri))	C6、C7	×	×	×	√	1	1
XCHD A，@Ri	$(A_{0\sim3})$←→$((Ri)_{0\sim3})$	D6、D7	×	×	×	√	1	1

续表

助记符	功能	十六进制机器码	CY	AC	OV	P	字节数	周期数
数据传送指令									
SWAP A	A的高、低半字节交换	C4	×	×	×	×	1	1
算术运算指令									
ADD A，Rn	(A)+(Rn)→A	28~2F	√	√	√	√	1	1
ADD A，dir	(A)+(dir)→A	25 dir	√	√	√	√	2	1
ADD A，@Ri	(A)+((Ri))→A	26、27	√	√	√	√	1	1
ADD A，#data	(A)+data→A	24 data	√	√	√	√	2	1
ADDC A，Rn	(A)+(Rn)+CY→A	38~3F	√	√	√	√	1	1
ADDC A，dir	(A)+(dir)+CY→A	35 dir	√	√	√	√	2	1
ADDC A，@Ri	(A)+((Ri))+CY→A	36、37	√	√	√	√	1	1
ADDC A，#data	(A)+data+CY→A	34 data	√	√	√	√	2	1
SUBB A，Rn	(A)−(Rn)−CY→A	98~9F	√	√	√	√	1	1
SUBB A，dir	(A)−(dir)−CY→A	95 dir	√	√	√	√	2	1
SUBB A，@Ri	(A)−((Ri))−CY→A	96、97	√	√	√	√	1	1
SUBB A，#data	(A)−data−CY→A	94 data	√	√	√	√	2	1
INC A	(A)+1→A	04	×	×	×	√	1	1
INC Rn	(Rn)+1→Rn	08~0F	×	×	×	×	1	1
INC dir	(dir)+1→dir	05 dir	×	×	×	×	2	1
INC @Ri	((Ri))+1→(Ri)	06、07	×	×	×	×	1	1
INC DPTR	(DPTR)+1→DPTR	A3	×	×	×	×	1	2
DEC A	(A)−1→A	14	×	×	×	√	1	1
DEC Rn	(Rn)−1→Rn	18~1F	×	×	×	×	1	1
DEC dir	(dir)−1→dir	15 dir	×	×	×	×	2	1
DEC @Ri	((Ri))−1→(Ri)	16、17	×	×	×	×	1	1
MUL AB	(A)×(B)→AB；A低位B高位	A4	0	×	√	√	1	4
DIV AB	(A)÷(B)→AB；A为商B为余	84	0	×	√	√	1	4
DA A	A的低、高4位大于9或有半进位或进位，则低、高4位加6	D4	√	√	×	√	1	1
逻辑运算指令									
ANL A，Rn	(A)∧(Rn)→A	58~5F	×	×	×	√	1	1
ANL A，dir	(A)∧(dir)→A	55 dir	×	×	×	√	2	1
ANL A，@Ri	(A)∧((Ri))→A	56、57	×	×	×	√	1	1
ANL A，#data	(A)∧data→A	54 data	×	×	×	√	2	1
ANL dir，A	(dir)∧(A)→dir	52 dir	×	×	×	×	2	1
ANL dir，#data	(dir)∧data→dir	53 dir data	×	×	×	×	3	2
ORL A，Rn	(A)∨(Rn)→A	48~4F	×	×	×	√	1	1
ORL A，dir	(A)∨(dir)→A	45 dir	×	×	×	√	2	1
ORL A，@Ri	(A)∨((Ri))→A	46、47	×	×	×	√	1	1
ORL A，#data	(A)∨data→A	44 data	×	×	×	√	2	1
ORL dir，A	(dir)∨(A)→dir	42 dir	×	×	×	×	2	1
ORL dir，#data	(dir)∨data→dir	43 dir data	×	×	×	×	3	2

续表

助 记 符	功 能	十六进制机器码	对标志影响 CY	AC	OV	P	字节数	周期数
逻辑运算指令							
XRL A, Rn	$(A) \oplus (Rn) \to A$	68～6F	×	×	×	√	1	1
XRL A, dir	$(A) \oplus (dir) \to A$	65 dir	×	×	×	√	2	1
XRL A, @Ri	$(A) \oplus ((Ri)) \to A$	66、67	×	×	×	√	1	1
XRL A, #data	$(A) \oplus data \to A$	64 data	×	×	×	√	2	1
XRL dir, A	$(dir) \oplus (A) \to dir$	62 dir	×	×	×	×	2	1
XRL dir, #data	$(dir) \oplus data \to dir$	63 dir data	×	×	×	×	3	2
CLR A	$0 \to A$	E4	×	×	×	√	1	1
CPL A	$\overline{(A)} \to A$	F4	×	×	×	×	1	1
RL A	A 循环左移一位	23	×	×	×	×	1	1
RLC A	A 带进位循环左移一位	33	√	×	×	√	1	1
RR A	A 循环右移一位	03	×	×	×	×	1	1
RRC A	A 带进位循环右移一位	13	√	×	×	√	1	1
控制转移指令							
ACALL addr11	$(SP)+1 \to SP, (PC)_L \to (SP)$, $(SP)+1 \to SP, (PC)_H \to (SP)$, $addr11 \to PC_{10 \sim 0}$	CODE1	×	×	×	×	2	2
LCALL addr16	$(SP)+1 \to SP, (PC)_L \to (SP)$, $(SP)+1 \to SP, (PC)_H \to (SP)$, $addr16 \to PC$	12 addr16	×	×	×	×	3	2
RET	$(SP) \to PC_H, (SP)-1 \to SP$, $(SP) \to PC_L, (SP)-1 \to SP$, 从子程序返回	22	×	×	×	×	1	2
RETI	$(SP) \to PC_H, (SP)-1 \to SP$, $(SP) \to PC_L, (SP)-1 \to SP$, 从中断返回	32	×	×	×	×	1	2
AJMP addr11	$addr11 \to PC_{10 \sim 0}$	CODE2	×	×	×	×	2	2
LJMP addr16	$addr16 \to PC$	02 addr16	×	×	×	×	3	2
SJMP rel	$(PC)+rel \to PC$	80 rel	×	×	×	×	2	2
JMP @A+DPTR	$(A)+(DPTR) \to PC$	73	×	×	×	×	1	2
JZ rel	若$(A)=0$,则$(PC)+rel \to PC$	60 rel	×	×	×	×	2	2
JNZ rel	若$(A) \neq 0$,则$(PC)+rel \to PC$	70 rel	×	×	×	×	2	2
CJNE A,dir,rel	若$(A) \neq (dir)$,则$(PC)+rel \to PC$,若$(A)<(dir)$,则$1 \to CY$	B5 dir rel	√	×	×	×	3	2
CJNE A,#data,rel	若$(A) \neq data$,则$(PC)+rel \to PC$,若$(A)<data$,则$1 \to CY$	B4 dir rel	√	×	×	×	3	2
CJNE Rn,#data,rel	若$(Rn) \neq data$,则$(PC)+rel \to PC$,若$(Rn)<data$,则$1 \to CY$	B8～BF dir rel	√	×	×	×	3	2
CJNE @Ri,#data,rel	若$((Ri)) \neq data$,则$(PC)+rel \to PC$,若$((Ri))<data$,则$1 \to CY$	B6、B7 dir rel	√	×	×	×	3	2

续表

助记符	功　能	十六进制机器码	对标志影响 CY	AC	OV	P	字节数	周期数
控制转移指令									
DJNZ Rn, rel	(Rn)－1→Rn，若(Rn)≠0，则(PC)+rel→PC	D8～DF rel	×	×	×	×	2	2
DJNZ dir, rel	(dir)－1→dir，若(dir)≠0，则(PC)+rel→PC	D5 dir rel	×	×	×	×	3	2
NOP	空操作	00	×	×	×	×	1	1
位操作指令									
CLR C	0→C	C3	√	×	×	×	1	1
CLR bit	0→bit	C2 bit	×	×	×	×	2	1
SETB C	1→C	D3	√	×	×	×	1	1
SETC bit	1→bit	D2 bit	×	×	×	×	2	1
CPL C	$(\overline{C})$→C	B3	√	×	×	×	1	1
CPL bit	$(\overline{bit})$→bit	B2 bit	×	×	×	×	2	1
ANL C, bit	(C)∧(bit)→C	82 bit	√	×	×	×	2	2
ANL C, $\overline{bit}$	(C)∧$(\overline{bit})$→C	B0 bit	√	×	×	×	2	2
ORL C, bit	(C)∨(bit)→C	72 bit	√	×	×	×	2	2
ORL C, $\overline{bit}$	(C)∨$(\overline{bit})$→C	A0 bit	√	×	×	×	2	2
MOV C, bit	(bit)→C	A2 bit	√	×	×	×	2	1
MOV bit, C	(C)→bit	92 bit	×	×	×	×	2	2
JC rel	若CY=1，则(PC)+rel→PC	40 rel	×	×	×	×	2	2
JNC rel	若CY=0，则(PC)+rel→PC	50 rel	×	×	×	×	2	2
JB bit, rel	若bit=1，则(PC)+rel→PC	20 bit rel	×	×	×	×	3	2
JNB bit, rel	若bit=0，则(PC)+rel→PC	30 bit rel	×	×	×	×	3	2
JBC bit, rel	若bit=1，则(PC)+rel→PC，且0→bit	10 bit rel	×	×	×	×	3	2

CODE1：代表 $a_{10}a_9a_8 10001 a_7a_6a_5a_4a_3a_2a_1a_0$，其中 $a_{10}\sim a_0$ 为 addr11 的各位。

CODE2：代表 $a_{10}a_9a_8 00001 a_7a_6a_5a_4a_3a_2a_1a_0$，其中 $a_{10}\sim a_0$ 为 addr11 的各位。

附录 B C51 库函数

APPENDIX B

  C51 编译器的运行库中包含有丰富的库函数，使用库函数可以大大简化用户的程序设计工作，提高编程效率。本附录介绍一些常用的库函数，如果用户使用这些库函数，必须在源程序的开始用预处理命令"#include"将相关的头文件包含进程序中。

B.1 一般 I/O 函数

  I/O 函数一般在 stdio.h 头文件中声明，其中所有的函数都是通过单片机的串行口输入/输出的。在使用这些函数之前，应先对单片机的串行口进行初始化。例如串行通信的波特率 9600b/s，晶振频率为 11.0592MHz，初始化程序段为：

```
SCON = 0x52;              //设置串行口方式 1、允许接收、启动发送
TMOD = 0x20;              //设置定时器 T1 以模式 2 工作
TL1 = 0xfd;               //设置 T1 计数初值
TH1 = 0xfd;               //设置 T1 重装初值
TR1 = 1;                  //启动 T1 运行
```

  在 stdio.h 文件中声明的 I/O 函数，都是以 _getkey 和 putchar 两个函数为基础，如果需要这些函数支持其他的端口，只需修改这两个函数即可。

  所有 I/O 函数，使用前要求 ES=0。对所有输入函数，在执行前需要设置 TI=1、RI=0，执行中等待 RI=1，执行后 RI=0。对所有输出函数，在执行前需要设置 TI=1，执行后 TI=1。下面给出部分 I/O 函数。

1. 从串行口输出字符函数 putchar

函数原型：extern char putchar(char)

再入属性：reentrant

功能：从 51 单片机的串行口输出一个字符，返回值为输出的字符。

2. 从串行口输出字符串函数 puts

函数原型：extern int puts(const char *)

再入属性：reentrant

功能：该函数将字符串和换行符输出到串行口，正确返回一个非负数，错误返回 EOF。

3. 从串行口格式输出函数 printf

函数原型：extern int printf(格式控制字符串,输出参数表)

再入属性：non-reentrant

功能：该函数是从 51 单片机的串行口输出指定格式的字符数据,返回值为实际输出的字符数。

4. 格式输出到内存函数 sprintf

函数原型：extern int sprintf(char *,格式控制字符串,输出参数表)

再入属性：non-reentrant

功能：该函数与 printf 函数功能相似,但数据不是输出到串行口,而是送入一个字符指针指向的内存中,并且以 ASCII 码或机内码(汉字)的形式存储。

5. 从串行口输入字符函数 _getkey

函数原型：extern char _getkey (void)

再入属性：reentrant

功能：从 51 单片机的串行口读入一个字符,如果没有字符输入则等待,返回值为读入的字符,不显示。

6. 从串行口输入字符并输出函数 getchar

函数原型：extern char getchar(void)

再入属性：reentrant

功能：使用_getkey 函数从 51 单片机的串行口输入一个字符,返回值为读入的字符,并且通过 putchar 函数将字符输出。

7. 从串行口输入字符串函数 gets

函数原型：extern char * gets(char * string, int len)

再入属性：non-reentrant

功能：从 51 单片机的串行口输入一个长度为 len 的字符串(字符串的最后 1 个字符,是函数自动加上的换行符\n),并将其存入 string 指定的位置。输入成功返回存入的指针值(地址),输入失败则返回 NULL。

8. 从串行口格式输入函数 scanf

函数原型：extern int scanf(格式控制字符串,输入参数表)

再入属性：non-reentrant

功能：该函数在格式控制字符串的控制下,利用 getchar 函数从串行口逐个读入字符数据(同时从串行口逐个输出读入的字符),每遇到一个符合格式控制串规定的值,就将它顺序地存入由参数表中指向的存储单元。每个参数都必须是指针型。正确输入其返回值为输入的项数,错误则返回 EOF(=-1 或 0xff)。

B.2 内部函数

内部函数在头文件 intrins.h 中声明。

1. 循环左移 n 位函数 _crol_、_irol_、_lrol_

函数原型分别为：

unsigned char _crol_ (unsigned char, unsigned char n)
unsigned int _irol_ (unsigned int, unsigned char n)
unsigned long _lrol_ (unsigned long, unsigned char n)

再入属性：reentrant,intrinsic

功能:这些函数都是将第一个参数(无符号字符数、无符号整型数、无符号长整型数)循环左移 n 位,返回被移动后的数。

2. 循环右移 n 位函数 _cror_、_iror_、_lror_

函数原型分别为:

```
unsigned char _cror_ (unsigned char, unsigned char n)
unsigned int _iror_ (unsigned int, unsigned char n)
unsigned long _lror_ (unsigned long, unsigned char n)
```

再入属性:reentrant,intrinsic

功能:这些函数都是将第一个参数(无符号字符数、无符号整型数、无符号长整型数)循环右移 n 位,返回被移动后的数。

3. 空操作函数 _nop_

函数原型:void _nop_ (void)

再入属性:reentrant,intrinsic

功能:该函数产生一个 MCS-51 单片机的空操作。

4. 位测试函数 _testbit_

函数原型:bit _testbit_ (bit)

再入属性:reentrant,intrinsic

功能:该函数产生一个 MCS-51 单片机的位操作指令 JBC,对字节中的一个位进行测试,如果该位为 1,则返回 1,并且将该位清 0;如果该位为 0,则直接返回 0。

B.3 绝对地址访问函数

绝对地址访问函数在头文件 absacc.h 中声明。

1. 绝对地址字节访问函数 CBYTE、DBYTE、PBYTE、XBYTE

函数原型分别为:

```
#define CBYTE ((unsigned char volatile code *) 0)
#define DBYTE ((unsigned char volatile data *) 0)
#define PBYTE ((unsigned char volatile pdata *) 0)
#define XBYTE ((unsigned char volatile xdata *) 0)
```

功能:上述宏定义用来对 MCS-51 单片机的存储空间进行绝对地址访问,可以作为字节寻址。CBYTE 寻址 CODE 区,DBYTE 寻址 DATA 区,PBYTE 寻址分页的 XDATA 区,XBYTE 寻址 XDATA 区。

2. 绝对地址字访问函数 CWORD、DWORD、PWORD、XWORD

函数原型分别为:

```
#define CWORD ((unsigned int volatile code *) 0)
#define DWORD ((unsigned int volatile data *) 0)
#define PWORD ((unsigned int volatile pdata *) 0)
#define XWORD ((unsigned int volatile xdata *) 0)
```

这些宏的功能与前面的宏类似,区别在于这些宏的数据类型是无符号整型 unsigned int。

附录 C C 语言运算符特性表
APPENDIX C

运算符名称	运算符	优先级	运算结合方向
圆括号	( )	1	自左向右
下标运算符	[ ]		
结构体指针成员运算符	→		
结构体变量成员运算符	.		
逻辑非运算符	!	2	自右向左 (单目运算符)
按位取反运算符	~		
自增运算符	++		
自减运算符	--		
负号运算符	-		
类型转换运算符	(类型)		
指针运算符	*		
地址运算符	&		
长度运算符	sizeof(类型)		
乘法、除法、求余运算符	*、/、%	3	自左向右(双目运算符)
加法、减法运算符	+、-	4	自左向右(双目运算符)
左移、右移运算符	<<、>>	5	自左向右(双目运算符)
关系运算符 1	<、<=、>、>=	6	自左向右(双目运算符)
关系运算符 2	==、!=	7	自左向右(双目运算符)
按位与运算符	&	8	自左向右(双目运算符)
按位异或运算符	∧	9	自左向右(双目运算符)
按位或运算符	|	10	自左向右(双目运算符)
逻辑与运算符	&&	11	自左向右(双目运算符)
逻辑或运算符	||	12	自左向右(双目运算符)
条件运算符	(条件)? (为真时):(为假时)	13	自右向左(三目运算符)
赋值运算符	=、+=、-=、*=、 /=、%=、>>=、 <<=、&=、∧=、|=	14	自右向左 (双目运算符)
逗号运算符(顺序求值运算)	,	15	自左向右

说明:对同一个优先级的运算符,运算次序按结合方向进行。

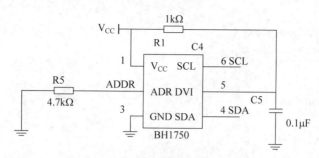

图 11-17 BH1750 的引脚及应用电路

表 11-4 BH1750 指令集

指　令	指令代码	指令含义
断　电	0x00	无激活状态
通　电	0x01	等待测量指令
重　置	0x07	重置数字寄存器值,重置指令在断电模式下不起作用
连续 H 分辨率模式	0x10	在 1lx 分辨率下开始测量。测量时间一般为 120ms
连续 H 分辨率模式 2	0x11	在 0.5lx 分辨率下开始测量。测量时间一般为 120ms
连续 L 分辨率模式	0x13	在 4lx 分辨率下开始测量。测量时间一般为 16ms
一次 H 分辨率模式	0x20	在 1lx 分辨率下开始测量。测量时间一般为 120ms。测量后自动设置为断电模式
一次 H 分辨率模式 2	0x21	在 0.5lx 分辨率下开始测量。测量时间一般为 120ms。测量后自动设置为断电模式
一次 L 分辨率模式	0x23	在 4lx 分辨率下开始测量。测量时间一般为 16ms。测量后自动设置为断电模式

3. BH1750 操作时序

BH1750 写测量指令和读测量结果指令都是通过 IIC 总线的读写操作完成的,根据 IIC 总线的结构及操作(9.4 节)方法,从对芯片"写指令"到"读出测量结果",主要通过如下三个步骤(ADDR 接地,芯片地址为 0100011):

(1) 发送"连续高分辨率模式"指令。

| ST | 0100011 | 0 | Ack | 00010000 | Ack | SP |

(2) 等待完成第一次高分辨率模式的测量(最大时间 180ms)。

(3) 读测量结果。

| ST | 0100011 | 1 | Ack | 高字节[15…8] | Ack | 低字节[7…0] | $\overline{\text{Ack}}$ | SP |

上面指令中带底纹部分为主机产生,不带底纹部分为从机产生。BH1750 采用标准的 IIC 总线结构,从图 11-17 中可以看出设置连续高分辨率模式先发送 IIC 起始信号再发送 7 位器件地址+1 位写标志位也就是 0x46,然后从机应答之后在发送模式指令 0x10,等待 ack 应答后发送 IIC 停止信号这样一条模式就设置完毕。

读取数据参照时序图,先发送 IIC 起始信号,再发送 7 位器件地址+1 位读标志位,也

附录 D 标准 ASCII 码表
APPENDIX D

美国标准信息交换码（ASCII）表

行数	列数	0	1	2	3	4	5	6	7
	位 654→ 位 3210↓	000	001	010	011	100	101	110	111
0	0000	NUL	DLE	SP	0	@	P	`	p
1	0001	SOH	DC1	!	1	A	Q	a	q
2	0010	STX	DC2	"	2	B	R	b	r
3	0011	ETX	DC3	#	3	C	S	c	s
4	0100	EOT	DC4	$	4	D	T	d	t
5	0101	ENQ	NAK	%	5	E	U	e	u
6	0110	ACK	SYN	&	6	F	V	f	v
7	0111	BEL	ETB	'	7	G	W	g	w
8	1000	BS	CAN	(	8	H	X	h	x
9	1001	HT	EM	)	9	I	Y	i	y
A	1010	LF	SUB	*	:	J	Z	j	z
B	1011	VT	ESC	+	;	K	[	k	{
C	1100	FF	FS	,	<	L	\	l	|
D	1101	CR	GS	—	=	M	]	m	}
E	1110	SO	RS	.	>	N	∧	n	~
F	1111	SI	US	/	?	O	_	o	DEL

NUL	空	FF	走纸控制	CAN	作废
SOH	标题开始	CR	回车	EM	纸尽
STX	正文开始	SO	移位输出	SUB	减
ETX	正文结束	SI	移位输入	ESC	换码
EOT	传输结束	DLE	数据链换码	FS	文字分隔符
ENQ	询问	DC1	设备控制 1	GS	组分隔符
ACK	应答	DC2	设备控制 2	RS	记录分隔符
BEL	报警符（可听见）	DC3	设备控制 3	US	单元分隔符
BS	退格	DC4	设备控制 4	SP	空格符
HT	横向列表	NAK	否定	DEL	删除
LF	换行	SYN	空转同步		
VT	垂直制表	ETB	信息组传送结束		

参 考 文 献

[1] 李朝青.单片机原理及接口技术[M].3版.北京:北京航空航天大学出版社,2006.
[2] 胡伟,季晓衡.单片机C程序设计及应用实例[M].北京:人民邮电出版社,2003.
[3] 周立功,等.增强型80C51单片机速成与实战[M].北京:北京航空航天大学出版社,2004.
[4] 周国运.单片机原理与接口技术[M].北京:清华大学出版社,2014.
[5] 张道德.单片机接口技术(C51版)[M].北京:中国水利水电出版社,2007.
[6] 戴梅萼,史嘉权.微型计算机技术及应用[M].4版.北京:清华大学出版社,2008.
[7] 周国运.微机原理与接口技术[M].北京:机械工业出版社,2011.
[8] 谭浩强.C程序设计[M].4版.北京:清华大学出版社,2012.
[9] 朱清慧,张凤蕊,翟天嵩,等.Proteus教程——电子线路设计、制版与仿真[M].2版.北京:清华大学出版社,2011.

图书资源支持

感谢您一直以来对清华大学出版社图书的支持和爱护。为了配合本书的使用，本书提供配套的资源，有需求的读者请扫描下方的"书圈"微信公众号二维码，在图书专区下载，也可以拨打电话或发送电子邮件咨询。

如果您在使用本书的过程中遇到了什么问题，或者有相关图书出版计划，也请您发邮件告诉我们，以便我们更好地为您服务。

我们的联系方式：

地　　址：北京市海淀区双清路学研大厦 A 座 714

邮　　编：100084

电　　话：010-83470236　010-83470237

资源下载：http://www.tup.com.cn

客服邮箱：tupjsj@vip.163.com

QQ：2301891038（请写明您的单位和姓名）

用微信扫一扫右边的二维码,即可关注清华大学出版社公众号。

教学资源·教学样书·新书信息

人工智能科学与技术
人工智能|电子通信|自动控制

资料下载·样书申请

书圈